चंद्रमा :

मिथकों से मिशनों तक की अद्भुत यात्रा

यह पुस्तक शोध, अध्ययन एवं लेखक की व्याख्याओं पर आधारित एक गैर-काल्पनिक (Non-Fiction) कृति है। पुस्तक में प्रस्तुत जानकारी को यथासंभव सटीक एवं विश्वसनीय बनाने का प्रयास किया गया है, तथापि लेखक एवं प्रकाशक किसी विशेष परिणाम, निर्णय अथवा उपयोग की गारंटी नहीं देते। इस पुस्तक की सामग्री के उपयोग अथवा दुरुपयोग से उत्पन्न किसी भी प्रत्यक्ष या अप्रत्यक्ष परिणाम के लिए लेखक एवं प्रकाशक उत्तरदायी नहीं होंगे।

इस पुस्तक में प्रयुक्त कुछ चित्र, दृश्यात्मक तत्व तथा पृष्ठ-सज्जा (Layout Elements) कृत्रिम बुद्धिमत्ता (AI) आधारित सहायक उपकरणों की सहायता से निर्मित किए गए हैं।

प्रथम संस्करण : 2026

लेखक (Pen Name) : बालासाहेब पेंढारकर
वास्तविक नाम : भुषण कैलास पेंढारकर

प्रकाशक

भुषण पेंढारकर

अनुमतियों, थोक ऑर्डर (Bulk Orders) अथवा सुझाव एवं प्रतिक्रिया के लिए संपर्क करें:

ई-मेल:
vruttachitradocumentaries.book@gmail.com

भारत में मुद्रित
(Printed in India)

अस्वीकरण

यह पुस्तक केवल शैक्षणिक एवं जानकारी प्रदान करने के उद्देश्य से लिखी गई है। इसमें दी गई जानकारी को यथासंभव सही और विश्वसनीय बनाने का प्रयास किया गया है। फिर भी, पुस्तक में कुछ विषयों से संबंधित व्याख्याएँ, ऐतिहासिक विवरण, सांस्कृतिक मान्यताएँ तथा संभावित विचार-विमर्श शामिल हो सकते हैं।

लेखक किसी भी विषय पर पूर्ण वैज्ञानिक या ऐतिहासिक प्रमाणिकता का दावा नहीं करता। जहाँ आवश्यक हो, पाठकों को मूल शैक्षणिक एवं शोध स्रोतों का संदर्भ लेने की सलाह दी जाती है।

इस पुस्तक में वर्णित किसी व्यक्ति, घटना या परिस्थिति का वास्तविक व्यक्तियों अथवा घटनाओं से कोई संबंध नहीं माना जाना चाहिए। यदि किसी प्रकार की समानता प्रतीत होती है, तो वह मात्र संयोग होगा।

इस पुस्तक में प्रयुक्त कुछ चित्र एवं चित्रांकन कृत्रिम बुद्धिमत्ता आधारित उपकरणों की सहायता से निर्मित या संपादित किए गए हैं। इनका उद्देश्य केवल विषय को दृश्य रूप से प्रस्तुत करना है। ये चित्र किसी वास्तविक व्यक्ति, वास्तविक घटना या किसी स्वामित्वाधिकार-संरक्षित सामग्री का प्रत्यक्ष प्रतिनिधित्व नहीं करते।

मानवता की उस अनंत जिज्ञासा को समर्पित, जिसने चंद्रमा में कभी देवताओं का निवास देखा, कभी रहस्यों का संसार, और कभी अपने भविष्य का नया घर।

विषयसूची-

भाग I : चंद्रमा की उत्पत्ति और प्रारम्भिक प्रभाव

भाग II : आदिम संस्कृतियाँ और चंद्र प्रतीकवाद

भाग III : विश्व की सभ्यताओं और धार्मिक परंपराओं में चंद्रमा

भाग IV : कैलेंडर, समय और ज्योतिषीय परंपराएँ

भाग V : रहस्यवाद और गूढ़ परंपराएँ

भाग VI : साहित्य, कला और लोककथाओं में चंद्रमा

भाग VII : खगोल विज्ञान का विकास

भाग VIII : अंतरिक्ष युग और चंद्र अन्वेषण

भाग IX : पृथ्वी और जीवन पर चंद्रमा का प्रभाव

भाग X : भविष्य का चंद्रमा

अध्याय 1

विशाल टक्कर परिकल्पना (The Giant Impact Hypothesis)

एक हिंसक शुरुआत

"सौरमंडल के आरंभिक दिनों में, जब चारों ओर अराजकता थी और अग्नि का साम्राज्य था, तब एक भयंकर टक्कर ने पृथ्वी की नियति बदल दी और उसे उसका सबसे प्रिय साथी— चंद्रमा— प्रदान किया।"

अराजकता से जन्मा सौरमंडल

आइए समय की घड़ी को लगभग 4.5 अरब वर्ष पीछे घुमाएँ।

सूर्य का जन्म अभी-अभी हुआ था। उसकी पहली किरणों ने युवा सौरमंडल को ऐसे प्रकाशित किया मानो अंतरिक्ष में कोई विशाल अग्निकुंड जल उठा हो। उस समय ग्रह आज जैसे स्थिर और व्यवस्थित नहीं थे। वे गर्म, पिघले हुए पत्थरों के विशाल गोले थे जो अंतरिक्ष में तेज़ी से घूम रहे थे, एक-दूसरे से टकरा रहे थे और बार-बार अपना स्वरूप बदल रहे थे।

पृथ्वी भी तब अपने शैशवकाल में थी। और कहीं पास ही अपनी कक्षा में घूम रहा था एक रहस्यमय ग्रह—थीया (Theia)।

थीया लगभग मंगल ग्रह के आकार का था। वह न कोई खलनायक था और न ही कोई नायक। वह भी उस उथल-पुथल भरे सौरमंडल का एक साधारण सदस्य था। लेकिन नियति ने उसके लिए एक असाधारण भूमिका तय कर रखी थी।

महान टक्कर

फिर वह क्षण आया जिसने सब कुछ बदल दिया।

थीया और प्रारंभिक पृथ्वी आमने-सामने आए। यह कोई साधारण मुलाकात नहीं थी, बल्कि एक ऐसी टक्कर थी जिसकी शक्ति की कल्पना करना भी कठिन है।

थीया पृथ्वी से तिरछे कोण पर टकराया। इस टक्कर से अरबों टन पिघली हुई चट्टानें और धूल अंतरिक्ष में उछल गईं।

तापमान असाधारण रूप से बढ़ गया।

धातुएँ वाष्प में बदल गईं। पृथ्वी की बाहरी परतें चकनाचूर हो गईं।पृथ्वी किसी तरह बच गई, लेकिन थीया पूरी तरह नष्ट हो गया। परंतु उस विनाश से एक अद्भुत सृजन होने वाला था।

पृथ्वी और थीया के टूटे हुए टुकड़े पृथ्वी की कक्षा में घूमने लगे। धीरे-धीरे गुरुत्वाकर्षण ने उन्हें एक-दूसरे की ओर खींचा। लाखों वर्षों में वे टुकड़े मिलकर एक विशाल गोलाकार पिंड में बदल गए।

यही था हमारा चंद्रमा।

उसका जन्म किसी शांत प्रक्रिया से नहीं हुआ था। वह आग, धूल और अराजकता की भट्ठी में गढ़ा गया था।

यह परिकल्पना इतनी विश्वसनीय क्यों मानी जाती है?

यह कहानी किसी विज्ञान-कथा फिल्म जैसी लग सकती है, लेकिन यह आधुनिक विज्ञान की सबसे स्वीकृत व्याख्या है कि चंद्रमा का निर्माण कैसे हुआ।

इसके समर्थन में कई महत्वपूर्ण प्रमाण मौजूद हैं।

1. पृथ्वी और चंद्रमा—लगभग जुड़वाँ

अपोलो अभियानों द्वारा लाए गए चंद्र शिलाओं के अध्ययन से पता चला कि उनमें पाए जाने वाले ऑक्सीजन और टाइटेनियम समस्थानिक (Isotopes) पृथ्वी की चट्टानों से लगभग समान हैं।

यह अत्यंत आश्चर्यजनक तथ्य है।

यदि चंद्रमा कहीं और बना होता, तो उसकी रासायनिक पहचान अलग होनी चाहिए थी। लेकिन दोनों की समानता इस बात की ओर संकेत करती है कि उनका स्रोत एक ही था।

2. चंद्रमा में लोहे की कमी

चंद्रमा में लोहे की मात्रा अपेक्षाकृत बहुत कम है।

यदि वह कोई स्वतंत्र ग्रह या पकड़ा गया क्षुद्रग्रह होता, तो उसके भीतर एक बड़ा लौह-केंद्र होना चाहिए था।

लेकिन यदि उसका निर्माण पृथ्वी की बाहरी परतों से हुआ हो, तो यह विशेषता पूरी तरह समझ में आती है।

3. पृथ्वी का झुकाव

आज पृथ्वी अपनी धुरी पर लगभग 23.5 डिग्री झुकी हुई है।

इसी झुकाव के कारण ऋतुएँ बनती हैं, जलवायु संतुलित रहती है और जीवन के लिए अनुकूल परिस्थितियाँ उत्पन्न होती हैं।

वैज्ञानिकों का मानना है कि इतनी बड़ी टक्कर इस झुकाव और पृथ्वी-चंद्रमा प्रणाली की वर्तमान गति को समझाने का सबसे उपयुक्त तरीका है।

थीया—भुला दिया गया ग्रह

क्या थीया पूरी तरह समाप्त हो गया?

शायद नहीं।

कुछ वैज्ञानिकों का मानना है कि उसके अवशेष आज भी पृथ्वी के भीतर मौजूद हो सकते हैं।

अफ्रीका और प्रशांत महासागर के नीचे पृथ्वी के गहरे में लोहे से समृद्ध विशाल संरचनाएँ मिली हैं। कुछ शोधकर्ताओं का अनुमान है कि ये थीया के बचे हुए अंश हो सकते हैं।

कल्पना कीजिए—

चंद्रमा आकाश में दिखाई देता है, जबकि थीया का एक हिस्सा आज भी हमारे पैरों के नीचे छिपा हो सकता है।

लेकिन सभी वैज्ञानिक पूरी तरह सहमत नहीं हैं

यद्यपि यह सिद्धांत सबसे अधिक स्वीकार किया जाता है, फिर भी कुछ प्रश्न अब भी अनुत्तरित हैं।

यदि थीया एक अलग ग्रह था, तो चंद्रमा की रासायनिक संरचना पृथ्वी से इतनी समान क्यों है?

यदि टक्कर इतनी गर्म थी, तो चंद्रमा में जल जैसे वाष्पशील तत्व कैसे बचे रहे?

इन प्रश्नों के उत्तर खोजने के लिए वैज्ञानिकों ने कई नए विचार प्रस्तुत किए हैं।

कुछ का मानना है कि थीया और पृथ्वी एक ही क्षेत्र में बने थे, इसलिए उनकी संरचना लगभग समान थी।

कुछ वैज्ञानिकों का सुझाव है कि टक्कर के बाद पृथ्वी "साइनेस्टिया" नामक विशाल वलयाकार पिघले हुए बादल में बदल गई थी, जिससे बाद में चंद्रमा का निर्माण हुआ।

कुछ अन्य शोधकर्ताओं का मानना है कि एक बड़ी टक्कर के बजाय कई छोटी-छोटी टक्करों ने मिलकर चंद्रमा को जन्म दिया।

विज्ञान की यही विशेषता है—यह हमेशा नए प्रमाणों के साथ विकसित होता रहता है।

पौराणिक कथाओं की गूँज

रोचक बात यह है कि दुनिया की कई प्राचीन कथाएँ भी किसी न किसी रूप में इसी अराजक उत्पत्ति की ओर संकेत करती हैं।

यूनानी पौराणिक कथाओं में थीया को चंद्र देवी सेलेने की माता माना गया है।

हिंदू परंपरा में चंद्रमा को समुद्र मंथन से उत्पन्न माना जाता है—एक ऐसी प्रक्रिया जिसमें संघर्ष, शक्ति और चमत्कार का संगम था।

बेबीलोन की कथाओं में देवता मार्दुक ने अराजकता के प्रतीक ड्रैगन तियामत का वध किया और उसके बाद स्वर्ग की रचना हुई।

यद्यपि इन सभ्यताओं के पास आधुनिक दूरबीनें नहीं थीं, फिर भी वे मानो यह महसूस करती थीं कि चंद्रमा किसी साधारण घटना का परिणाम नहीं है। उसका जन्म संघर्ष और परिवर्तन से हुआ है।

यह सब हमारे लिए क्यों महत्वपूर्ण है?

यह केवल अरबों वर्ष पुरानी कहानी नहीं है। चंद्रमा आज भी पृथ्वी के जीवन को प्रभावित करता है। वह समुद्री ज्वार-भाटे को नियंत्रित करता है। पृथ्वी की धुरी को स्थिर बनाए रखता है।

और संभव है कि उसने पृथ्वी पर जटिल जीवन के विकास में भी महत्वपूर्ण भूमिका निभाई हो।

यदि चंद्रमा न होता, तो पृथ्वी की जलवायु अत्यधिक अस्थिर हो सकती थी।

कई वैज्ञानिक मानते हैं कि चंद्रमा द्वारा उत्पन्न ज्वार-भाटों ने प्रारंभिक जीवन के विकास के लिए उपयुक्त परिस्थितियाँ तैयार कीं।

और आज यही चंद्रमा मानवता की अंतरिक्ष यात्रा का पहला पड़ाव बन चुका है।

अंतिम विचार : विनाश से जन्मी सुंदरता

चंद्रमा विनाश की संतान है।

वह एक हिंसक अतीत की स्मृति है।

लेकिन वही चंद्रमा पृथ्वी का सबसे विश्वसनीय साथी बना, रातों का शांत प्रकाश बना और हमारे ग्रह का संतुलन बनाए रखने वाला संरक्षक भी।

जब भी आप रात के आकाश में चंद्रमा को देखें, तो याद रखिए— आप केवल एक खगोलीय पिंड को नहीं देख रहे हैं।

आप उस प्राचीन टक्कर की स्मृति को देख रहे हैं जिसने पृथ्वी को हमेशा के लिए बदल दिया।

वह पृथ्वी का खोया हुआ अंश है— जो विनाश के बाद पुनः जन्मा।

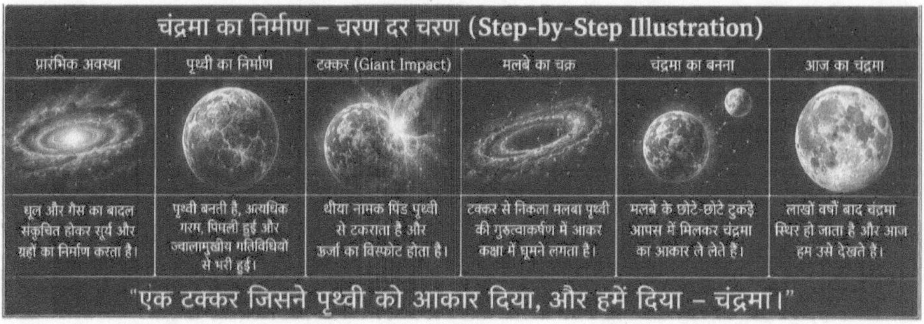

अध्याय 2

आदिम मानव और चंद्रमा की पहली अनुभूतियाँ

जब चंद्रमा एक रहस्य था

"विज्ञान, दूरबीनों और लिखित इतिहास से बहुत पहले, मनुष्य ने आकाश की ओर देखा। वहाँ उसे एक चमकता हुआ रहस्य दिखाई दिया– और उसी से उसके सपनों की शुरुआत हुई।"

आकाश का पहला रहस्य

कल्पना कीजिए उस समय की, जब न कोई शहर था, न राज्य, न मंदिर और न ही कोई लिखित भाषा।

रात के अंधकार में केवल तारों से भरा आकाश था और धरती पर जलती हुई आग के आसपास बैठे मानव समूह।

उन्हीं अनगिनत तारों के बीच एक वस्तु ऐसी थी जो सबसे अलग दिखाई देती थी–चंद्रमा।

वह स्थिर नहीं था।

कभी पूरा गोल दिखाई देता, कभी आधा, कभी पतली सी रेखा बन जाता और कभी पूरी तरह गायब हो जाता। फिर कुछ दिनों बाद पुनः लौट आता।

आदिम मानवों को ऐसा लगता होगा मानो चंद्रमा जीवित हो।

उनके लिए चंद्रमा केवल आकाश का एक प्रकाश स्रोत नहीं था। वह उनका साथी, समय बताने वाला संकेत, एक प्राकृतिक कैलेंडर और आश्चर्य का स्रोत था।

हमारे पूर्वजों ने क्या देखा?

आज शहरों की रोशनी में हम रात के आकाश की वास्तविक सुंदरता को पूरी तरह नहीं देख पाते।

लेकिन हजारों वर्ष पहले, जब कृत्रिम प्रकाश नहीं था, तब चंद्रमा रात का सबसे प्रभावशाली दृश्य था।

उसकी रोशनी में लोग शिकार करते, यात्राएँ करते, उत्सव मनाते और आग के आसपास बैठकर कहानियाँ सुनाते थे।

बदलता हुआ चेहरा

हर कुछ दिनों में चंद्रमा का रूप बदल जाता था।

कभी अर्धचंद्र, कभी आधा, कभी पूर्णिमा और फिर अमावस्या। यह परिवर्तन प्रकृति का सबसे स्पष्ट चक्र था जिसे मानव ने पहचाना। रहस्यमय, फिर भी नियमित

तूफान कब आएँगे, जानवर कब दिखाई देंगे या मौसम कब बदलेगा—इनका अनुमान लगाना कठिन था।

लेकिन चंद्रमा हमेशा एक निश्चित क्रम में बदलता था। इसी कारण मनुष्य ने पहली बार समय को समझना शुरू किया।

पाषाण युग के जीवन में चंद्रमा

1. समय से पहले का कैलेंडर

पुरातत्वविदों को ऐसे प्रमाण मिले हैं जो बताते हैं कि मनुष्य ने सूर्य से पहले चंद्रमा के आधार पर समय गिनना शुरू किया था।

फ्रांस की प्रसिद्ध लास्को गुफाओं में लगभग 17,000 वर्ष पुराने चित्र मिले हैं। कुछ शोधकर्ताओं का मानना है कि वहाँ बने बिंदु और रेखाएँ चंद्रमा के चक्रों का संकेत हो सकती हैं।

इसी प्रकार फ्रांस में मिली लगभग 30,000 वर्ष पुरानी एक हड्डी पर 69 निशान बने हुए हैं। कई विद्वानों का मानना है कि ये चंद्र मास के दिनों की गणना दर्शाते हैं।

यदि यह सही है, तो ये मानव इतिहास के सबसे पुराने कैलेंडर हो सकते हैं।

2. चंद्रमा और स्त्री जीवन

आदिम मानवों ने संभवतः एक और महत्वपूर्ण समानता देखी होगी।

चंद्रमा का चक्र लगभग 29.5 दिनों का होता है, जबकि स्त्रियों का मासिक चक्र लगभग 28 से 30 दिनों का होता है।

इस समानता ने चंद्रमा को स्त्रीत्व, मातृत्व और प्रजनन क्षमता का प्रतीक बना दिया।

धीरे-धीरे चंद्रमा को जीवन की उत्पत्ति और सृजन शक्ति से जोड़कर देखा जाने लगा।

प्रतीक और आध्यात्मिकता

3. पुनर्जन्म का प्रतीक

चंद्रमा बढ़ता है, घटता है, गायब होता है और फिर वापस लौट आता है। आदिम मानवों के लिए यह केवल खगोलीय घटना नहीं थी। उन्हें लगता था कि यह जीवन, मृत्यु और पुनर्जन्म का प्रतीक है।

अमावस्या के अंधकार के बाद चंद्रमा का पुनः दिखाई देना मानो यह संदेश देता था कि अंत वास्तव में अंत नहीं है।

हर समाप्ति के बाद एक नई शुरुआत होती है।

4. आत्माओं की दुनिया का द्वार

पूर्णिमा की रातें विशेष मानी जाती थीं।

उस समय पशुओं का व्यवहार बदल जाता था, लोग अधिक समय तक जागते थे और कई धार्मिक अनुष्ठान किए जाते थे।

कई संस्कृतियों में यह विश्वास था कि पूर्णिमा आत्मिक शक्तियों से संपर्क का समय है।
शामन और आध्यात्मिक मार्गदर्शक इन रातों में विशेष अनुष्ठान करते थे, उपचार करते थे और पूर्वजों की आत्माओं से संवाद स्थापित करने का प्रयास करते थे।
चंद्रमा की चाँदी जैसी शीतल रोशनी को एक रहस्यमय शक्ति माना जाता था।

पत्थरों में दर्ज चंद्रमा

5. स्टोनहेंज और चंद्रमा

इंग्लैंड का प्रसिद्ध स्मारक स्टोनहेंज सामान्यतः सूर्य से जोड़ा जाता है।

लेकिन शोध बताते हैं कि इसकी कुछ संरचनाएँ चंद्रमा की विशेष स्थितियों के साथ भी संरेखित हैं।

इससे पता चलता है कि प्राचीन लोग केवल चंद्रमा को देखते ही नहीं थे, बल्कि उसके दीर्घकालिक चक्रों का अध्ययन भी करते थे।

6. नाब्ता प्लाया, मिस्र

पिरामिड बनने से बहुत पहले मिस्र के रेगिस्तानी क्षेत्रों में पत्थरों के वृत्ताकार समूह बनाए गए थे।

संभवतः उनका उपयोग धार्मिक समारोहों और खगोलीय घटनाओं के समय निर्धारण के लिए किया जाता था।

ये स्मारक बताते हैं कि चंद्रमा केवल श्रद्धा का विषय नहीं था, बल्कि अध्ययन और गणना का भी केंद्र था।

विभिन्न संस्कृतियों में चंद्रमा

दुनिया के लगभग हर क्षेत्र में चंद्रमा ने मानव कल्पना को प्रभावित किया।

अफ्रीका

कई अफ्रीकी कथाओं में चंद्रमा को जल, वर्षा और उर्वरता का नियंत्रक माना गया।

ऑस्ट्रेलिया

आदिवासी ड्रीमटाइम कथाओं में चंद्रमा को एक ऐसे व्यक्ति के रूप में दर्शाया गया है जो हर महीने मरता और पुनः जीवित होता है।

दक्षिण अमेरिका

प्राचीन शैलचित्रों में चंद्रमा के प्रतीक दिखाई देते हैं जिन्हें खेती और उर्वरता से जोड़ा गया है।

भारत

कुछ पुरातात्विक प्रमाण संकेत देते हैं कि वैदिक युग से भी पहले चंद्रमा की पूजा की जाती थी।

जहाँ भी मानव पहुँचा, वहाँ उसने चंद्रमा को अपनी कहानियों, मान्यताओं और जीवन का हिस्सा बना लिया।

मानवता की पहली घड़ी

घड़ियाँ आने से हजारों वर्ष पहले चंद्रमा ही समय का सबसे विश्वसनीय संकेतक था।

शिकारी पूर्णिमा की रातों में अभियान की योजना बनाते थे।

संग्रहकर्ता मौसम के अनुसार फलों और पौधों के चक्र पहचानते थे।

बाद में किसानों ने भी बुवाई और कटाई के समय को चंद्रमा के चरणों से जोड़ना शुरू किया।

इस प्रकार चंद्रमा मानव सभ्यता का पहला साझा कैलेंडर बन गया।

कला, कथाएँ और कल्पना

चंद्रमा केवल समय मापने का साधन नहीं था।

वह मानवता की पहली प्रेरणा भी था।

गुफाओं की चित्रकला में उसके संकेत मिलते हैं।

नृत्यों में उसके आकारों की नकल की जाती थी।

कहानियों में उसे देवता, प्रेमी, शिकारी, स्त्री या खरगोश के रूप में चित्रित किया जाता था।

हर संस्कृति ने चंद्रमा में कुछ अलग देखा, लेकिन सभी ने उसकी चमक में अर्थ खोजा।

अंतिम विचार : मानवता की पहली प्रेरणा

"जब दुनिया में केवल तारे और आग की रोशनी थी, तब चंद्रमा हमारा दर्पण, हमारा मार्गदर्शक और हमारी सबसे पहली कहानी था।"

आदिम मानवों के लिए चंद्रमा कोई दूरस्थ खगोलीय पिंड नहीं था।

वह जीवन का हिस्सा था।

वह समय बताता था, कला को प्रेरित करता था, जन्म और पुनर्जन्म का प्रतीक था तथा धरती और आध्यात्मिक संसार के बीच एक सेतु माना जाता था।

हजारों वर्ष पहले गुफाओं और पत्थर के वृत्तों में शुरू हुआ यह आकर्षण आज भी जीवित है।

कविता में, विज्ञान में, फिल्मों में और अंतरिक्ष यात्राओं के सपनों में।

सन् 1969 में जब मानव पहली बार चंद्रमा पर पहुँचा, तब वह किसी नई यात्रा की शुरुआत नहीं थी।

वह उस प्रेम कहानी का नया अध्याय था, जो मानव और चंद्रमा के बीच हजारों वर्ष पहले शुरू हुई थी।

अध्याय 3

चंद्रमा का प्राचीन भूवैज्ञानिक विकास

अग्नि से चट्टानों तक

"रात के आकाश में चमकने वाला चाँदी जैसा चंद्रमा बनने से पहले, वह आग का एक उग्र संसार था—एक पिघला हुआ गोला, जिसे अग्नि, टक्करों और ब्रह्मांडीय शक्तियों ने आकार दिया था।"

मैग्मा महासागर का जन्म

जब थीया और प्रारंभिक पृथ्वी की भीषण टक्कर हुई, तब नवजात चंद्रमा किसी ठोस पिंड के रूप में नहीं बना था।

वह पूरी तरह पिघली हुई चट्टानों का एक विशाल महासागर था—एक ऐसा मैग्मा महासागर जो अंतरिक्ष के अंधकार में लाल अग्नि की तरह चमक रहा था।

उस समय तापमान 1600 डिग्री सेल्सियस से भी अधिक था। इतना तापमान कि लगभग हर खनिज पिघल जाए। लाखों वर्षों तक चंद्रमा एक उबलती हुई ब्रह्मांडीय कड़ाही की तरह बना रहा। धीरे-धीरे भारी तत्व, जैसे लोहा और निकेल, भीतर की ओर डूबने लगे। वहीं हल्के खनिज ऊपर तैरकर आने लगे और बाहरी परत बनाने लगे।

वैज्ञानिक इस प्रक्रिया को "डिफरेंशिएशन" कहते हैं।

यही वह प्रक्रिया थी जिसने चंद्रमा को उसकी पहली भूवैज्ञानिक पहचान प्रदान की।

चंद्र उच्चभूमियाँ (The Lunar Highlands) : पहली परत के अवशेष

समय बीतने के साथ मैग्मा महासागर ठंडा होने लगा।

पिघली हुई चट्टानें धीरे-धीरे ठोस बनने लगीं।

हल्के रंग के खनिज, विशेषकर प्लाजियोक्लेज फेल्डस्पार, सतह पर जमा होकर एक मजबूत परत बनाने लगे।

आज हम इसी परत को "लूनर हाईलैंड्स" या चंद्र उच्चभूमियाँ कहते हैं।

जब हम पूर्णिमा की रात चंद्रमा को देखते हैं, तो उसकी चमकीली और ऊबड़-खाबड़ सतह का अधिकांश भाग इन्हीं प्राचीन उच्चभूमियों से बना हुआ है।

इनकी आयु लगभग 4.3 अरब वर्ष मानी जाती है।

ये पृथ्वी की सबसे पुरानी चट्टानों से भी अधिक प्राचीन हैं। मानो सौरमंडल के शुरुआती दिनों का एक सुरक्षित अभिलेख आज भी हमारे सामने मौजूद हो।

आकाश से बरसी अग्नि

लगभग 4.1 से 3.8 अरब वर्ष पहले चंद्रमा ने अपने इतिहास का सबसे कठिन दौर देखा।
वैज्ञानिक इसे "लेट हेवी बॉम्बार्डमेंट" कहते हैं।
उस समय हजारों क्षुद्रग्रहों और धूमकेतुओं ने चंद्रमा पर लगातार प्रहार किए। हर टक्कर ने उसकी सतह पर विशाल घाव छोड़ दिए। इसी काल में इम्ब्रियम, सेरेनिटाटिस और ओरिएंटाले जैसे विशाल क्रेटर बने।

कल्पना कीजिए—

चंद्रमा एक ऐसे लक्ष्य की तरह था जिस पर लगातार अंतरिक्षीय पत्थर बरस रहे थे।

पृथ्वी पर भी ऐसी टक्करों का प्रभाव पड़ा था।

लेकिन हवा, बारिश, नदियों और प्लेट टेक्टोनिक्स ने उन अधिकांश निशानों को मिटा दिया।

चंद्रमा के पास ऐसा कोई तंत्र नहीं था।

इसलिए उसने अपने सभी घाव सहेज कर रखे।

आज भी उसकी सतह उन घटनाओं की कहानी सुनाती है।

चंद्रमा के काले समुद्र

इन भीषण टक्करों के बाद भी चंद्रमा का भीतरी भाग पूरी तरह शांत नहीं हुआ था। उसके भीतर अब भी गर्म मैग्मा मौजूद था। कई स्थानों पर यह पिघला हुआ पदार्थ दरारों से बाहर निकला और बड़े-बड़े गड्ढों में फैल गया। समय के साथ यह ठंडा होकर विशाल मैदानों में बदल गया।

आज इन्हें "मारिया" कहा जाता है, जिसका अर्थ है "समुद्र"।

जब हम चंद्रमा को देखते हैं तो जो काले धब्बे दिखाई देते हैं, वे वास्तव में यही प्राचीन लावा मैदान हैं।

मारे ट्रैंक्विलिटैटिस, मारे इम्ब्रियम और मारे सेरेनिटाटिस इनके प्रसिद्ध उदाहरण हैं।

इनमें पानी नहीं है।

ये वास्तव में आग के महासागर हैं, जो अरबों वर्षों से जमे हुए हैं।

ज्वालामुखी और भूगर्भीय गतिविधियाँ

सैकड़ों करोड़ वर्षों तक चंद्रमा पर ज्वालामुखीय गतिविधियाँ होती रहीं।

हालाँकि वे पृथ्वी के ज्वालामुखियों जितनी शक्तिशाली नहीं थीं। आज भी चंद्रमा पर प्राचीन लावा गुंबद और लावा सुरंगों के प्रमाण मिलते हैं।

लेकिन एक महत्वपूर्ण अंतर था।

पृथ्वी की तरह चंद्रमा पर प्लेट टेक्टोनिक्स नहीं था।

उसके भीतर इतनी ऊर्जा नहीं थी कि विशाल भूखंड लगातार गतिशील रह सकें। इस कारण उसकी सतह धीरे-धीरे ठंडी होती गई और समय के साथ भूगर्भीय गतिविधियाँ लगभग समाप्त हो गईं।

लगभग एक अरब वर्ष पहले चंद्रमा लगभग पूरी तरह भूवैज्ञानिक रूप से शांत हो चुका था।

धूल की चादर

चंद्रमा के पास वातावरण नहीं है। इसलिए वह सीधे अंतरिक्ष के प्रभावों का सामना करता है। अरबों वर्षों से सूक्ष्म उल्कापिंड उसकी सतह से टकराते रहे हैं। इन लगातार टक्करों ने चट्टानों को पीसकर महीन धूल में बदल दिया। इस धूल की परत को "रेगोलिथ" कहा जाता है।

आज चंद्रमा की पूरी सतह इसी धूसर धूल से ढकी हुई है। यही कारण है कि अपोलो मिशनों के अंतरिक्ष यात्रियों के पदचिह्न आज भी वहाँ सुरक्षित हैं। वे केवल मिट्टी में बने निशान नहीं हैं।

वे मानव इतिहास के स्थायी हस्ताक्षर हैं।

पृथ्वी के लिए सीख

चंद्रमा के भूविज्ञान का अध्ययन करना ऐसा है जैसे पृथ्वी की खोई हुई डायरी के सबसे पुराने पन्ने पढ़ना।

पृथ्वी पर मौसम, वर्षा, नदियाँ और प्लेट टेक्टोनिक्स लगातार सतह को बदलते रहते हैं।

लेकिन चंद्रमा की सतह अरबों वर्षों से लगभग वैसी ही बनी हुई है।

इसलिए वह हमें ग्रहों के निर्माण, मैग्मा महासागरों के विकास और खगोलीय पिंडों के जीवन चक्र के बारे में अमूल्य जानकारी देता है।

चंद्रमा वास्तव में एक ब्रह्मांडीय जीवाश्म अभिलेख है।

अंतिम विचार : पत्थरों में लिखी अमर कहानी

"चंद्रमा केवल पृथ्वी के आकाश का दर्पण नहीं है, बल्कि उसके अतीत का भी प्रतिबिंब है। जहाँ पृथ्वी अपने घाव भर लेती है, वहाँ चंद्रमा उन्हें हमेशा के लिए सहेज कर रखता है।"

चंद्रमा की हर पहाड़ी, हर क्रेटर और हर काला मैदान समय की एक स्मारक कहानी है।
वह हमें अरबों वर्षों पुराने सौरमंडल की झलक दिखाता है।

वह मृत नहीं है।

वह एक जीवित स्मृति है।

एक ऐसा अभिलेख, जिसने समय को पत्थरों में कैद कर लिया है।

और ज़ब भी हम रात के आकाश में उसे देखते हैं, हम वास्तव में ब्रह्मांड के सबसे प्राचीन इतिहास को निहार रहे होते हैं।

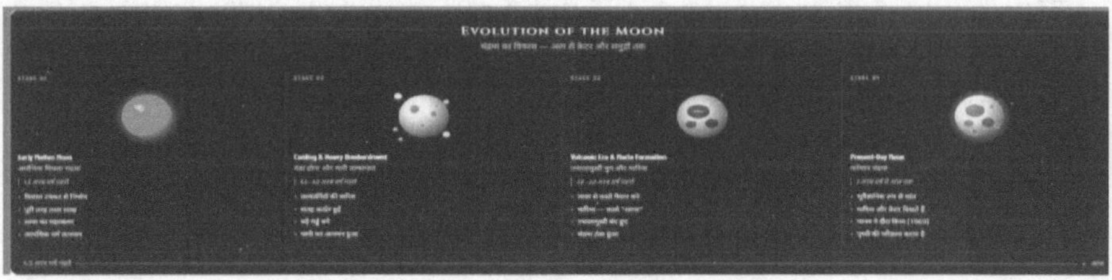

अध्याय 4

पृथ्वी के ज्वार-भाटों और स्थिरता में चंद्रमा की भूमिका

पृथ्वी का मौन संरक्षक

"यदि चंद्रमा न होता, तो पृथ्वी फिर भी घूमती रहती। लेकिन जैसा जीवन हम आज जानते हैं, शायद उसका जन्म ही न हो पाता।"

एक अदृश्य संबंध

कभी समुद्र के किनारे खड़े होकर लहरों को आते-जाते देखिए।

दिन में दो बार समुद्र का जल ऊपर उठता है और फिर पीछे हट जाता है। यह प्रक्रिया इतनी नियमित है कि मानो पृथ्वी स्वयं साँस ले रही हो।

लेकिन इस लय को बनाए कौन रखता है?

उत्तर है—चंद्रमा।

पृथ्वी से लगभग 3,84,400 किलोमीटर दूर स्थित यह शांत दिखने वाला खगोलीय पिंड अपनी गुरुत्वाकर्षण शक्ति से हमारे ग्रह की कई महत्वपूर्ण प्रणालियों को नियंत्रित करता है।

समुद्री ज्वार-भाटों से लेकर पृथ्वी की स्थिरता तक, चंद्रमा एक मौन संरक्षक की भूमिका निभाता है।

वह केवल रात के आकाश की शोभा नहीं है, बल्कि पृथ्वी के संतुलन का अदृश्य वास्तुकार भी है।

गुरुत्वाकर्षण का खेल

चंद्रमा पृथ्वी को अपनी ओर खींचता है और पृथ्वी भी चंद्रमा को। लेकिन पृथ्वी पर मौजूद जल इस खिंचाव का सबसे अधिक प्रभाव महसूस करता है। चंद्रमा की ओर वाले भाग में समुद्र का जल उसकी ओर उभर जाता है।

वहीं दूसरी ओर भी जल का एक उभार बनता है, क्योंकि पृथ्वी और जल के बीच हल्का-सा अंतर पैदा होता है।

जैसे-जैसे पृथ्वी अपनी धुरी पर घूमती है, ये उभार भी उसके साथ घूमते हैं। इसी कारण पृथ्वी के अधिकांश तटीय क्षेत्रों में प्रतिदिन दो बार उच्च ज्वार (High Tide) और दो बार निम्न ज्वार (Low Tide) आते हैं।

यह केवल समुद्र का उतार-चढ़ाव नहीं है।

यह वास्तव में पृथ्वी की धड़कन है।

चंद्रमा पृथ्वी की गति धीमी कर रहा है

यह सुनकर आश्चर्य हो सकता है कि चंद्रमा धीरे-धीरे पृथ्वी की घूर्णन गति कम कर रहा है। जब समुद्री ज्वार पृथ्वी पर घूमते हैं, तो वे समुद्र तल से घर्षण उत्पन्न करते हैं। यह घर्षण पृथ्वी के घूमने की गति पर ब्रेक की तरह काम करता है। लगभग 40 करोड़ वर्ष पहले पृथ्वी का एक दिन केवल 22 घंटे का होता था।

आज एक दिन 24 घंटे का है।

भविष्य में यह और लंबा हो सकता है।

लेकिन इस प्रक्रिया की कीमत चंद्रमा भी चुका रहा है।

हर वर्ष वह पृथ्वी से लगभग 3.8 सेंटीमीटर दूर जा रहा है।

बहुत धीमी गति से, लेकिन लगातार।

हमारा यह ब्रह्मांडीय साथी धीरे-धीरे हमसे दूर होता जा रहा है।

पृथ्वी की धुरी को स्थिर रखने वाला प्रहरी

चंद्रमा का सबसे महत्वपूर्ण योगदान शायद हमें दिखाई भी नहीं देता।

वह पृथ्वी की धुरी (Axis) को स्थिर बनाए रखता है।

आज पृथ्वी लगभग 23.5 डिग्री झुकी हुई है।

इसी झुकाव के कारण ऋतुएँ बनती हैं, जलवायु संतुलित रहती है और जीवन के लिए उपयुक्त परिस्थितियाँ बनी रहती हैं।

यदि चंद्रमा न होता, तो पृथ्वी की धुरी लगातार डगमगाती रहती। कभी वह लगभग सीधी हो सकती थी और कभी अत्यधिक झुक सकती थी। ऐसी स्थिति में पृथ्वी की जलवायु पूरी तरह बदल जाती। ध्रुवीय क्षेत्र उष्णकटिबंधीय बन सकते थे और भूमध्यरेखा के क्षेत्र बर्फ से ढक सकते थे। जीवन के लिए यह एक अत्यंत अस्थिर संसार होता।

चंद्रमा इस अराजकता को रोकता है।

क्या जीवन की शुरुआत में भी चंद्रमा की भूमिका थी?

कई वैज्ञानिक मानते हैं कि पृथ्वी पर जीवन की शुरुआत में चंद्रमा का महत्वपूर्ण योगदान रहा होगा।

प्राचीन काल में समुद्र और भूमि के बीच स्थित ज्वारीय क्षेत्र (Tidal Zones) लगातार गीले और सूखे होते रहते थे।

इन क्षेत्रों में कार्बनिक अणुओं के एकत्र होने और आपस में जुड़ने की संभावना बढ़ जाती थी।

कुछ शोधकर्ताओं का मानना है कि जीवन के प्रारंभिक रासायनिक निर्माण की प्रक्रिया इन्हीं स्थानों पर हुई होगी।

यदि यह विचार सही है, तो हम सभी किसी न किसी रूप में चंद्रमा द्वारा संचालित ज्वारों की संतानों जैसे हैं।

हवा और मौसम पर प्रभाव

चंद्रमा केवल समुद्रों को ही प्रभावित नहीं करता।

उसका गुरुत्वाकर्षण पृथ्वी के वायुमंडल पर भी प्रभाव डालता है। यद्यपि यह प्रभाव समुद्री ज्वारों जितना शक्तिशाली नहीं होता, फिर भी यह वायुदाब और वायु प्रवाह में सूक्ष्म परिवर्तन उत्पन्न करता है।

कुछ वैज्ञानिकों का मानना है कि इसका असर Jet Streams और कुछ मौसमी प्रणालियों पर भी पड़ सकता है।

भारत जैसे देशों में, जहाँ मानसून जीवन का आधार है, ऐसे छोटे प्रभाव भी महत्वपूर्ण हो सकते हैं।

मानव सभ्यता पर चंद्रमा का प्रभाव

चंद्रमा ने केवल प्रकृति को नहीं, बल्कि मानव समाज को भी गहराई से प्रभावित किया है।

कैलेंडर

मानव इतिहास के सबसे पुराने कैलेंडर चंद्र चक्रों पर आधारित थे।

बेबीलोन, भारत, चीन और मध्य अमेरिका की अनेक सभ्यताओं ने चंद्रमा के आधार पर समय की गणना की।

कृषि

कई किसानों का विश्वास था कि बीज बोने और फसल काटने का सही समय चंद्रमा की कलाओं से जुड़ा है।

आज भी ग्रामीण क्षेत्रों में ऐसी परंपराएँ जीवित हैं।

नौवहन और अनुष्ठान

समुद्री यात्रियों ने ज्वार-भाटों की सहायता से नौवहन किया।

पूर्णिमा और अमावस्या धार्मिक उत्सवों, मेलों और अनुष्ठानों से जुड़ गईं।

इस प्रकार चंद्रमा समय बताने वाला, कहानियाँ गढ़ने वाला और मौसम का संकेत देने वाला साथी बन गया।

यदि चंद्रमा अचानक गायब हो जाए तो?

यह विज्ञान-कथा फिल्मों का लोकप्रिय विषय है।

लेकिन वास्तविकता काफी गंभीर होगी।

समुद्री ज्वार वर्तमान आकार के केवल 30 से 40 प्रतिशत रह जाएँगे। पृथ्वी की धुरी अस्थिर होने लगेगी।

जलवायु में भारी परिवर्तन आ सकते हैं। दिन की लंबाई स्थिर हो जाएगी और पृथ्वी के घूर्णन का प्राकृतिक संतुलन बदल जाएगा। जीवन पूरी तरह समाप्त हो जाए, यह निश्चित नहीं है। लेकिन वह जीवन आज की दुनिया जैसा बिल्कुल नहीं होगा।

हमारी पृथ्वी एक अपरिचित ग्रह में बदल सकती है।

अंतिम विचार : एक अदृश्य वास्तुकार

"चंद्रमा केवल रात के आकाश को सुंदर नहीं बनाता, वह पृथ्वी की लय और संतुलन को भी आकार देता है।"

समुद्र की लहरों से लेकर ऋतुओं के चक्र तक, हवाओं की दिशा से लेकर जीवन की संभावित उत्पत्ति तक—चंद्रमा हर जगह मौजूद है, भले ही हम उसे देख न सकें।

जब हम चंद्रमा को निहारते हैं, तब हम केवल एक चमकते हुए खगोलीय पिंड को नहीं देख रहे होते।

हम उस शक्ति को देख रहे होते हैं जिसने अरबों वर्षों से पृथ्वी को रहने योग्य, उपजाऊ और स्थिर बनाए रखा है।

उस फीकी चाँदी जैसी चमक के प्रति हमारा ऋण केवल कविता और कल्पनाओं का नहीं है।

संभवतः हम अपने अस्तित्व का भी कुछ हिस्सा उसी के ऋणी हैं।

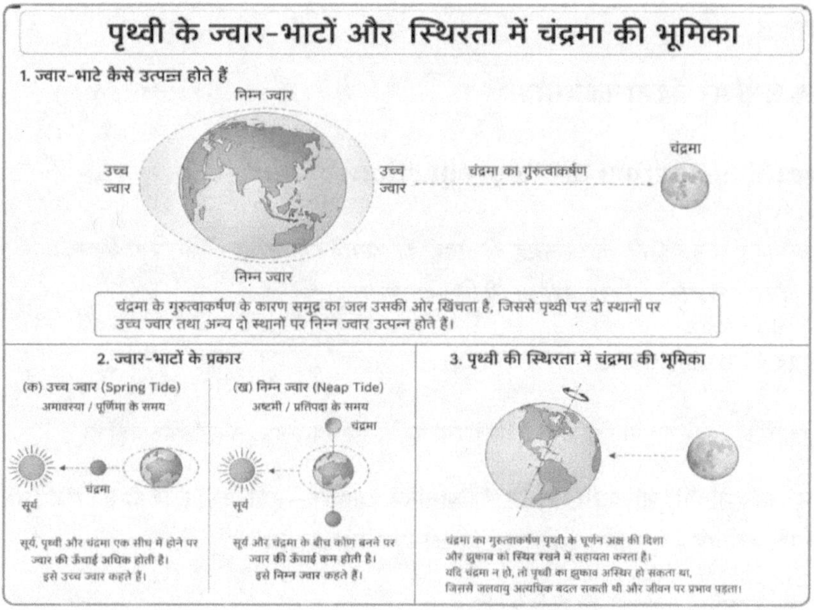
पृथ्वी के ज्वार-भाटों और स्थिरता में चंद्रमा की भूमिका
1. ज्वार-भाटे कैसे उत्पन्न होते हैं
निम्न ज्वार
उच्च ज्वार
उच्च ज्वार
चंद्रमा का गुरुत्वाकर्षण
चंद्रमा
निम्न ज्वार
चंद्रमा के गुरुत्वाकर्षण के कारण समुद्र का जल उसकी ओर खिंचता है, जिससे पृथ्वी पर दो स्थानों पर उच्च ज्वार तथा अन्य दो स्थानों पर निम्न ज्वार उत्पन्न होते हैं।
2. ज्वार-भाटों के प्रकार
(क) उच्च ज्वार (Spring Tide)
अमावस्या / पूर्णिमा के समय
सूर्य
चंद्रमा
सूर्य, पृथ्वी और चंद्रमा एक सीध में होने पर ज्वार की ऊँचाई अधिक होती है। इसे उच्च ज्वार कहते हैं।
(ख) निम्न ज्वार (Neap Tide)
अष्टमी / प्रतिपदा के समय
चंद्रमा
सूर्य
सूर्य और चंद्रमा के बीच कोण बनने पर ज्वार की ऊँचाई कम होती है। इसे निम्न ज्वार कहते हैं।
3. पृथ्वी की स्थिरता में चंद्रमा की भूमिका
चंद्रमा का गुरुत्वाकर्षण पृथ्वी के घूर्णन अक्ष की दिशा और झुकाव को स्थिर रखने में सहायता करता है। यदि चंद्रमा न हो, तो पृथ्वी का झुकाव अस्थिर हो सकता था, जिससे जलवायु अत्यधिक बदल सकती थी और जीवन पर प्रभाव पड़ता।

अध्याय 5

जैविक लयों पर चंद्रमा का प्रभाव

(Circadian Rhythm और Reproduction)

"हम हमेशा से जानते हैं कि चंद्रमा समुद्र की लहरों को प्रभावित करता है। लेकिन क्या यह संभव है कि वह हमारे भीतर उठने वाली अदृश्य लहरों को भी नियंत्रित करता हो?"

जीवन पर चंद्रमा की सूक्ष्म शक्ति

हजारों वर्षों से मनुष्य यह मानता आया है कि चंद्रमा का प्रभाव केवल समुद्र तक सीमित नहीं है।

प्राचीन वैद्य, ज्योतिषी, आदिवासी समुदाय और आधुनिक वैज्ञानिक—सभी किसी न किसी रूप में इस संभावना पर विचार करते रहे हैं कि चंद्रमा जीवित प्राणियों को प्रभावित करता है।

कभी इसे लोककथा माना गया, तो कभी अंधविश्वास।

लेकिन आधुनिक विज्ञान ने यह दिखाया है कि चंद्रमा का गुरुत्वाकर्षण, उसकी रोशनी और उसका नियमित चक्र अनेक जीवों की जैविक प्रक्रियाओं को प्रभावित कर सकता है।

यह प्रभाव केवल मनुष्यों तक सीमित नहीं है।

समुद्री जीवों, पक्षियों, स्तनधारियों, कीटों और पौधों तक में इसके संकेत दिखाई देते हैं।

शरीर की आंतरिक घड़ियाँ

पृथ्वी पर लगभग हर जीव किसी न किसी प्राकृतिक लय के अनुसार कार्य करता है।

<u>Circadian Rhythm</u>

यह लगभग 24 घंटे का जैविक चक्र है।

यही हमारे सोने-जागने का समय, शरीर का तापमान, हार्मोन स्राव और ऊर्जा स्तर नियंत्रित करता है।

यह मुख्य रूप से सूर्य के प्रकाश से प्रभावित होता है।

<u>Circalunar Rhythm</u>

यह लगभग 29.5 दिनों के चंद्र चक्र से जुड़ा होता है।

हालाँकि इसकी चर्चा कम होती है, लेकिन समुद्री जीवों और कुछ अन्य प्रजातियों में इसका प्रभाव स्पष्ट रूप से देखा गया है।

वैज्ञानिकों का मानना है कि हमारे मस्तिष्क की जैविक घड़ियाँ बाहरी संकेतों से प्रभावित होती हैं।

इन संकेतों में सूर्य का प्रकाश, तापमान और कुछ हद तक चंद्रमा की रोशनी भी शामिल हो सकती है।

समुद्री जीवन और चंद्रमा

यदि किसी स्थान पर चंद्रमा को वास्तव में "जीवन का समय-निर्धारक" कहा जा सकता है, तो वह है समुद्र।

अनेक समुद्री जीव अपने प्रजनन चक्र को चंद्रमा की कलाओं के साथ समन्वित करते हैं।

<u>पैलोला कृमि (Palolo Worms)</u>

प्रशांत महासागर में पाए जाने वाले ये जीव चंद्रमा के विशेष चरण के दौरान एक साथ समुद्र की सतह पर आते हैं और प्रजनन करते हैं।

<u>ग्रूनियन मछलियाँ</u>

ये मछलियाँ पूर्णिमा के बाद आने वाले ऊँचे ज्वारों का उपयोग समुद्र तटों पर अंडे देने के लिए करती हैं।

<u>प्रवाल भित्तियाँ (Coral Reefs)</u>

दुनिया भर में अनेक प्रवाल प्रजातियाँ पूर्णिमा के आसपास एक साथ अपने प्रजनन कोशिकाएँ छोड़ती हैं।

यह दृश्य इतना समन्वित होता है कि मानो पूरा समुद्र किसी अदृश्य घड़ी के अनुसार कार्य कर रहा हो।

इन जीवों के लिए चंद्रमा केवल एक घड़ी नहीं, बल्कि जीवन और प्रजनन का संकेतक है।

पौधों और चंद्र चक्र का संबंध

कई किसानों और प्रकृति प्रेमियों का मानना है कि पौधों की वृद्धि भी चंद्रमा की कलाओं से प्रभावित हो सकती है।

कुछ अध्ययनों में संकेत मिले हैं कि रस का प्रवाह, अंकुरण और पत्तियों का विस्तार चंद्र चक्र के अनुसार थोड़ा बदल सकता है।

विशेष रूप से बढ़ते हुए चंद्रमा (Waxing Moon) के दौरान कुछ पौधों में अधिक सक्रिय वृद्धि देखी गई है।

हालाँकि इस विषय पर वैज्ञानिक समुदाय में अभी भी चर्चा जारी है, फिर भी दुनिया के अनेक क्षेत्रों में किसान आज भी Lunar Calendar का उपयोग करते हैं।

जानवरों का व्यवहार और चंद्रमा

रात में सक्रिय रहने वाले अनेक जीव चंद्रमा की रोशनी के अनुसार अपना व्यवहार बदलते हैं।

शिकारी

पूर्णिमा की रातों में अधिक रोशनी होने के कारण कई शिकारी आसानी से शिकार खोज पाते हैं।

शिकार बनने वाले जीव

उजली रातों में कई छोटे जीव अपनी गतिविधियाँ कम कर देते हैं ताकि वे आसानी से दिखाई न दें।

चमगादड़

कुछ प्रजातियों के चमगादड़ पूर्णिमा की रातों में कम शिकार करते हैं।

वैज्ञानिक इस व्यवहार को “Lunar Phobia” कहते हैं।

रात्रिकालीन पक्षी

कई पक्षी चंद्रमा की रोशनी वाली रातों में अधिक सक्रिय हो जाते हैं और साथी को आकर्षित करने के लिए अधिक स्वर निकालते हैं।

मनुष्य और चंद्रमा : रहस्य और विज्ञान

यहीं से विज्ञान और लोकविश्वास का सबसे रोचक संगम शुरू होता है।

मासिक चक्र

महिलाओं का औसत मासिक चक्र लगभग 28 दिनों का होता है।

यह अवधि चंद्र मास के 29.5 दिनों के काफी निकट है।

इसी समानता ने प्राचीन सभ्यताओं को चंद्रमा और स्त्रीत्व के बीच गहरा संबंध स्थापित करने के लिए प्रेरित किया।

कुछ शोधकर्ताओं का अनुमान है कि कृत्रिम प्रकाश के अभाव वाले प्राचीन समाजों में पूर्णिमा की रोशनी महिलाओं के जैविक चक्रों को प्रभावित कर सकती थी।

हालाँकि इस विषय पर अभी भी शोध जारी है।

नींद और चंद्रमा

आधुनिक Sleep Studies ने कुछ रोचक परिणाम दिए हैं।

कुछ प्रयोगों में पाया गया कि पूर्णिमा के आसपास लोगों में—

• गहरी नींद की अवधि कम हो जाती है।

• Melatonin हार्मोन का स्तर थोड़ा घट सकता है।

• नींद आने में अधिक समय लग सकता है।

सबसे रोचक बात यह है कि कुछ प्रतिभागियों को चंद्रमा दिखाई भी नहीं दे रहा था, फिर भी उनके नींद के पैटर्न में परिवर्तन देखा गया।

इसका कारण अभी पूरी तरह स्पष्ट नहीं है।

मानसिक स्वास्थ्य और चंद्रमा

पूर्णिमा को लेकर अनेक मिथक सदियों से प्रचलित हैं।

अंग्रेज़ी शब्द "Lunatic" भी लैटिन शब्द *Luna* अर्थात चंद्रमा से बना है।

ऐतिहासिक रूप से माना जाता था कि पूर्णिमा लोगों को असामान्य व्यवहार करने के लिए प्रेरित करती है।

कुछ अध्ययनों में पूर्णिमा के दौरान आक्रामकता, मूड परिवर्तन या अस्पतालों में मानसिक रोगियों की संख्या में हल्की वृद्धि देखी गई है।

लेकिन वैज्ञानिक प्रमाण अभी निर्णायक नहीं हैं।

संभव है कि सांस्कृतिक मान्यताएँ भी इन धारणाओं को प्रभावित करती हों।

प्रजनन और चंद्रमा

कुछ अध्ययनों में यह पाया गया है कि—

• पूर्णिमा के आसपास गर्भधारण की दर में हल्की वृद्धि हो सकती है।

• कुछ क्षेत्रों में प्राकृतिक प्रसवों की संख्या विशेष चंद्र चरणों में थोड़ी अधिक देखी गई है।

• कुछ प्रजनन हार्मोन चंद्र प्रकाश से प्रभावित हो सकते हैं।

जानवरों में तो यह प्रभाव और भी स्पष्ट दिखाई देता है।

घोड़े, खरगोश और कुछ प्राइमेट प्रजातियाँ पूर्णिमा के आसपास अधिक सक्रिय प्रजनन व्यवहार प्रदर्शित करती हैं।

जीवन का समय-निर्धारक

समुद्र की गहराइयों में रहने वाले जीव हों, जंगलों के पशु हों, खेतों के पौधे हों या आधुनिक शहरों में रहने वाले मनुष्य—

चंद्रमा अब भी जीवन की लय को प्रभावित करता प्रतीत होता है।

उसका प्रभाव हमेशा स्पष्ट नहीं होता, लेकिन अनेक स्थानों पर उसके संकेत दिखाई देते हैं।

अंतिम विचार : हमारे भीतर का चंद्रमा

"चंद्रमा केवल हमारे ऊपर आकाश में परिक्रमा नहीं करता। वह हमारी नींद, हमारी जैविक लयों और हमारी पीढ़ियों के भीतर भी अपनी उपस्थिति दर्ज कराता है।"

हम सूर्य की संतान अवश्य हैं, लेकिन केवल सूर्य की नहीं।

हम उन चाँदी जैसी रातों के भी उत्तराधिकारी हैं जिन्होंने हजारों पीढ़ियों तक हमारे पूर्वजों के जीवन को प्रभावित किया।

हमारी धड़कनों की लय, विश्राम और जागरण के चक्र, और जीवन के अनेक प्राकृतिक क्रमों में शायद कहीं न कहीं चंद्रमा की एक हल्की-सी छाप मौजूद है।

वह दिखाई दे या न दे, उसका प्रभाव हमारे जीवन की कहानी में अब भी जीवित है।

और शायद इसी कारण मानवता का चंद्रमा के प्रति आकर्षण कभी समाप्त नहीं हुआ।

जैविक लयों पर चंद्रमा का प्रभाव
(Circadian Rhythm और Reproduction)

1. सर्कैडियन लय (Circadian Rhythm)

सर्कैडियन लय हमारे शरीर की 24 घंटे की जैविक घड़ी है, जो नींद-जागने के चक्र, हार्मोन स्राव, शरीर के तापमान, भूख और ऊर्जा के स्तर को नियंत्रित करती है।

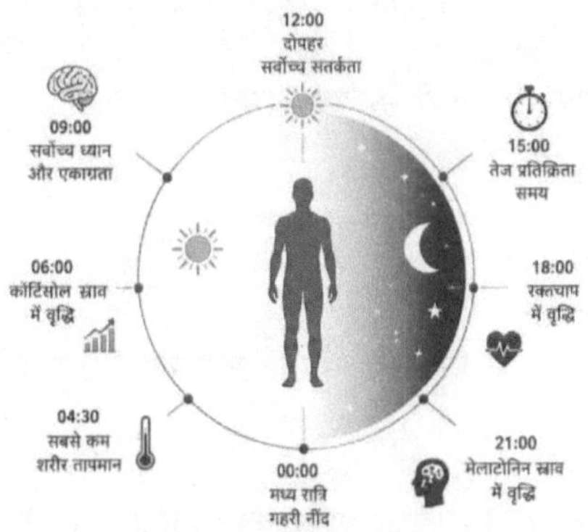

चंद्रमा की चांदनी, विशेषकर पूर्णिमा के आसपास, मेलाटोनिन स्राव को प्रभावित कर सकती है, जिससे नींद की गुणवत्ता, नींद आने का समय और जैविक घड़ी में हल्का परिवर्तन संभव है।

2. प्रजनन (Reproduction)

कई जीवों में चंद्रमा के चरणों का प्रजनन चक्र पर प्रभाव देखा गया है, विशेषकर जलचर जीवों और कुछ स्तनधारियों में।

(क) जलचर जीवों में प्रभाव

चंद्रमा के चरण

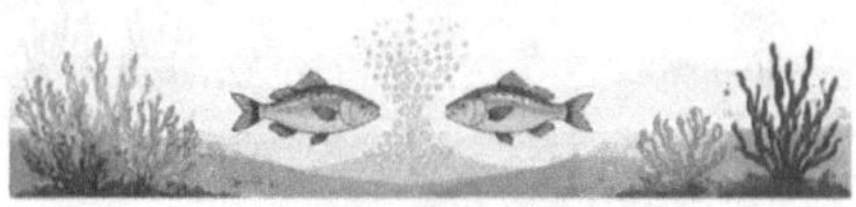

कई मछलियाँ और समुद्री जीव पूर्णिमा या अमावस्या के आसपास प्रजनन करते हैं। यह ज्वार-भाटा, प्रकाश और हार्मोनल संकेतों से संबंधित है।

(ख) स्थलीय जीवों में प्रभाव

कुछ स्तनधारी जीवों में प्रजनन ऋतु चंद्र चक्र से मेल खाती है, जैसे हिरण, भेड़िये आदि। यह प्रकाश की अवधि और हार्मोनल परिवर्तनों (जैसे मेलाटोनिन) से प्रभावित हो सकता है।

चंद्रमा का प्रकाश, ज्वार-भाटा और चंद्र चक्र हमारे शरीर की जैविक लयों और प्रजनन प्रक्रियाओं पर प्रत्यक्ष या परोक्ष रूप से प्रभाव डालते हैं।

अध्याय 6

गुफा चित्रों और पत्थर के वृत्तों में चंद्रमा

मानवता का पहला आकाशीय प्रतीक

"वर्णमालाओं से पहले, मंदिरों से पहले और पौराणिक कथाओं से भी पहले— मनुष्यों ने चंद्रमा को चित्रों, पत्थरों और अपनी स्मृतियों में उकेरना शुरू कर दिया था।"

चंद्रमा के पहले कलाकार

आज हम चंद्रमा की तस्वीरें अंतरिक्ष यानों से लेते हैं और उसकी सतह का अध्ययन आधुनिक उपकरणों से करते हैं।

लेकिन हजारों वर्ष पहले, जब न कोई दूरबीन थी और न ही कोई लिखित भाषा, तब भी मनुष्य रात के आकाश को ध्यान से देखता था।

यूरोप, अफ्रीका और एशिया की अनेक प्राचीन गुफाओं में ऐसे चित्र मिले हैं जो दसियों हजार वर्ष पुराने हैं।

इन चित्रों में अधिकतर जानवर, शिकार के दृश्य और दैनिक जीवन की झलक दिखाई देती है।

लेकिन कुछ रहस्यमय चिन्ह ऐसे भी हैं जो संकेत देते हैं कि आदिम मानव चंद्रमा का अवलोकन कर रहे थे।

गुफाओं में छिपे चंद्र संकेत

स्पेन की ला पासिएगा (La Pasiega) गुफा और फ्रांस की शॉवे (Chauvet) गुफा में बिंदुओं और रेखाओं के ऐसे समूह पाए गए हैं जिन्हें कुछ शोधकर्ता चंद्र कलाओं का प्रतीक मानते हैं।

फ्रांस की प्रसिद्ध लास्को (Lascaux) गुफा में एक विशाल बैल के चित्र के पास बिंदुओं का एक रहस्यमय समूह मिला है।

कुछ वैज्ञानिकों का मानना है कि यह संभवतः एक प्रारंभिक Lunar Calendar था, जिसका उपयोग शिकार के मौसम और समय की गणना के लिए किया जाता होगा।

यदि यह व्याख्या सही है, तो इसका अर्थ है कि मनुष्य लिखित कैलेंडर बनने से हजारों वर्ष पहले ही चंद्रमा के आधार पर समय गिनना सीख चुका था।

इन बिंदुओं का अर्थ क्या हो सकता है?

पुरातत्वविदों ने कई रोचक संभावनाएँ प्रस्तुत की हैं। कुछ चित्रों में 13 या 29 बिंदुओं के समूह दिखाई देते हैं।

यह संख्या चंद्र चक्र से मेल खाती है। कहीं-कहीं बिंदुओं का क्रम ऐसा है जो बढ़ते और घटते हुए चंद्रमा की कलाओं जैसा प्रतीत होता है।

यद्यपि हम निश्चित रूप से नहीं कह सकते कि इन प्रतीकों का वास्तविक अर्थ क्या था, लेकिन इतना स्पष्ट है कि चंद्रमा ने आदिम मानव की कल्पना और जीवन पर गहरा प्रभाव डाला था।

चंद्रमा इतना महत्वपूर्ण क्यों था?

हमारे पूर्वजों के लिए चंद्रमा रात के आकाश का सबसे चमकीला और सबसे भरोसेमंद साथी था।

उसका नियमित चक्र उन्हें समय का आभास कराता था।

चंद्रमा की सहायता से वे मौसमों में होने वाले परिवर्तन समझ सकते थे।

पशुओं के प्रवास, शिकार के उपयुक्त समय और विभिन्न सामुदायिक गतिविधियों का अनुमान लगा सकते थे।

एक घुमंतू जीवन जीने वाले समाज के लिए चंद्रमा वास्तव में आकाश में लगी प्राकृतिक घड़ी था।

पत्थरों में दर्ज चंद्रमा

समय के साथ मनुष्य केवल गुफाओं में चित्र बनाने तक सीमित नहीं रहा। उसने विशाल पत्थरों को व्यवस्थित रूप से खड़ा करना शुरू किया। यूरोप, एशिया और अफ्रीका के कई क्षेत्रों में विशाल पत्थर वृत्त (Stone Circles), टीले और अन्य मेगालिथिक संरचनाएँ बनाई गईं।

इनका उद्देश्य केवल स्मारक बनाना नहीं था।

इनमें से कई संरचनाएँ सूर्य और चंद्रमा की विशेष स्थितियों के अनुरूप बनाई गई थीं।

केवल सूर्य नहीं, चंद्रमा भी

अक्सर लोग प्राचीन वेधशालाओं को केवल सूर्य से जोड़ते हैं। लेकिन अनेक संरचनाएँ चंद्रमा की गतिविधियों से भी संबंधित थीं।

कैलानिश स्टोन्स (Callanish Stones), स्कॉटलैंड

इन विशाल पत्थरों की व्यवस्था चंद्रमा के 18.6 वर्षीय चक्र के साथ मेल खाती है।

न्यूग्रेंज (Newgrange), आयरलैंड

यह मुख्य रूप से सूर्य से जुड़ा माना जाता है, लेकिन कुछ शोधकर्ताओं का मानना है कि यहाँ चंद्र अनुष्ठान भी आयोजित किए जाते थे।

नाब्ता प्लाया (Nabta Playa), मिस्र

लगभग 7000 वर्ष पुरानी यह संरचना सूर्य और चंद्रमा दोनों की गतियों के अनुरूप बनाई गई प्रतीत होती है।

इसे दुनिया की सबसे प्राचीन वेधशालाओं में से एक माना जाता है।

18.6 वर्ष का रहस्य

चंद्रमा की गति केवल मासिक चक्र तक सीमित नहीं है।

हर 18.6 वर्ष में वह आकाश में अपने सबसे उत्तरी और सबसे दक्षिणी उदय तथा अस्त बिंदुओं तक पहुँचता है।

इस घटना को Major Lunar Standstill कहा जाता है।

कैलानिश जैसे स्थानों पर कुछ पत्थर इस प्रकार स्थापित किए गए हैं कि वे इस विशेष घटना के समय चंद्रमा के साथ बिल्कुल सीध में दिखाई देते हैं।

यह तथ्य अत्यंत आश्चर्यजनक है।

इसका अर्थ है कि हजारों वर्ष पहले के लोग लंबे समय तक आकाश का अवलोकन करते थे और जटिल खगोलीय पैटर्न को समझने में सक्षम थे।

अनुष्ठान, आस्था और रात्रि आकाश

ये पत्थर वृत्त केवल कैलेंडर नहीं थे।

वे खुले आकाश के नीचे बने मंदिरों जैसे थे।

संभवतः लोग पूर्णिमा, अयनांत (Solstice) और विषुव (Equinox) के अवसरों पर यहाँ एकत्र होते थे।

वे नृत्य करते होंगे। धार्मिक अनुष्ठान करते होंगे। अपने मृतकों को सम्मान देते होंगे। और जीवन, मृत्यु तथा पुनर्जन्म के रहस्यों पर विचार करते होंगे। कई पत्थर वृत्तों के पास कब्रें और दफन स्थल मिले हैं।

इससे संकेत मिलता है कि चंद्रमा को जीवन और मृत्यु के चक्र से जोड़ा जाता था।

दुनिया भर में एक समान कहानी

यद्यपि इन प्राचीन स्थलों का वास्तविक अर्थ आज पूरी तरह ज्ञात नहीं है, फिर भी एक बात स्पष्ट है—

चंद्रमा महत्वपूर्ण था।

समय पवित्र था।

और आकाश तथा पृथ्वी को एक-दूसरे से जुड़ा हुआ माना जाता था।

फ्रांस की गुफाओं से लेकर स्कॉटलैंड के पत्थर वृत्तों तक और अफ्रीका के विशाल मैदानों तक, हर जगह मनुष्य ने चंद्रमा को समझने और उसका सम्मान करने का प्रयास किया।

वह उनका पहला कैलेंडर था।

पहला रहस्य था।

और शायद पहली देवी भी।

अंतिम विचार : प्रेरणा और मार्गदर्शक

"देवताओं के नाम रखे जाने से पहले और घड़ियों के आविष्कार से बहुत पहले, चंद्रमा मानवता के समय और कल्पना का मार्गदर्शक बन चुका था।"

चंद्रमा केवल देखा नहीं गया।

उसे महसूस किया गया।

गिना गया।

चित्रित किया गया।

और पत्थरों में सदा के लिए उकेरा गया।

आज जब हम किसी प्राचीन गुफा के चित्र को देखते हैं या हजारों वर्ष पुराने पत्थर वृत्तों के बीच खड़े होते हैं, तब हम केवल इतिहास को नहीं देख रहे होते।

हम उस क्षण से जुड़ रहे होते हैं जब मानव ने पहली बार आकाश की ओर देखा और आश्चर्य से भर गया।

वह आश्चर्य आज भी जीवित है।

और उसी ने विज्ञान, खगोलशास्त्र और अंतरिक्ष अन्वेषण की यात्रा को जन्म दिया।

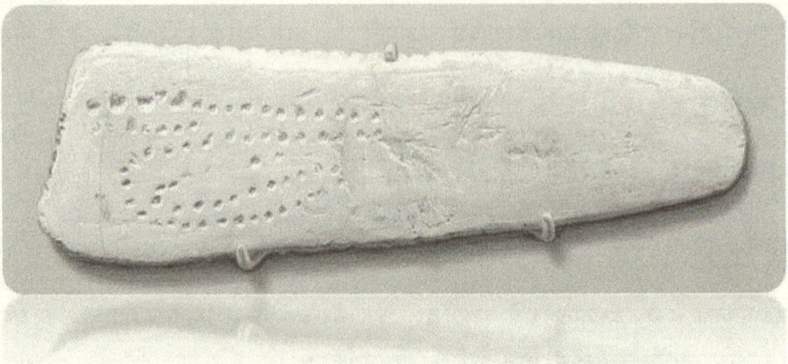

चित्र सौजन्य: [डॉन हिचकॉक], विकिमीडिया कॉमन्स।

अध्याय 7

चंद्र चक्र और प्रजनन पूजा

जब चंद्रमा जीवन का संरक्षक माना जाता था

"विज्ञान के जन्म से बहुत पहले, जब मनुष्य को Ovulation, Hormones या Gestation के बारे में कुछ पता नहीं था, तब भी चंद्रमा उसकी आस्थाओं, अनुष्ठानों और जीवन चक्रों का केंद्र था।"

चंद्रमा और स्त्री के बीच रहस्यमय संबंध

मानव इतिहास की लगभग हर प्राचीन सभ्यता में एक विश्वास बार-बार दिखाई देता है—

चंद्रमा का संबंध प्रजनन क्षमता (Fertility) से है। यह विचार केवल कल्पना पर आधारित नहीं था। इसके पीछे कुछ ऐसे अवलोकन थे जिन्हें प्राचीन लोग आसानी से देख सकते थे। महिलाओं का औसत मासिक चक्र लगभग 28 से 29 दिनों का होता है। चंद्रमा का एक पूर्ण चक्र भी लगभग 29.5 दिनों का होता है। दोनों ही नियमित रूप से बदलते हैं। दोनों का संबंध शरीर में होने वाले परिवर्तनों से जुड़ा हुआ प्रतीत होता है। और दोनों ही रहस्य और जीवन के प्रतीक माने जाते थे।

इसी कारण प्राचीन लोगों ने चंद्रमा को केवल आकाश में चमकती वस्तु नहीं माना।

उनके लिए वह जीवन देने वाली शक्ति था—

मानो आकाश में स्थित एक दिव्य गर्भ।

पवित्र स्त्रीत्व और चंद्रमा

कई प्राचीन संस्कृतियों में चंद्रमा को स्त्री शक्ति का प्रतीक माना गया। वह बदलता था, बढ़ता था, घटता था और फिर नए रूप में लौट आता था। यह प्रक्रिया जीवन, मातृत्व और सृजन की शक्ति से जुड़ी हुई प्रतीत होती थी।

अनेक देवी-पूजक संस्कृतियों में चंद्रमा को तीन रूपों में देखा गया—

बढ़ता हुआ चंद्रमा (Waxing Moon)

युवती या कन्या का प्रतीक।

नई ऊर्जा, आशा और संभावनाओं का प्रतिनिधित्व।

पूर्णिमा (Full Moon)

माता का स्वरूप।

उर्वरता, सृजन और पोषण का प्रतीक।

घटता हुआ चंद्रमा (Waning Moon)

वृद्धा या ज्ञानी स्त्री का रूप।

अनुभव, ज्ञान और जीवन की परिपक्वता का प्रतीक।

यह "Triple Goddess" की अवधारणा सेल्टिक, यूनानी, हिंदू और कई आदिवासी परंपराओं में किसी न किसी रूप में दिखाई देती है।

धीरे-धीरे चंद्र पूजा और प्रजनन पूजा एक-दूसरे से जुड़ गईं।

पूर्णिमा और प्रजनन अनुष्ठान

दुनिया की अनेक सभ्यताओं में पूर्णिमा विशेष रूप से शुभ मानी जाती थी। विशेषकर वसंत ऋतु की पूर्णिमा को जीवन, प्रेम और प्रजनन से जोड़ा जाता था। ऐसे अवसरों पर विभिन्न प्रकार के अनुष्ठान किए जाते थे।

प्रमुख प्रथाएँ

• पूर्णिमा की रात सामूहिक नृत्य और उत्सव।

• प्रजनन क्षमता बढ़ाने के लिए विशेष प्रार्थनाएँ।

• औषधीय जड़ी-बूटियों का उपयोग।

• चंद्र प्रकाश में पवित्र जल या Moon Water तैयार करना।

• विवाह और गर्भधारण से जुड़े धार्मिक अनुष्ठान।

लोगों का विश्वास था कि चंद्रमा की शक्ति इन कार्यों को सफल बनाने में सहायता करती है।

चंद्र देवियाँ और मातृत्व

विश्व की कई सभ्यताओं में चंद्रमा को देवी या मातृ शक्ति के रूप में पूजा गया।

सेलेने और लूना (Selene / Luna)

यूनानी और रोमन सभ्यताओं में चंद्र देवी।

चंद्र (Chandra)

भारतीय परंपरा में चंद्रदेव जीवन, वनस्पति और मन से जुड़े माने गए।

इक्स चेल (Ix Chel)

माया सभ्यता की चंद्र और प्रजनन देवी।

आर्टेमिस (Artemis)

महिलाओं, मातृत्व और प्रसव की संरक्षिका।

इन देवियों की पूजा अक्सर जंगलों, पहाड़ियों, मंदिरों और खुले चंद्र प्रकाश में की जाती थी।

पुरातात्विक प्रमाण क्या कहते हैं?

पुरातत्वविदों को कई ऐसे प्रमाण मिले हैं जो चंद्रमा और प्रजनन पूजा के संबंध की ओर संकेत करते हैं।

वीनस मूर्तियाँ (Venus Figurines)

यूरोप और एशिया के अनेक क्षेत्रों से ऐसी प्राचीन मूर्तियाँ मिली हैं जिनमें स्त्रियों के शरीर के प्रजनन से जुड़े अंगों को विशेष रूप से उभारा गया है।

कई शोधकर्ता इन्हें उर्वरता और चंद्र पूजा से जोड़ते हैं।

गुफा चित्र और हड्डियों पर निशान

कुछ प्राचीन हड्डियों और गुफा चित्रों में चंद्र चक्र जैसी गणनाएँ दिखाई देती हैं।

संभव है कि उनका उपयोग मासिक चक्र या प्रजनन समय की गणना के लिए किया जाता रहा हो।

पत्थर वृत्त (Stone Circles)

कुछ शोधकर्ताओं का मानना है कि प्राचीन Stone Circles केवल खगोलीय वेधशालाएँ नहीं थे।

वे प्रजनन और जीवन से जुड़े अनुष्ठानों के केंद्र भी हो सकते थे।

रहस्यवाद और Moon Magic

मध्यकाल तक भी चंद्रमा का प्रभाव लोकविश्वासों में बना रहा।

कई समाजों में यह माना जाता था कि चंद्रमा की विभिन्न कलाएँ विभिन्न प्रकार की ऊर्जाएँ प्रदान करती हैं।

New Moon

नई शुरुआत, संकल्प और गर्भधारण की प्रार्थनाओं के लिए शुभ माना जाता था।

Full Moon

पूर्णता, मातृत्व और जीवन के उत्सव का प्रतीक।

जड़ी-बूटियाँ और उपचार

कई औषधीय पौधे विशेष चंद्र चरणों में एकत्र किए जाते थे।

लोगों का विश्वास था कि इससे उनकी शक्ति बढ़ जाती है।

Moonstone आभूषण

Moonstone को स्त्री ऊर्जा, गर्भधारण और भावनात्मक संतुलन का प्रतीक माना जाता था।

एक वैश्विक विश्वास

अफ्रीका की जनजातियों से लेकर वैदिक भारत तक,

माया सभ्यता से लेकर नॉर्स कथाओं तक,
लगभग हर संस्कृति में किसी न किसी रूप में यह विश्वास मौजूद था कि चंद्रमा मानव जीवन और जन्म प्रक्रिया को प्रभावित करता है।
आज हम इसे पूरी तरह वैज्ञानिक तथ्य नहीं कह सकते।

लेकिन यह भी सच है कि यह विश्वास केवल अंधविश्वास नहीं था।

यह सदियों तक किए गए अवलोकनों, अनुभवों और प्रकृति के अध्ययन पर आधारित था।

विज्ञान और मिथक उस समय अलग-अलग नहीं थे।

वे एक ही कहानी के दो रूप थे।

अंतिम विचार : चंद्र प्रकाश में जन्मी जीवन की कहानी

"चंद्रमा केवल महासागरों को आकार नहीं देता। वह जीवन की लय को भी प्रभावित करता है।"

आज भी वैज्ञानिक यह अध्ययन कर रहे हैं कि क्या चंद्रमा नींद, हार्मोन, मनोदशा और जन्म दर पर सूक्ष्म प्रभाव डालता है।

परंतु प्राचीन लोगों के लिए इस प्रश्न का उत्तर पहले से स्पष्ट था।

उनके पास आधुनिक प्रयोगशालाएँ नहीं थीं।

उनके पास Computer Models नहीं थे।

लेकिन उनके पास आकाश को देखने वाली आँखें थीं।

प्रकृति को समझने वाला धैर्य था।

और चंद्रमा के प्रति गहरा सम्मान था।

उनके लिए चंद्रमा केवल एक खगोलीय पिंड नहीं था।

वह माता था।

मार्गदर्शक था।

और जीवन के सबसे बड़े रहस्य का संरक्षक था।

और शायद...

आज भी किसी न किसी रूप में वह भूमिका निभा रहा है।

वीनस फ़िगरीन्स **(Venus figurines)**

अध्याय 8

पूर्णिमा और अनुष्ठानिक परंपराएँ

जब मनुष्य चंद्रमा के साथ नृत्य करता था

"पूर्णिमा की उजली रातों में मनुष्य केवल एक-दूसरे के साथ नहीं, बल्कि पूरे ब्रह्मांड के साथ नृत्य करता था।"

1. पूर्णिमा का शाश्वत आकर्षण

मानव इतिहास के आरंभ से ही पूर्णिमा ने लोगों की कल्पना और भावनाओं को प्रभावित किया है। रात के अंधकार में चमकता हुआ पूर्ण चंद्रमा मानो आकाश में टंगा एक दिव्य दीपक प्रतीत होता था।

वह प्रकाश, ज्ञान, रहस्य और आध्यात्मिक जागृति का प्रतीक बन गया।

अफ्रीका के घने जंगलों से लेकर हिमालय की ऊँची चोटियों तक, पूर्णिमा की रातों ने लोगों के मन में आश्चर्य, श्रद्धा और कभी-कभी भय भी उत्पन्न किया।

ऐसा लगता था मानो उस रात अंधकार स्वयं प्रकाश के सामने झुक जाता हो।

2. पूर्णिमा इतनी महत्वपूर्ण क्यों है?

(i) पूर्णता और मुक्ति का प्रतीक

चंद्र चक्र का चरम बिंदु पूर्णिमा होती है। इस समय चंद्रमा अपने सबसे चमकीले स्वरूप में दिखाई देता है।

प्राचीन मान्यताओं के अनुसार यह वह क्षण था जब मनुष्य की भावनाएँ, इच्छाएँ और आंतरिक ऊर्जा भी अपने उच्चतम स्तर पर पहुँचती थीं।

इसी कारण अनेक संस्कृतियों में पूर्णिमा को त्याग और शुद्धि का समय माना गया।

लोग क्रोध, दुःख, नकारात्मक विचारों और पुराने बोझों को छोड़ने के लिए विशेष अनुष्ठान करते थे।

आज भी कई आधुनिक आध्यात्मिक और मनोवैज्ञानिक अभ्यासों में Full Moon Reflection को भावनात्मक शुद्धि का अवसर माना जाता है।

(ii) जैविक और मानसिक प्रभाव

कुछ वैज्ञानिक अध्ययनों में संकेत मिले हैं कि चंद्रमा नींद के पैटर्न, हार्मोन स्तरों और मानव व्यवहार को प्रभावित कर सकता है।

प्राचीन चिकित्सकों का मानना था कि पूर्णिमा प्रजनन क्षमता, रहस्यवाद और कभी-कभी मानसिक अस्थिरता को बढ़ा सकती है।

इसी विश्वास से अंग्रेज़ी शब्द "Lunacy" उत्पन्न हुआ, जो लैटिन शब्द *Luna* अर्थात चंद्रमा से जुड़ा है।

हालाँकि आधुनिक विज्ञान अभी भी इस विषय पर शोध कर रहा है।

3. विभिन्न संस्कृतियों में पूर्णिमा के अनुष्ठान

(a) प्राचीन सभ्यताएँ

पूर्णिमा केवल एक खगोलीय घटना नहीं थी।

यह धार्मिक और सामाजिक जीवन का महत्वपूर्ण भाग थी।

बेबीलोन

बेबीलोन के लोग अपने चंद्र देवता "Sin" को पूर्णिमा की रात विशेष अर्पण चढ़ाते थे।

वैदिक भारत

भारत में पूर्णिमा अर्थात "पूर्णिमा तिथि" को अत्यंत शुभ माना गया।

लोग व्रत रखते, ध्यान करते और चंद्र पूजा करते थे।

आज भी गुरु पूर्णिमा, बुद्ध पूर्णिमा और शरद पूर्णिमा जैसे पर्व उसी परंपरा की याद दिलाते हैं।

(b) मूल अमेरिकी परंपराएँ

अनेक Native American जनजातियों ने वर्ष की प्रत्येक पूर्णिमा को अलग नाम दिए।

जैसे—

- Wolf Moon
- Strawberry Moon
- Harvest Moon

ये नाम मौसम, कृषि और प्रकृति के चक्रों से जुड़े हुए थे।

उनके लिए पूर्णिमा एक प्राकृतिक Calendar थी।

(c) पूर्वी रहस्यवादी परंपराएँ

ताओ मत

ताओवादी साधु पूर्णिमा की रात ध्यान करते थे।

उनका विश्वास था कि इस समय ब्रह्मांडीय "Yin Energy" अधिक सक्रिय होती है।

बौद्ध धर्म

वैशाख पूर्णिमा (Vesak) बौद्ध धर्म का सबसे पवित्र पर्व माना जाता है।

मान्यता है कि इसी दिन भगवान बुद्ध का जन्म, ज्ञान प्राप्ति और महापरिनिर्वाण हुआ था।

जापान

जापान में "Tsukimi" नामक उत्सव मनाया जाता है।

इसका अर्थ है "चंद्र दर्शन"।

लोग चंद्रमा की सुंदरता का आनंद लेते हैं और अच्छी फसल के लिए धन्यवाद देते हैं।

4. पगान और विक्का परंपराएँ

आधुनिक Wicca और Pagan परंपराओं में पूर्णिमा सबसे पवित्र समय माना जाता है।

इन परंपराओं में पूर्णिमा के अनुष्ठानों को "Esbat" कहा जाता है।

इनमें शामिल हैं—

- Crystal Cleansing
- Sacred Tools Charging
- Manifestation Rituals
- Forgiveness Practices
- Moon Bathing

कई लोग अलाव जलाते हैं, ढोल बजाते हैं और चंद्र देवी की ऊर्जा का स्वागत करने के लिए विशेष समारोह करते हैं।

5. आज के लोकप्रिय Full Moon Rituals

अभ्यास	उद्देश्य
Candle Lighting	आंतरिक प्रकाश और संकल्प का प्रतीक
Burn Letters Ritual	भावनात्मक मुक्ति और समापन
Herbal Bath	मानसिक शांति और ऊर्जा शुद्धि
Crystal Charging	सकारात्मक ऊर्जा का पुनर्भरण
Moon Journaling	आत्मचिंतन और कृतज्ञता

एक लोकप्रिय आध्यात्मिक विचार कहता है—

"पूर्णिमा पर जो छोड़ दिया जाता है, वह जीवन में नई संभावनाओं के लिए स्थान बना देता है।"

6. लोककथाएँ और प्रतीकवाद

पूर्णिमा सदियों से लोककथाओं का महत्वपूर्ण हिस्सा रही है।

भेड़िए और चंद्रमा

कई संस्कृतियों में चंद्रमा की ओर मुख करके हुआँ-हुआँ करते भेड़िए अधूरी इच्छाओं और आध्यात्मिक पुकार का प्रतीक माने जाते हैं।

वेयरवुल्फ की कथाएँ

यूरोप की लोककथाओं में माना जाता था कि पूर्णिमा की रात कुछ लोग भेड़िए में बदल जाते हैं।

ये कथाएँ मानव के भीतर छिपे अंधकार और अनियंत्रित प्रवृत्तियों का प्रतीक थीं।

लोक जादू (folk magic)

कई क्षेत्रों में पूर्णिमा की रात—

- प्रेम मंत्र
- चंद्र अमृत (Moon Elixirs)
- भविष्यसूचक स्वप्न
- भाग्य अनुष्ठान

जैसी परंपराओं से जुड़ी रही।

कला और कविता में पूर्णिमा को अक्सर "देवी की आँख" कहा गया, जो पृथ्वी पर होने वाले सभी परिवर्तनों को देखती रहती है।

अंतिम विचार : आत्मा का दर्पण

"पूर्णिमा केवल आकाश में चमकता हुआ गोला नहीं है। वह हमारी आत्मा का दर्पण है।"

वह उन भावनाओं को उजागर करती है जिन्हें हम छिपाकर रखते हैं।

वह उन इच्छाओं को प्रकाश में लाती है जिन्हें हम व्यक्त नहीं कर पाते।

और वह हमें याद दिलाती है कि जैसे अंधकार का अस्तित्व है, वैसे ही उसके भीतर प्रकाश की संभावना भी हमेशा मौजूद रहती है।

मानव सभ्यता के लिए पूर्णिमा केवल एक खगोलीय घटना नहीं रही।

वह एक उत्सव रही है।

एक प्रार्थना रही है।

एक प्रेरणा रही है।

और शायद आज भी, जब हम पूर्णिमा की रात आकाश की ओर देखते हैं, तब कहीं न कहीं वही प्राचीन आकर्षण हमारे भीतर जाग उठता है।

क्योंकि हम केवल चंद्रमा को नहीं देख रहे होते—

हम अपने इतिहास, अपनी आस्थाओं और अपने भीतर छिपे प्रकाश को देख रहे होते हैं।

चंद्रप्रकाश में बेबीलोनियों की अर्पणविधि-

अध्याय 9

चंद्र देवी का आदिरूप (The Moon Goddess Archetype)

जब चंद्रमा एक देवी था

"विज्ञान ने चंद्रमा के गड्ढों को मापा, लेकिन उससे हजारों वर्ष पहले मनुष्य उसे एक देवी के रूप में देखता था—जो आकाश से देखती थी, रहस्य फुसफुसाती थी और भाग्य के धागे बुनती थी।"

1. चंद्रमा और दिव्य स्त्री शक्ति

दूरबीनों के आविष्कार से बहुत पहले, जब लोगों को यह भी ज्ञात नहीं था कि चंद्रमा वास्तव में क्या है, तब उन्होंने उसे एक जीवित शक्ति के रूप में देखा।

अनेक प्राचीन सभ्यताओं में चंद्रमा को स्त्री स्वरूप दिया गया।

वह एक देवी थी—

सुंदर, रहस्यमयी, परिवर्तनशील और फिर भी शाश्वत।

उसकी चाँदी जैसी चमक केवल प्रकाश नहीं बिखेरती थी, बल्कि मातृत्व, करुणा, संरक्षण, रहस्य और परिवर्तन का भी प्रतीक मानी जाती थी। दुनिया की लगभग हर संस्कृति में किसी न किसी रूप में एक "चंद्र देवी" दिखाई देती है।

नाम अलग हैं।

कथाएँ अलग हैं।

लेकिन उनका मूल स्वरूप एक जैसा है—

दिव्य स्त्री शक्ति का प्रतीक।

2. दुनिया भर में चंद्र देवी के रूप

सेलेने और लूना (Selene / Luna)

यूनानी और रोमन सभ्यताओं में चंद्रमा की देवी को सेलेने या लूना कहा जाता था। मान्यता थी कि वह सफेद घोड़ों द्वारा खींचे जाने वाले रथ में बैठकर रात के आकाश में यात्रा करती है।

वह युद्ध की देवी नहीं थी।

वह शांति, सुरक्षा और मातृत्व का प्रतीक थी।

अनेक महिलाएँ प्रसव और भावनात्मक उपचार के लिए उसकी प्रार्थना करती थीं।

हेकाटे (Hecate)

हेकाटे चंद्रमा के रहस्यमय और अंधकारमय पक्ष का प्रतिनिधित्व करती थी।

उसे जादू, रहस्य, चौराहों और अधोलोक की देवी माना जाता था।

विशेष रूप से अमावस्या और घटते चंद्रमा के समय उसकी पूजा की जाती थी।

उसके अनुष्ठान प्रायः रात में आयोजित होते थे।

हेकेटे (Hecate) — प्राचीन यूनानी सभ्यता की वह रहस्यमयी देवी, जिन्हें जादू-टोना, तांत्रिक शक्तियों, रात्रि, मार्गों के संगम (चौराहों) तथा भूत- प्रेतों की संरक्षिका माना जाता था।

भारत में चंद्र शक्ति

वैदिक परंपरा में चंद्रमा को प्रायः "चंद्रदेव" के रूप में दर्शाया गया है।

लेकिन भारतीय संस्कृति में चंद्र ऊर्जा का स्त्री पक्ष भी अत्यंत महत्वपूर्ण है।

यह शक्ति पार्वती, गौरी, दुर्गा और अन्य देवी रूपों में दिखाई देती है।

पूर्णिमा की रातें हिंदू धर्म में अत्यंत पवित्र मानी जाती हैं।

गुरु पूर्णिमा, शरद पूर्णिमा, वट पूर्णिमा और करवाचौथ जैसे पर्व चंद्रमा को प्रेम, समृद्धि और वैवाहिक सुख से जोड़ते हैं।

जापान की चंद्र परंपरा

जापानी शिंतो परंपरा में त्सुकुयोमी (Tsukuyomi) चंद्र देवता हैं।

लेकिन पूर्वी दर्शन में चंद्र ऊर्जा को प्रायः Yin Energy के रूप में देखा जाता है, जो स्त्रीत्व, शांति और ग्रहणशीलता का प्रतीक है।

सूर्य देवी अमातेरासु और चंद्र देव त्सुकुयोमी मिलकर ब्रह्मांडीय संतुलन का प्रतिनिधित्व करते हैं।

मामा क्वीला (Mama Quilla)

इंका सभ्यता की चंद्र देवी।

उन्हें महिलाओं की संरक्षिका माना जाता था।

लोगों का विश्वास था कि उनकी चाँदी जैसी रोशनी एंडीज पर्वतों पर आशीर्वाद के रूप में बरसती है।

वह मासिक चक्र, समय गणना और धार्मिक पर्वों की अधिष्ठात्री देवी थीं।

कोयोलक्साउक्की (Coyolxauhqui)

एज़्टेक सभ्यता की एक शक्तिशाली चंद्र देवी।

उनकी कथा संघर्ष, पुनर्जन्म और शक्ति का प्रतीक है।

उन्हें एक योद्धा देवी के रूप में भी सम्मान दिया जाता था।

3. चंद्र देवी के मुख्य प्रतीक

उर्वरता और जीवन चक्र

जैसे चंद्रमा बढ़ता और घटता है, वैसे ही प्रकृति में भी अनेक चक्र चलते हैं।

फसलें उगती हैं।

मौसम बदलते हैं।

जीवन जन्म लेता है।

इसी कारण प्राचीन समाज चंद्र देवी से संतानों, अच्छी फसल और समृद्धि का आशीर्वाद माँगते थे।

भावनाएँ और अंतर्ज्ञान

चंद्रमा रात और जल से जुड़ा हुआ है।

प्राचीन प्रतीकवाद में जल भावनाओं और अवचेतन मन का प्रतिनिधित्व करता है।

इसलिए चंद्र देवी को भावनात्मक उपचार, क्षमा और आत्म-खोज की संरक्षिका माना गया।

जादू और रहस्य

दुनिया भर की कथाओं में चंद्र देवी का संबंध भविष्यवाणी, स्वप्न और आध्यात्मिक शक्तियों से जोड़ा गया है।

शामन, पुजारिनें और साधिकाएँ चंद्रमा की विभिन्न कलाओं के अनुसार अनुष्ठान करती थीं।

विशेष रूप से अमावस्या और पूर्णिमा को अत्यंत शक्तिशाली समय माना जाता था।

4. Triple Goddess की अवधारणा

आधुनिक Wicca और Neo-Pagan परंपराओं में चंद्रमा को तीन रूपों में देखा जाता है।

Maiden (बढ़ता हुआ चंद्रमा)

युवा अवस्था।

नई शुरुआत।

उत्साह और संभावनाओं का प्रतीक।

Mother (पूर्णिमा)

सृजन।

मातृत्व।

प्रेम और पोषण का प्रतीक।

Crone (घटता हुआ चंद्रमा)

ज्ञान।

अनुभव।

परिवर्तन और जीवन के अंत का प्रतीक।

यह अवधारणा बताती है कि स्त्री जीवन के प्रत्येक चरण में एक अलग प्रकार की शक्ति होती है।

5. कला और संस्कृति में चंद्र देवी

दुनिया भर में कलाकारों ने चंद्र देवी को अनेक रूपों में चित्रित किया है।

यूनान में आर्टेमिस की मूर्तियाँ।

अफ्रीका के चंद्र मुखौटे।

भारत की मंडल कला।

रोमन चित्रकला में लूना।

इन सभी में कुछ प्रतीक बार-बार दिखाई देते हैं—

- अर्धचंद्र मुकुट

- चाँदी के आभूषण

- उल्लू

- भेड़िए

- सर्प

• ललाट पर चंद्रमा

ये सभी ज्ञान, रहस्य और संतुलन का प्रतिनिधित्व करते हैं।

6. आज भी यह आदिरूप क्यों महत्वपूर्ण है?

आज का युग विज्ञान और तकनीक का युग है।

फिर भी चंद्र देवी का प्रतीक अब भी लोगों को आकर्षित करता है।

क्यों?

क्योंकि वह हमें कुछ महत्वपूर्ण बातें याद दिलाती है—

• जीवन में धीमा होना भी आवश्यक है।

• भावनाएँ कमजोरी नहीं हैं।

• अंतर्ज्ञान भी ज्ञान का एक रूप है।

• परिवर्तन जीवन का स्वाभाविक नियम है।

• कोमलता भी शक्ति हो सकती है।

चंद्र देवी हमें यह सिखाती है कि अंधकार से डरने के बजाय उसे समझना चाहिए।

अंतिम विचार : हमारे भीतर की देवी

आज भी दुनिया भर में लोग पूर्णिमा की रात—

• चंद्र प्रकाश में पानी रखते हैं।

• सफेद मोमबत्तियाँ जलाते हैं।

• तारों के नीचे नृत्य करते हैं।

• आकाश की ओर देखकर मौन प्रार्थना करते हैं।

वे ऐसा इसलिए नहीं करते कि वे प्राचीन मिथकों को पूरी तरह सत्य मानते हैं।

बल्कि इसलिए कि उन अनुष्ठानों में उन्हें अपने भीतर की किसी प्राचीन स्मृति की झलक दिखाई देती है।

संभव है कि चंद्र देवी केवल एक मिथक हो।

लेकिन वह जिन गुणों का प्रतिनिधित्व करती है—

अंतर्ज्ञान,

भावनात्मक शक्ति,

करुणा,

संतुलन,

और आंतरिक प्रकाश—

वे पूरी तरह वास्तविक हैं।

और शायद इसी कारण, हजारों वर्षों बाद भी, जब हम पूर्णिमा की ओर देखते हैं, तो हमें केवल एक खगोलीय पिंड नहीं दिखाई देता।

हमें अपने भीतर का वह हिस्सा दिखाई देता है जो अब भी रहस्य, सौंदर्य और आश्चर्य पर विश्वास करता है।

आर्टेमिस – प्राचीन यूनान की प्रसिद्ध देवी, जो शिकार, जंगलों, वन्य जीवों, चंद्रमा तथा पवित्रता की संरक्षिका मानी जाती थीं। यूनानी मिथकों में उनका विशेष स्थान था और वे प्रकृति तथा चंद्रमा से गहराई से जुड़ी हुई थीं।

Coyolxauhqui - the Aztec moon goddess

Selene

अध्याय 10

जनजातीय लोककथाओं में चंद्रमा का प्रतीकवाद

जब चंद्रमा कहानियों में जीवित था

"चंद्रमा के नक्शे बनने से पहले, उसे मापने वाले उपकरणों के आने से पहले, वह अलाव के आसपास सुनाई जाने वाली कहानियों में जीवित था— रहस्यमय, पवित्र और आत्मा से भरपूर।"

1. जनजातीय जीवन में चंद्रमा की आत्मा

मानव इतिहास के अधिकांश समय में लोग शहरों में नहीं, बल्कि प्रकृति के बीच रहते थे।

उनका जीवन जंगलों, नदियों, पहाड़ों और खुले आकाश से जुड़ा हुआ था।

ऐसे संसार में चंद्रमा केवल रात को रोशन करने वाला खगोलीय पिंड नहीं था।

वह एक साथी था।

एक संरक्षक था।

एक रहस्यमय आत्मा था जो रात के अंधकार में ऊपर से सब कुछ देखती थी।

जनजातीय समाजों के लिए चंद्रमा सपनों में आता था, गीतों में गाया जाता था, नृत्यों में मनाया जाता था और पवित्र अनुष्ठानों का हिस्सा बनता था।

वे चंद्रमा को विज्ञान की भाषा में नहीं समझते थे।

वे उसे प्रतीकों, भावनाओं और प्रकृति की लय के माध्यम से महसूस करते थे।

2. दुनिया भर की जनजातियों में चंद्रमा

उत्तर अमेरिका की जनजातियाँ

ओजिब्वे और क्री (Ojibwe & Cree)

इन जनजातियों में चंद्रमा को "महान दादी" माना जाता था।

वह महिलाओं, मातृत्व और प्रजनन क्षमता की संरक्षिका थी।

होपी (Hopi)

होपी लोग कृषि और धार्मिक समारोहों के समय निर्धारण के लिए चंद्र चक्रों का उपयोग करते थे।

इनुइट (Inuit)

इनुइट लोककथाओं में चंद्रमा और सूर्य भाई-बहन के रूप में दिखाई देते हैं।

उनकी एक प्रसिद्ध कथा के अनुसार चंद्र देवता “Aningan” सूर्य देवी “Malina” का पीछा करते हैं।

इसी पीछा करने की कहानी से दिन और रात का चक्र समझाया जाता था।

एक पुरानी कहावत थी—

“जब भेड़िए हुआँ-हुआँ करते हैं, तो वे तारों से नहीं, चंद्रमा से बात करते हैं।”

अफ्रीकी जनजातियाँ

सान (San / Bushmen)

दक्षिण अफ्रीका की सान जनजाति मानती थी कि चंद्रमा बार-बार मरता और पुनर्जन्म लेता है।

इसी से उसकी कलाओं की व्याख्या की जाती थी।

ज़ुलु (Zulu)

ज़ुलु लोगों का विश्वास था कि चंद्रमा वर्षा, फसल और प्रजनन क्षमता को प्रभावित करता है।

डोगोन (Dogon)

माली की डोगोन जनजाति अपने खगोलीय ज्ञान के लिए प्रसिद्ध है।

उनकी मान्यताओं में चंद्रमा संतुलन, द्वैत और ब्रह्मांडीय व्यवस्था का प्रतीक था।

ऑस्ट्रेलियाई आदिवासी परंपराएँ

ऑस्ट्रेलिया की Aboriginal संस्कृतियों में चंद्रमा को अक्सर एक ऐसे व्यक्ति के रूप में चित्रित किया जाता था जो बार-बार घायल होता, मरता और फिर जीवित हो जाता।

यह कहानी चंद्रमा के बढ़ने और घटने की व्याख्या करती थी।

उनका विश्वास था कि चंद्र प्रकाश केवल रोशनी नहीं है, बल्कि एक पवित्र ऊर्जा है।

कई रात्रिकालीन अनुष्ठान चंद्रमा के उदय के बाद ही शुरू किए जाते थे।

दक्षिण अमेरिकी जनजातियाँ

मापुचे (Mapuche)

चिली की मापुचे संस्कृति में चंद्रमा को एक शक्तिशाली स्त्री आत्मा माना जाता था।

उनकी कथाओं में सूर्य और चंद्रमा के बीच संघर्ष की कहानियाँ मिलती हैं।

टुपी (Tupi)

ब्राज़ील की टुपी जनजातियाँ चंद्रमा के आधार पर फसल उत्सवों और धार्मिक उपवासों का समय निर्धारित करती थीं।

उनकी परंपरा में कहा जाता था—

"जब पूर्णिमा आती थी, हम अपने शरीरों को रंगते थे, उत्पत्ति की कहानियाँ सुनाते थे और सुबह तक नृत्य करते थे।"

3. चंद्र प्रतीकों का अर्थ

जनजातीय संस्कृतियों में चंद्रमा की प्रत्येक अवस्था का विशेष महत्व था।

प्रतीक	जनजातीय अर्थ
Full Moon	उर्वरता, सपने, समृद्धि और शक्ति
Waning Moon	त्याग, आत्मचिंतन और विश्राम
New Moon	पुनर्जन्म, मौन और नई शुरुआत
Howling Wolf	पूर्वजों से संवाद और आध्यात्मिक संबंध
Moonlit Dance	सामूहिक एकता और परिवर्तन
Moon Carvings	स्मृति, इतिहास और पवित्र समय

चंद्रमा को कभी अकेले नहीं देखा जाता था।

वह भूमि, पशुओं, शिकार, स्त्री चक्रों, स्वास्थ्य और मौसम से जुड़ा हुआ था।

4. पवित्र अनुष्ठान

दुनिया की कई जनजातियों में पूर्णिमा की रात विशेष महत्व रखती थी।

Moon-Watching Fires

लोग बड़े अलाव जलाते और पूर्वजों की आत्माओं को सम्मान देते थे।

महिलाओं के चंद्र गृह

कुछ संस्कृतियों में महिलाओं के लिए विशेष स्थान बनाए जाते थे जहाँ वे मासिक चक्र के दौरान विश्राम और सामुदायिक सहयोग प्राप्त करती थीं।

संगीत और मंत्र

हड्डियों से बनी बांसुरियाँ, ढोल और सामूहिक गीतों का उपयोग चंद्र आत्माओं को आमंत्रित करने के लिए किया जाता था।

चेहरे पर रंग

कुछ जनजातियाँ पूर्णिमा की रात सफेद मिट्टी या राख से अपना चेहरा रंगती थीं।

उनका विश्वास था कि इससे पूर्वजों की आत्माओं से संपर्क स्थापित करना आसान हो जाता है।

5. गुफा चित्र और चंद्र प्रतीक

फ्रांस, स्पेन, भारत और अन्य क्षेत्रों की प्राचीन गुफाओं में अर्धचंद्र, बिंदुओं की श्रृंखला और अन्य प्रतीक मिले हैं।

कई शोधकर्ताओं का मानना है कि ये चंद्र कलाओं और समय गणना से संबंधित हो सकते हैं।
Native American और Aboriginal शैलचित्रों में भी Lunar Calendars, ग्रहण और चंद्र चक्रों के संकेत मिलते हैं।
ये केवल चित्र नहीं थे।

वे प्रार्थनाएँ थे।

वे कैलेंडर थे।

वे पत्थरों पर लिखी हुई कविताएँ थे।

6. आज यह ज्ञान क्यों महत्वपूर्ण है?

आज हम समय जानने के लिए Smartphones, Apps और Atomic Clocks का उपयोग करते हैं।

लेकिन इस प्रक्रिया में हम प्रकृति की लय से दूर हो गए हैं।

जनजातीय चंद्र परंपराएँ हमें कुछ महत्वपूर्ण बातें याद दिलाती हैं—

समय एक वृत्त है

प्रकृति में सब कुछ चक्रों में चलता है।

जन्म, विकास, क्षय और पुनर्जन्म।

भावनाएँ भी ज्वार-भाटे जैसी हैं

वे आती हैं और चली जाती हैं।

उन्हें दबाने के बजाय समझने की आवश्यकता होती है।

अनुष्ठान स्मृति हैं

वे केवल अंधविश्वास नहीं होते।

वे पीढ़ियों से चली आ रही सामूहिक स्मृतियाँ भी हो सकते हैं।

एक पुरानी जनजातीय भावना को इन शब्दों में व्यक्त किया जा सकता है—

"चंद्रमा बोलता है। जनजातियाँ उसे सुनती थीं। और कुछ आज भी सुनती हैं।"

अंतिम विचार : जंगली चंद्रमा की पुकार

"विज्ञान से पहले कहानी थी। दूरबीनों से पहले अंतर्ज्ञान था। और व्याख्याओं से पहले आश्चर्य था।"

चंद्रमा से जुड़ी जनजातीय लोककथाएँ मानव स्मृति का अमूल्य खजाना हैं।

वे हमें बताती हैं कि हमारे पूर्वजों ने बिना किसी आधुनिक तकनीक के भी आकाश से गहरा संबंध बना लिया था।

उनके पास न दूरबीनें थीं, न कंप्यूटर।
लेकिन उनके पास देखने वाली आँखें थीं।
सुनने वाला मन था।

और विश्वास से भरा हृदय था।

जब हम आज चंद्रमा को देखते हैं, तो हमें केवल विज्ञान की उपलब्धियाँ ही नहीं याद रखनी चाहिए।

हमें उन पुरानी कहानियों को भी याद करना चाहिए जिन्होंने पहली बार मनुष्य को आकाश की ओर देखने के लिए प्रेरित किया था।

शायद वही "जंगली चंद्रमा" आज भी हमें पुकार रहा है।

और शायद...

यदि हम कुछ क्षण रुककर सुनें,

तो उसकी आवाज़ अब भी सुनाई दे सकती है।

अध्याय 11

भारतीय वैदिक और पौराणिक चंद्र देवता

चंद्र और सोम

"वे दस श्वेत घोड़ों से खींचे जाने वाले रथ पर सवार हैं। उनकी शीतल आभा पूरी पृथ्वी को स्नान कराती है। उनका नाम सोम है... और वे केवल चंद्रमा नहीं हैं।"

1. भारतीय चिंतन में चंद्रमा

भारतीय संस्कृति में चंद्रमा केवल एक खगोलीय पिंड नहीं है।

वह एक देवता है।

एक भावना है।

एक कालचक्र है।

और चेतना का प्रतीक है।

ऋग्वेद के प्राचीन मंत्रों से लेकर पुराणों की विस्तृत कथाओं तक, चंद्रमा अनेक रूपों में दिखाई देता है—

- चंद्र – सौम्य और शीतल चंद्र देव
- सोम – अमरत्व प्रदान करने वाला दिव्य रस
- समय, प्रजनन और ज्योतिष का नियामक

भारतीय परंपरा में चंद्रमा केवल आकाश में नहीं चमकता।

वह धर्म, दर्शन, आयुर्वेद, योग और लोकजीवन के हर स्तर पर उपस्थित है।

2. वेदों में सोम : अमरत्व का रस

सोम – एक पवित्र पेय

ऋग्वेद में "सोम" का उल्लेख अत्यंत महत्वपूर्ण स्थान रखता है।

प्रारंभिक वैदिक काल में सोम एक पवित्र वनस्पति और उससे तैयार किए जाने वाले रस का नाम था।

यह माना जाता था कि सोम देवताओं को शक्ति, उत्साह और अमरत्व प्रदान करता है।

ऋग्वेद में कहा गया है—

> “हे सोम! तुम देवताओं के लिए प्रवाहित होने वाले, पवित्र और शक्तिशाली हो।”

यज्ञों में सोमरस तैयार किया जाता था और देवताओं को अर्पित किया जाता था।

विशेष रूप से इंद्र और अग्नि को सोम अत्यंत प्रिय माना गया।

एक प्रसिद्ध वैदिक मंत्र कहता है—

> “हमने सोम का पान किया है। हम अमर हो गए हैं। हमने प्रकाश प्राप्त किया है और देवताओं को जान लिया है।”

सोम और चंद्रमा का संबंध

बाद के वैदिक साहित्य, विशेषकर ब्राह्मण ग्रंथों में, सोम और चंद्रमा को एक-दूसरे से जोड़ दिया गया।

मान्यता बनी कि सोम का दिव्य अमृत चंद्रमा में निवास करता है।

जब देवता उस अमृत का पान करते हैं, तब चंद्रमा घटने लगता है।

और जब वह पुनः भरता है, तब शुक्ल पक्ष प्रारंभ होता है।

इस प्रकार चंद्रमा का बढ़ना और घटना एक दिव्य चक्र के रूप में समझाया गया।

3. पुराणों में चंद्रदेव

समुद्र मंथन से प्रकट हुए चंद्र

विष्णु पुराण और ब्रह्माण्ड पुराण के अनुसार, चंद्रदेव का प्राकट्य समुद्र मंथन के दौरान हुआ।

जब देवताओं और असुरों ने क्षीरसागर का मंथन किया, तब अनेक दिव्य रत्नों के साथ चंद्रमा भी प्रकट हुए।

उनकी दिव्य आभा से समस्त लोक प्रकाशित हो उठे।

पुराणों में उनका वर्णन इस प्रकार मिलता है—

- उज्ज्वल और सुंदर
- सदैव युवा

• दस श्वेत घोड़ों वाले रथ पर आरूढ़

• शीतलता और सौंदर्य के प्रतीक

भागवत पुराण में कहा गया है—

> "चंद्रमा समस्त जीवों को जीवन, बल और स्वास्थ्य प्रदान करते हैं।"

4. दक्ष की पुत्रियाँ और चंद्रमा का शाप

चंद्रदेव ने दक्ष प्रजापति की 27 पुत्रियों से विवाह किया।

ये 27 पुत्रियाँ वास्तव में 27 नक्षत्रों का प्रतीक थीं।

लेकिन चंद्रदेव का विशेष स्नेह रोहिणी के प्रति था।

अन्य पत्नियों की उपेक्षा से क्रोधित होकर दक्ष ने चंद्रदेव को शाप दिया कि उनकी चमक धीरे-धीरे समाप्त हो जाएगी।

जब चंद्रदेव ने क्षमा माँगी, तब शाप को पूर्णतः समाप्त नहीं किया गया।

बल्कि उसे परिवर्तित कर दिया गया।

तब से चंद्रमा एक पक्ष में बढ़ता है और दूसरे पक्ष में घटता है।

भारतीय परंपरा में चंद्र कलाओं की यह सबसे प्रसिद्ध व्याख्या है।

5. ज्योतिष में चंद्रमा का महत्व

वैदिक ज्योतिष में चंद्रमा नवग्रहों में अत्यंत महत्वपूर्ण स्थान रखता है।

उसे मन और भावनाओं का स्वामी माना जाता है।

चंद्रमा नियंत्रित करता है—

• मन (Manas)

• भावनाएँ

• मातृत्व

• संवेदनशीलता

• घर और परिवार

राशियों में वह कर्क राशि का स्वामी है।

रोहिणी, हस्त और श्रवण जैसे नक्षत्र उससे विशेष रूप से जुड़े हुए हैं।

भारतीय कुंडली में चंद्र लग्न (Chandra Lagna) अत्यंत महत्वपूर्ण माना जाता है।

पूर्णिमा को शुभ और अमावस्या को पितृ कर्मों के लिए विशेष माना जाता है।

6. कृषि और चंद्रमा

भारत की पारंपरिक कृषि सदियों तक चंद्र कैलेंडर पर आधारित रही है।

किसान बुवाई, कटाई और मौसम के अनुमान के लिए चंद्र चक्रों का उपयोग करते थे।

अनेक प्रमुख भारतीय पर्व भी पूर्णिमा से जुड़े हुए हैं—

• गुरु पूर्णिमा

• रक्षाबंधन

• शरद पूर्णिमा

• कोजागिरी पूर्णिमा

आयुर्वेद में भी चंद्रमा को औषधीय पौधों की वृद्धि और शरीर की शीतल प्रक्रियाओं से जोड़ा गया है।

7. योग और तांत्रिक परंपराओं में चंद्रमा

भारतीय योग परंपरा में चंद्रमा केवल बाहरी ग्रह नहीं है।

वह आंतरिक ऊर्जा का भी प्रतीक है।

इड़ा नाड़ी

शरीर की बाईं ऊर्जा धारा “इड़ा नाड़ी” चंद्र ऊर्जा का प्रतिनिधित्व करती है।

यह शांति, अंतर्मुखता और मानसिक संतुलन से जुड़ी है।

सोम चक्र

कुछ योग परंपराओं में आज्ञा चक्र के ऊपर स्थित एक सूक्ष्म केंद्र को सोम चक्र कहा गया है।

मान्यता है कि गहन ध्यान की अवस्था में यहाँ से अमृत प्रवाहित होता है।

कुंडलिनी योग

यहाँ चंद्र ऊर्जा सूर्य ऊर्जा (पिंगला नाड़ी) को संतुलित करती है और अंतर्ज्ञान को जागृत करती है।

8. प्रतीक और मंत्र

भारतीय संस्कृति में चंद्रमा के अनेक प्रतीकात्मक अर्थ हैं—

अर्धचंद्र

समय, परिवर्तन और अमरत्व का प्रतीक।

श्वेत रंग

पवित्रता, शांति और सात्विकता का प्रतीक।

जल

भावनाओं, जीवन और मन की तरलता का प्रतिनिधित्व।

प्रसिद्ध चंद्र मंत्र

ॐ श्रां श्रीं श्रौं सः चन्द्राय नमः

यह मंत्र मन को शांत करने, भावनात्मक संतुलन बढ़ाने और चंद्र ऊर्जा को सशक्त करने के लिए जपा जाता है।

9. अंतिम विचार : चंद्र और सोम – शाश्वत साक्षी

भारतीय परंपरा में चंद्रमा की यात्रा अद्भुत है।

वह यज्ञ की अग्नि में सोमरस है।

वह पुराणों का सुंदर चंद्रदेव है।

वह ज्योतिष में मन का स्वामी है।

वह योग में चेतना का प्रतीक है।

और वह शिव के मस्तक पर सुशोभित अर्धचंद्र भी है।

सोम हमें दिव्य अमृत और आध्यात्मिक आनंद की याद दिलाता है।

चंद्र हमें हमारे भीतर के मन और भावनाओं का दर्पण दिखाता है।

आज भी करोड़ों लोग—

- चंद्र दर्शन करते हैं
- सोमवार का व्रत रखते हैं
- करवाचौथ मनाते हैं
- पूर्णिमा पर पूजा करते हैं
- चंद्र मंत्रों का जप करते हैं

शांति, संतुलन और आशीर्वाद की कामना से।

भारत में चंद्रमा केवल आकाश में नहीं चमकता।

वह गंगा की लहरों में झिलमिलाता है।

वह शिव के मस्तक पर विराजमान है।

वह प्रेमियों की आँखों में चमकता है।

और वह आज भी वैदिक मंत्रों की ध्वनि में धीरे-धीरे फुसफुसाता है।

"चंद्रमा भारत के लिए केवल एक ग्रह नहीं है— वह संस्कृति, अध्यात्म और चेतना का शाश्वत प्रकाश है।"

चंद्रदेव

अध्याय 12

चीनी चंद्र कैलेंडर और चांग-ए की कथा

जब समय चाँदनी में लिखा जाता था

"जहाँ समय को चाँदनी में गढ़ा जाता है और अमरत्व स्वर्ग की ओर उड़ता है, वहाँ चंद्रमा केवल आकाश का पिंड नहीं, बल्कि संस्कृति की आत्मा बन जाता है।"

1. चंद्रमा के साथ चलने वाली सभ्यता

दुनिया की सबसे प्राचीन सभ्यताओं में से एक—चीन—ने अपने जीवन का बड़ा हिस्सा चंद्रमा की लय के साथ जोड़ा।

खेती-बाड़ी से लेकर त्योहारों तक, परिवार से लेकर ज्योतिष तक, चंद्रमा हर क्षेत्र में उपस्थित था।

चीनी संस्कृति में चंद्रमा केवल एक खगोलीय वस्तु नहीं था।

वह एक कैलेंडर था।

एक देवी थी।

एक कहानीकार था।

और जीवन के अनंत चक्रों का प्रतीक था।

आज भी पारंपरिक Chinese Lunar Calendar, जिसे कभी-कभी Yin Calendar भी कहा जाता है, चीन के कई प्रमुख त्योहारों और सांस्कृतिक आयोजनों का आधार बना हुआ है।

2. चीनी चंद्र कैलेंडर : समय की चाँदनी

चीनी कैलेंडर पूरी तरह चंद्र आधारित नहीं है।

यह एक Lunisolar Calendar है।

अर्थात इसमें चंद्रमा और सूर्य दोनों की गतियों का उपयोग किया जाता है।

इसकी मुख्य विशेषताएँ

• प्रत्येक नया महीना New Moon से प्रारंभ होता है।

• सामान्यतः एक वर्ष में 12 Lunar Months होते हैं।

• हर 2 या 3 वर्ष में एक अतिरिक्त Leap Month जोड़ा जाता है ताकि कैलेंडर सौर वर्ष के साथ संतुलित रहे।

• Full Moon को विशेष महत्व दिया जाता है और कई त्योहार उसी दिन मनाए जाते हैं।

उदाहरण के लिए—

Mid-Autumn Festival हमेशा आठवें Lunar Month के पंद्रहवें दिन मनाया जाता है, जब आकाश में पूर्ण चंद्रमा चमक रहा होता है।

प्राचीन चीन में यही कैलेंडर कृषि, विवाह, यात्रा, धार्मिक अनुष्ठानों और शुभ कार्यों के समय का निर्धारण करता था।

3. चांग-ए : अमर चंद्र देवी

चीनी संस्कृति में यदि किसी एक कथा ने चंद्रमा को सबसे अधिक लोकप्रिय बनाया है, तो वह है चांग-ए (Chang'e) की कथा।

दस सूर्यों की कहानी

बहुत समय पहले आकाश में एक नहीं, बल्कि दस सूर्य उगते थे।

उनकी गर्मी से पृथ्वी जलने लगी।

लोगों का जीवन संकट में पड़ गया।

तब महान धनुर्धर Hou Yi ने अपने तीरों से नौ सूर्यों को गिरा दिया और संसार को बचा लिया।

उसकी वीरता से प्रसन्न होकर देवताओं ने उसे अमरत्व का दिव्य अमृत प्रदान किया।

लेकिन Hou Yi अपनी प्रिय पत्नी Chang'e को छोड़कर अमर नहीं होना चाहता था।

इसलिए उसने अमृत को सुरक्षित रख दिया।

अमरत्व और चंद्रमा

एक दिन Hou Yi का एक लालची शिष्य अमृत चुराने का प्रयास करने लगा।

अमृत को बचाने के लिए Chang'e ने स्वयं उसे पी लिया।

जैसे ही उसने अमृत ग्रहण किया, उसका शरीर हल्का होने लगा।

वह आकाश की ओर उठी और अंततः चंद्रमा पर पहुँच गई।

वहाँ वह अमर देवी बनकर रहने लगी।

आज भी चीनी लोककथाओं में कहा जाता है कि पूर्णिमा की रात यदि ध्यान से देखा जाए, तो चंद्रमा पर Chang'e की छवि दिखाई देती है।

4. जेड खरगोश : चंद्रमा का साथी

Chang'e की कथा में एक और प्रिय पात्र है—

Jade Rabbit (युतु)।

किंवदंती के अनुसार यह दिव्य खरगोश चंद्रमा पर Chang'e के साथ रहता है।

वह लगातार औषधियाँ पीसता रहता है।

कुछ कथाओं में कहा गया है कि वह पुनः अमरत्व का अमृत तैयार कर रहा है।

आज भी चीन में जब लोग पूर्णिमा के धब्बों को देखते हैं, तो उन्हें उनमें खरगोश का आकार दिखाई देता है।

जैसे भारत में कुछ लोग चंद्रमा पर खरगोश या वृद्ध स्त्री की आकृति देखते हैं, वैसे ही चीन में Moon Rabbit अत्यंत लोकप्रिय प्रतीक है।

5. Mid-Autumn Festival : चंद्रमा का महोत्सव

चीनी नववर्ष के बाद सबसे महत्वपूर्ण त्योहार है—

Mid-Autumn Festival।

यह पूर्णिमा की रात मनाया जाता है और परिवार, एकता तथा समृद्धि का प्रतीक माना जाता है।

प्रमुख प्रतीक

Mooncakes

विशेष गोल मिठाइयाँ जिन्हें परिवार के सदस्य मिलकर खाते हैं।

उनका गोल आकार पूर्णता और एकता का प्रतीक है।

Lanterns

रंग-बिरंगी लालटेनें जलाकर सौभाग्य और समृद्धि का स्वागत किया जाता है।

पारिवारिक मिलन

इस दिन परिवार के सदस्य एकत्र होकर चंद्रमा को निहारते हैं और अपने पूर्वजों को याद करते हैं।

यह केवल उत्सव नहीं है।

यह परिवार, स्मृति और परंपरा का उत्सव है।

6. चीनी ज्योतिष और चंद्रमा

चीनी Astrology में चंद्रमा का विशेष महत्व है।

इसका उपयोग—

- विवाह के शुभ समय निर्धारित करने में
- नए व्यवसाय प्रारंभ करने में
- घर बदलने के निर्णय में
- राशियों की अनुकूलता समझने में

किया जाता है।

कई लोग मानते हैं कि चंद्रमा की विभिन्न अवस्थाएँ व्यक्ति की भावनात्मक और मानसिक ऊर्जा को प्रभावित कर सकती हैं।

7. चीनी दर्शन में चंद्रमा

Taoism और Confucianism दोनों में चंद्रमा महत्वपूर्ण प्रतीक है।

Yin ऊर्जा

चंद्रमा Yin का प्रतिनिधित्व करता है—

- स्त्रीत्व
- शांति
- ग्रहणशीलता
- आत्मचिंतन

संतुलन

सूर्य Yang का प्रतीक है।

चंद्रमा Yin का।

दोनों मिलकर ब्रह्मांडीय संतुलन का निर्माण करते हैं।

जीवन का चक्र

चंद्रमा का बढ़ना और घटना जन्म, मृत्यु और पुनर्जन्म के अनंत चक्र का प्रतीक माना जाता है।

8. कला और साहित्य में चंद्रमा

चीनी कला, कविता और संगीत में चंद्रमा सदियों से प्रेरणा का स्रोत रहा है।

ली बाई की प्रसिद्ध कविता

महान कवि Li Bai ने लिखा—

"मेरे बिस्तर के सामने चाँदनी चमक रही है..."

यह कविता आज भी चीन की सबसे लोकप्रिय रचनाओं में गिनी जाती है।
चित्रकला
रेशम और कागज़ पर बने पारंपरिक चित्रों में Chang'e को बहते हुए वस्त्रों और चाँदी जैसी चाँदनी के बीच चित्रित किया जाता है।

आज भी डाक टिकटों, स्मारकों और सांस्कृतिक कार्यक्रमों में उनकी छवि दिखाई देती है।

9. आधुनिक चीन और चंद्रमा

रोचक बात यह है कि चीन ने अपनी आधुनिक Lunar Missions का नाम भी Chang'e के नाम पर रखा है।

इस प्रकार विज्ञान और मिथक एक-दूसरे से जुड़ गए।

Chang'e-3

चंद्रमा पर सफलतापूर्वक उतरने वाला चीनी मिशन।

Chang'e-5

सन् 2020 में चंद्रमा से मिट्टी और चट्टानों के नमूने पृथ्वी पर लेकर आया।

Chang'e-6

सन् 2024 में इसने इतिहास रचते हुए चंद्रमा के दूरस्थ भाग (Far Side of the Moon) से पहली बार नमूने एकत्र कर पृथ्वी तक पहुँचाए।

भविष्य की योजनाएँ

चीन भविष्य में चंद्र आधार (Moon Base) स्थापित करने तथा अंतरराष्ट्रीय सहयोग से नए मिशन भेजने की योजना बना रहा है।

यह दर्शाता है कि चंद्रमा अब केवल मिथक नहीं, बल्कि मानवता के भविष्य का भी हिस्सा है।

10. अंतिम विचार : स्मृतियों को संजोए रखने वाला चंद्रमा

चीनी संस्कृति में चंद्रमा केवल पृथ्वी का उपग्रह नहीं है।

वह—

✓ एक कैलेंडर है

✓ एक देवी है

✓ प्रेम और विरह की कहानी है

✓ संतुलन और एकता का प्रतीक है

✓ अमरत्व का सपना है

जब कोई चीनी परिवार पूर्णिमा की रात Mooncakes खाता है या लालटेन जलाता है, तब वह केवल एक त्योहार नहीं मना रहा होता।

वह अपने पूर्वजों से जुड़ रहा होता है।

अपनी संस्कृति से जुड़ रहा होता है।

और उस प्राचीन कहानी से जुड़ रहा होता है जिसने हजारों वर्षों से लोगों को चंद्रमा की ओर देखने के लिए प्रेरित किया है।

"चीन के लिए चंद्रमा केवल आकाश में चमकने वाला पिंड नहीं है। वह स्मृति, प्रेम, संतुलन और अमरत्व की उजली कहानी है—जो हर पूर्णिमा के साथ फिर से जीवित हो उठती है।"

चांग-ए : अमर चंद्र देवी

अध्याय 13

मिस्र के चंद्र देवता

थोथ (Thoth) और खोंसू (Khonsu)

"उस भूमि में जहाँ पिरामिड आकाश को छूते हैं और देवता मनुष्यों के बीच चलते हैं, वहाँ चंद्रमा केवल रात का प्रकाश नहीं था। वह ज्ञान का मार्गदर्शक और समय का स्वामी था।"

1. प्राचीन मिस्र में चंद्रमा का महत्व

प्राचीन मिस्र (Ancient Egypt) दुनिया की उन पहली सभ्यताओं में से था जिसने आकाशीय पिंडों की गतियों का व्यवस्थित अध्ययन किया।

मिस्रवासियों ने सूर्य, चंद्रमा और तारों को केवल प्राकृतिक वस्तुएँ नहीं माना, बल्कि उन्हें दिव्य शक्तियों का स्वरूप समझा।

दिन के समय सूर्य देव *रा (Ra)* स्वर्ग पर शासन करते थे, जबकि रात के रहस्यों का स्वामी चंद्रमा था।

रोचक बात यह है कि मिस्र में चंद्रमा का प्रतिनिधित्व केवल एक देवता नहीं करता था।

वहाँ दो प्रमुख चंद्र देवता थे—

- **थोथ (Thoth)** – ज्ञान, लेखन, समय और चंद्रमा के देवता
- **खोंसू (Khonsu)** – उपचार, सुरक्षा और समय के युवा देवता

इन दोनों ने मिस्र की धार्मिक, सांस्कृतिक और वैज्ञानिक सोच को गहराई से प्रभावित किया।

2. थोथ : ज्ञान और समय के चंद्र देव

उत्पत्ति और स्वरूप

थोथ का मिस्री नाम "Djehuty" था।

उन्हें प्रायः एक ऐसे पुरुष के रूप में चित्रित किया जाता था जिसका सिर आइबिस (Ibis) पक्षी जैसा होता था।

कभी-कभी उन्हें बबून (Baboon) के रूप में भी दर्शाया जाता था।

ये दोनों जीव बुद्धिमत्ता और चंद्रमा से जुड़े माने जाते थे।

लेकिन थोथ केवल चंद्र देव नहीं थे।

वे ब्रह्मांड के "लेखाकार" थे।

वे समय का हिसाब रखते थे, तारों की गति मापते थे और लेखन कला के जनक माने जाते थे।

एक प्राचीन मिस्री कथन कहता है—

"वह जो आकाश को मापता है और अराजकता में व्यवस्था स्थापित करता है।"

चंद्रमा और समय

मिस्रवासियों के लिए चंद्रमा की कलाएँ समय की प्राकृतिक घड़ी थीं।

थोथ इन्हीं चंद्र चक्रों का उपयोग करते थे—

- कैलेंडर बनाने के लिए
- त्योहारों का समय निर्धारित करने के लिए
- ब्रह्मांडीय संतुलन बनाए रखने के लिए

उनके अनुसार प्रकाश और अंधकार, जीवन और मृत्यु, व्यवस्था और अराजकता—सब एक संतुलित चक्र का हिस्सा थे।

लेखन और जादू के संरक्षक

मिस्री परंपरा के अनुसार थोथ ने मानवता को अनेक ज्ञान प्रदान किए।

उन्हें श्रेय दिया जाता है—

- Hieroglyphs (मिस्री चित्रलिपि) की रचना का
- गणित और खगोल विज्ञान के विकास का
- "Book of Thoth" नामक दिव्य ग्रंथ का

कहा जाता था कि इस ग्रंथ में ब्रह्मांड के सभी रहस्य छिपे हैं।

इस कारण लेखक, ज्योतिषी, चिकित्सक और पुजारी विशेष रूप से थोथ की पूजा करते थे।

3. खोंसू : युवा उपचारक और रात्रि यात्री

नाम और स्वरूप

"Khonsu" शब्द का अर्थ है—

"यात्री" या "भ्रमण करने वाला"

यह नाम चंद्रमा की उस यात्रा का प्रतीक था जो वह हर रात आकाश में करता है।

खोंसू को एक युवा पुरुष के रूप में चित्रित किया जाता था।

उनके सिर पर अर्धचंद्र और चंद्र डिस्क दिखाई जाती थी।

कई चित्रों में उनका शरीर ममी की तरह लिपटा हुआ दिखाया जाता है।

यह जीवन, मृत्यु और पुनर्जन्म के चक्र से उनके संबंध को दर्शाता है।

उपचार और सुरक्षा के देवता

खोंसू विशेष रूप से अपनी उपचार शक्तियों के लिए प्रसिद्ध थे।

लोग मानते थे कि वे—

- रोगियों को स्वस्थ कर सकते हैं
- यात्रियों की रक्षा कर सकते हैं
- बुरी आत्माओं को दूर भगा सकते हैं
- भयावह सपनों से सुरक्षा प्रदान कर सकते हैं

मिस्र के प्रसिद्ध Karnak Temple Complex में खोंसू का एक विशाल मंदिर था जहाँ पूर्णिमा के अवसर पर विशेष अनुष्ठान किए जाते थे।

4. प्रसिद्ध पौराणिक कथाएँ

कैलेंडर की रचना

एक प्रसिद्ध मिस्री कथा के अनुसार आकाश देवी Nut को वर्ष के किसी भी दिन संतान उत्पन्न करने की अनुमति नहीं थी।

तब थोथ ने चंद्रमा के साथ एक खेल खेला।

उन्होंने अतिरिक्त चंद्र प्रकाश जीत लिया और उससे पाँच अतिरिक्त दिन बनाए।

इन अतिरिक्त दिनों में Nut ने अनेक महान देवताओं को जन्म दिया, जिनमें Osiris और Isis भी शामिल थे।

यह कथा दर्शाती है कि समय और सृष्टि पर थोथ का कितना महत्वपूर्ण प्रभाव माना जाता था।

खोंसू और दानव

एक अन्य कथा के अनुसार एक दुष्ट आत्मा ने एक राजा को परेशान करना शुरू कर दिया।

राजा ने खोंसू से सहायता माँगी।

खोंसू ने अपनी दिव्य शक्ति और चंद्र ऊर्जा का उपयोग करके उस दानव को पराजित कर दिया।

इस कथा में पूर्णिमा को उपचार और शुद्धि का प्रतीक माना गया है।

5. चंद्र मंदिर और पूजा

हरमोपोलिस (Hermopolis)

यह थोथ का प्रमुख नगर था।

यहाँ विद्वान, पुजारी और खगोलविद रहते थे।

यह स्थान ज्ञान और चंद्र अध्ययन का केंद्र माना जाता था।

कार्नाक मंदिर

खोंसू का प्रमुख पूजा स्थल।

यहाँ पूर्णिमा के समय विशाल धार्मिक अनुष्ठान आयोजित किए जाते थे।

मंत्रोच्चार, भेंट और रात्रि पूजा का विशेष महत्व था।

6. प्रतीकवाद और विरासत

मिस्री संस्कृति में चंद्रमा अनेक महत्वपूर्ण अवधारणाओं का प्रतीक था।

थोथ

• ज्ञान

• व्यवस्था

• लेखन

• स्मृति

खोंसू

• उपचार

• सुरक्षा

• पुनर्जन्म

• समय

मिस्रवासियों का विश्वास था कि चंद्रमा मनुष्यों के सभी कर्मों का साक्षी है।

मृत्यु के बाद न्याय के समय वह उन कर्मों को याद रखता है।

इसी कारण चंद्रमा को स्मृति और नियति से भी जोड़ा गया।

बाद में यूनानी और रोमन संस्कृतियों ने भी थोथ के कई गुणों को अपनाया।

यूनान में उन्हें Hermes और रोम में Mercury के समान माना जाने लगा।

7. आधुनिक दुनिया में उनकी छाप

आज भी जब हम चंद्रमा को स्मृति, अंतर्ज्ञान, सपनों और भावनाओं से जोड़ते हैं, तब कहीं न कहीं हम थोथ और खोंसू की विरासत को ही आगे बढ़ा रहे होते हैं।

आधुनिक मनोविज्ञान और प्रतीकवाद में चंद्रमा आज भी अवचेतन मन और आंतरिक ज्ञान का प्रतिनिधित्व करता है।

अंतिम विचार : चंद्रमा के दो चेहरे

प्राचीन मिस्र ने हमें चंद्रमा के दो अद्भुत रूप दिए—

थोथ, बुद्धिमान ऋषि और ज्ञान के संरक्षक।

खोंसू, युवा उपचारक और रात्रि यात्री।

एक ने मानवता को ज्ञान दिया।

दूसरे ने सुरक्षा और उपचार।

दोनों मिलकर यह बताते हैं कि चंद्रमा केवल आकाश में चमकने वाला पत्थर नहीं था।

वह सभ्यता का मार्गदर्शक था।

ज्ञान का स्रोत था।

और आशा का प्रतीक था।

आज जब हम आधुनिक विज्ञान की दृष्टि से चंद्रमा को देखते हैं, तब भी उसके साथ एक प्राचीन आकर्षण जुड़ा रहता है।

मानो नील नदी के किनारे से कोई पुरानी फुसफुसाहट अब भी हमें पुकार रही हो—

"ज्ञान की खोज करो, समय का सम्मान करो, और चंद्रमा की शीतल रोशनी में छिपे रहस्यों को सुनो।"

THOTH
GOD OF WISDOM, WRITING
AND THE MOON

KHONSU
GOD OF THE MOON,
TIME AND HEALING

अध्याय 14

माया सभ्यता की चंद्र खगोलविद्या और अनुष्ठानिक बलिदान

जब चंद्रमा समय, देवत्व और बलिदान का प्रतीक था

"मेसोअमेरिका के घने जंगलों में, जहाँ विशाल पिरामिड आकाश को छूते थे और पवित्र वृक्षों की छाया में जगुआर घूमते थे, वहाँ चंद्रमा केवल रात की रोशनी नहीं था। वह समय का संरक्षक, देवताओं का संदेशवाहक और ऐसी शक्ति था जिसके लिए लोग श्रद्धा और बलिदान दोनों अर्पित करते थे।"

1. माया सभ्यता और चंद्रमा

माया सभ्यता (Maya Civilization) प्राचीन विश्व की सबसे उन्नत सभ्यताओं में से एक थी।

लगभग 2000 BCE से 1500 CE के बीच वर्तमान मेक्सिको, ग्वाटेमाला, बेलीज और होंडुरास के क्षेत्रों में इसका विकास हुआ।

माया लोग केवल आकाश को देखते नहीं थे।

वे उसे पढ़ते थे।

उनके लिए ग्रह, तारे और चंद्रमा देवताओं की भाषा थे।

खेती-बाड़ी से लेकर धार्मिक उत्सवों तक, जन्म से लेकर मृत्यु तक—जीवन का हर महत्वपूर्ण निर्णय आकाशीय चक्रों से जुड़ा हुआ था।

और इस ब्रह्मांडीय व्यवस्था के केंद्र में था—

चंद्रमा।

2. चंद्र कैलेंडर और समय की गणना

माया लोगों ने कई प्रकार के कैलेंडर विकसित किए थे।

इनमें से दो विशेष रूप से चंद्रमा से जुड़े हुए थे।

त्ज़ोल्किन (Tzolk'in)

यह 260 दिनों का पवित्र Ritual Calendar था।

इसमें 13 संख्याओं और 20 दिन-नामों का संयोजन होता था।

कुछ विद्वानों का मानना है कि इसका संबंध मानव गर्भावस्था और चंद्रमा की उर्वरता शक्ति से हो सकता है।

Lunar Series

माया ग्रंथों और स्मारकों में एक विशेष Lunar Series भी मिलती है।

यह 29.5 दिनों के चंद्र चक्र को दर्ज करती थी।

इसमें शामिल थे—

- New Moon
- Full Moon
- Lunar Eclipses
- चंद्रमा की आयु की गणना

सबसे आश्चर्यजनक बात यह है कि माया खगोलविद बिना दूरबीन के भी चंद्र ग्रहणों का सटीक पूर्वानुमान लगाने में सक्षम थे।

3. इक्स चेल : चंद्र देवी

माया संस्कृति में चंद्रमा का संबंध देवी **Ix Chel** से था।

वह केवल चंद्रमा की देवी नहीं थीं।

उन्हें माना जाता था—

- चंद्रमा की देवी
- प्रजनन और मातृत्व की संरक्षिका
- दाइयों और बुनकरों की देवी
- वर्षा और बाढ़ की अधिष्ठात्री

कभी उन्हें वृद्ध महिला के रूप में दर्शाया जाता था, जिसके सिर पर सर्पों का मुकुट होता था।

कभी वे युवा और सुंदर कन्या के रूप में दिखाई देती थीं।

उनका यह बदलता स्वरूप चंद्रमा की बदलती कलाओं का प्रतीक माना जाता था।

चंद्र खरगोश (Moon Rabbit)

चीन और एज़्टेक सभ्यताओं की तरह माया लोग भी चंद्रमा में एक खरगोश देखते थे।

उनके लिए यह खरगोश उर्वरता, समृद्धि और नए जीवन का प्रतीक था।

इस प्रकार चंद्रमा, स्त्रीत्व और पुनर्जन्म के बीच गहरा संबंध स्थापित होता था।

4. चंद्रमा और धार्मिक अनुष्ठान

माया समाज अत्यंत धार्मिक था।
उनके अधिकांश अनुष्ठान चंद्रमा और ग्रहों की स्थितियों के अनुसार आयोजित किए जाते थे।
प्रमुख अनुष्ठान

रक्त अर्पण (Bloodletting)

राजा, रानियाँ और कुलीन वर्ग पूर्णिमा के अवसर पर अपने रक्त की प्रतीकात्मक आहुति देते थे।

उनका विश्वास था कि इससे देवताओं से संपर्क स्थापित होता है।

पशु बलि

विशेषकर ग्रहण और महत्वपूर्ण चंद्र घटनाओं के समय पशु बलिदान दिए जाते थे।

मानव बलिदान

कुछ अत्यंत महत्वपूर्ण खगोलीय घटनाओं, जैसे ग्रहण या विशेष आकाशीय संयोगों के अवसर पर मानव बलिदान भी दिए जाते थे।

माया लोगों का विश्वास था कि देवताओं के साथ संतुलन बनाए रखने के लिए यह आवश्यक है।

5. ग्रहण और पाताल लोक

माया संस्कृति में Lunar Eclipse अत्यंत भयावह घटना मानी जाती थी।

उनका विश्वास था कि ग्रहण के समय पाताल लोक *Xibalba* के स्वामी चंद्रमा को निगलने का प्रयास कर रहे हैं।

इस संकट को टालने के लिए लोग विभिन्न अनुष्ठान करते थे—

• ढोल बजाना

• ऊँची आवाज़ में चिल्लाना

• आकाश की ओर तीर चलाना

• मंदिरों में प्रार्थना करना

• Copal धूप जलाना

गर्भवती महिलाओं और छोटे बच्चों को विशेष रूप से घरों के भीतर रखा जाता था ताकि वे बुरी शक्तियों से सुरक्षित रहें।

6. चंद्र मंदिर और वास्तुकला

माया वास्तुकला केवल सौंदर्य के लिए नहीं बनाई गई थी।

उसमें खगोल विज्ञान का अद्भुत समावेश था।

कई मंदिर और पिरामिड इस प्रकार बनाए गए थे कि वे—

• Full Moon Rise
• Lunar Standstill
• Eclipse Events

के साथ विशेष संरेखण (Alignment) बनाते थे।

उक्समाल (Uxmal)

कोपान (Copán)

टिकल (Tikal)

इन स्थलों पर कुछ सीढ़ियाँ और द्वार ऐसे बनाए गए थे कि वर्ष के विशेष समय में चंद्रमा की रोशनी सीधे उनके मध्य से होकर गुजरती थी।

यह केवल वास्तुकला नहीं थी।

यह खगोल विज्ञान और आध्यात्मिकता का संगम था।

7. माया चंद्र ज्ञान की विरासत

यद्यपि उपनिवेश काल के दौरान माया सभ्यता की अनेक पुस्तकें नष्ट कर दी गईं, फिर भी उनका ज्ञान पूरी तरह समाप्त नहीं हुआ।

आज भी—

• कई आधुनिक माया समुदाय कृषि और लोक परंपराओं में चंद्रमा का सम्मान करते हैं।

• वैज्ञानिक उनकी गणनाओं का अध्ययन करते हैं।

• प्रसिद्ध Dresden Codex चंद्र खगोल विज्ञान का अमूल्य दस्तावेज माना जाता है।

यह ग्रंथ हमें दिखाता है कि प्राचीन दुनिया में गणित और आकाश का अध्ययन कितनी ऊँचाई तक पहुँच चुका था।

अंतिम विचार : चंद्रमा के साथ जीने वाली सभ्यता

माया लोगों के लिए चंद्रमा कोई दूरस्थ वस्तु नहीं था।

वह जीवित था।

वह पृथ्वी के साथ साँस लेता था।

वह भाग्य को प्रभावित करता था।

और जीवन तथा मृत्यु के बीच संतुलन बनाए रखता था।

आज उनके कुछ अनुष्ठान हमें कठोर या रहस्यमय लग सकते हैं।

लेकिन उनके लिए वे ब्रह्मांड के साथ संवाद करने का माध्यम थे।
प्रत्येक पूर्णिमा पर, जब कोई माया पुजारी पिरामिड की ऊँची सीढ़ियाँ चढ़कर आकाश की ओर देखता होगा, तब शायद वह कुछ इस प्रकार प्रार्थना करता होगा—
"हे इक्स चेल, हमें वर्षा दो। हमें जीवन दो। हम अपनी श्रद्धा अर्पित करते हैं ताकि तुम हमें समृद्धि प्रदान करो।"

माया सभ्यता हमें यह सिखाती है कि कभी मानव ने चंद्रमा को केवल देखा नहीं था—

उसके साथ जीया था।

उसकी लय में समय गिना था।

और उसकी रोशनी में अपने भाग्य को पढ़ने का प्रयास किया था।

The Caracol at Chichen Itza is an observatory

- **Image courtesy:***Wikimedia Commons*. **License:**CC BY-SA 2.5

अध्याय 15

मेसोपोटामिया और बेबीलोन की चंद्र भविष्यवाणियाँ

जब तारों की भाषा पढ़ी जाती थी

"एक समय था जब तारों को देवताओं का लेखन माना जाता था और चंद्रमा राजाओं के कानों में भविष्य के रहस्य फुसफुसाता था।"

1. सभ्यता की जन्मभूमि और आकाश का ज्ञान

मेसोपोटामिया का अर्थ है—

"दो नदियों के बीच की भूमि"

यह क्षेत्र टिगरिस (Tigris) और यूफ्रेटीस (Euphrates) नदियों के बीच स्थित था और मानव सभ्यता के सबसे प्राचीन केंद्रों में से एक माना जाता है।

लगभग 3000 BCE से यहाँ सुमेरियन, अक्कादी, बेबीलोनियन और असीरियन सभ्यताएँ विकसित हुईं।

इन लोगों ने केवल पृथ्वी को ही नहीं, बल्कि आकाश को भी ध्यानपूर्वक पढ़ा।

उनके लिए चंद्रमा और तारे केवल चमकते हुए पिंड नहीं थे।

वे देवताओं के संदेश थे।

हर ग्रहण, हर चंद्र कला और हर असामान्य खगोलीय घटना में वे भविष्य के संकेत खोजते थे।

उनका विश्वास था कि देवता आकाश के माध्यम से मनुष्यों से संवाद करते हैं।

और इस दिव्य संवाद का सबसे महत्वपूर्ण माध्यम था—

चंद्रमा।

2. नन्ना और सिन : चंद्र देवता

मेसोपोटामिया में चंद्र देवता को दो प्रमुख नामों से जाना जाता था—

नन्ना (Nanna)

सुमेरियन सभ्यता में।

सिन (Sin)

अक्कादी और बेबीलोनियन परंपराओं में।
उन्हें प्रायः एक दाढ़ी वाले देवता के रूप में चित्रित किया जाता था जो अर्धचंद्राकार नौका में बैठकर रात्रि आकाश की यात्रा करते हैं।
उनके प्रमुख मंदिर थे—

उर (Ur)

यहाँ स्थित विशाल ज़िग्गुरात (Ziggurat) नन्ना को समर्पित था।

हर्रान (Harran)

सदियों तक सिन की पूजा का प्रमुख केंद्र।

माना जाता था कि नन्ना-सिन शासन करते हैं—

- समय और कैलेंडर पर
- स्वप्नों और रात्रि यात्राओं पर
- पशुधन और प्रजनन चक्रों पर

3. चंद्र संकेत और भविष्यवाणी

मेसोपोटामिया के लोग मानते थे कि चंद्रमा की हर अवस्था में कोई न कोई संदेश छिपा होता है।

उनके विशेष पुजारी, जिन्हें **Bārû** या Diviners कहा जाता था, रात-दिन आकाश का अध्ययन करते थे।

वे—

- प्रत्येक पूर्णिमा और अमावस्या का रिकॉर्ड रखते थे
- ग्रहणों को दर्ज करते थे
- विशेष मिट्टी की पट्टिकाओं (Omen Tablets) का अध्ययन करते थे

इनमें सबसे प्रसिद्ध था—

Enuma Anu Enlil

यह हजारों खगोलीय संकेतों और उनकी व्याख्याओं का विशाल संग्रह था।

कुछ उदाहरण

यदि चंद्रमा अचानक मंद पड़ जाए—

तो युद्ध की संभावना मानी जाती थी।

यदि 14वें दिन ग्रहण हो—

तो राजा के स्वास्थ्य के लिए खतरे का संकेत माना जाता था।

यदि चंद्रमा असामान्य रंग का दिखाई दे—

तो उसे राजनीतिक या प्राकृतिक संकट का संकेत समझा जाता था।

इन भविष्यवाणियों के आधार पर महत्वपूर्ण निर्णय लिए जाते थे।

जैसे—

• युद्ध या शांति

• राजकीय विवाह

• कृषि योजनाएँ

• मंदिरों में विशेष अनुष्ठान

4. ग्रहण : विनाश का संकेत

आज हम जानते हैं कि चंद्र ग्रहण एक प्राकृतिक खगोलीय घटना है।

लेकिन बेबीलोनियन लोगों के लिए यह अत्यंत भयावह संकेत था।

उनका विश्वास था कि ग्रहण देवताओं की व्यवस्था पर हमला है।

और इसका सबसे अधिक खतरा राजा को होता है।

संकट से बचने का उपाय

जब ग्रहण की भविष्यवाणी की जाती थी—

तो कभी-कभी एक “Substitute King” नियुक्त किया जाता था।

वास्तविक राजा कुछ समय के लिए सार्वजनिक जीवन से दूर हो जाता था।

मान्यता थी कि ग्रहण का शाप इस अस्थायी राजा पर पड़ेगा।

साथ ही—

• मंत्रोच्चार

• धूप अर्पण

• प्रतीकात्मक बलिदान

• प्रार्थनाएँ

आयोजित की जाती थीं।

ग्रहण समाप्त होने के बाद वास्तविक राजा पुनः अपने सिंहासन पर लौट आता था।

5. चंद्र कैलेंडर और समय की गणना

बेबीलोनियन कैलेंडर एक Lunisolar Calendar था।

अर्थात उसमें चंद्रमा और सूर्य दोनों का उपयोग किया जाता था।

इसकी प्रमुख विशेषताएँ

• प्रत्येक महीना पहली दिखाई देने वाली चंद्र कला से शुरू होता था।

• 29 और 30 दिनों वाले महीने बारी-बारी से आते थे।

• सौर वर्ष के साथ संतुलन बनाए रखने के लिए अतिरिक्त महीना जोड़ा जाता था।

• अनेक धार्मिक उत्सव चंद्र कलाओं के अनुसार निर्धारित होते थे।

अकितु (Akitu)

यह बेबीलोन का नववर्ष उत्सव था।

इसका समय भी चंद्र चक्रों से जुड़ा हुआ था।

6. चंद्र ज्ञान की विरासत

मेसोपोटामिया और बेबीलोन का चंद्र अध्ययन बाद की अनेक सभ्यताओं को प्रभावित करता है।

इनका प्रभाव दिखाई देता है—

- यहूदी कैलेंडर में
- यूनानी खगोल विज्ञान में
- हेलेनिस्टिक ज्योतिष में
- इस्लामी कैलेंडर परंपराओं में

आज भी वैज्ञानिक उन मिट्टी की पट्टिकाओं का अध्ययन करते हैं जिनमें प्राचीन चंद्र गणनाएँ दर्ज हैं।

MUL.APIN

यह बेबीलोनियन खगोलीय ग्रंथों का प्रसिद्ध संग्रह है।

इन दस्तावेज़ों से पता चलता है कि हजारों वर्ष पहले लोग कितनी सूक्ष्मता से चंद्रमा और ग्रहों की गतियों का अवलोकन कर रहे थे।

7. आकाश पढ़ने वाले पुरोहित

मेसोपोटामिया के मंदिर केवल पूजा स्थल नहीं थे।

वे ज्ञान के केंद्र भी थे।

ऊँचे ज़िग्गुरातों की छतों पर खड़े होकर पुरोहित रात भर आकाश देखते थे।
उनके हाथों में मिट्टी की पट्टिकाएँ होती थीं।
वे चंद्रमा की स्थिति, तारों की चाल और ग्रहों के व्यवहार को दर्ज करते थे।

उनके लिए यह विज्ञान भी था।

धर्म भी था।

और राज्य प्रशासन का महत्वपूर्ण उपकरण भी।

अंतिम विचार : दिव्य घड़ी और भविष्य का दर्पण

मेसोपोटामिया और बेबीलोन के लोगों के लिए चंद्रमा केवल रात का प्रकाश नहीं था।

वह—

✓ एक कैलेंडर था

✓ एक देवदूत था

✓ एक सलाहकार था

✓ और भविष्य का दर्पण था

जब कोई पुरोहित अर्धचंद्र की रोशनी में ज़िग्गुरात की ऊँचाई पर खड़ा होकर आकाश को देखता था, तब वह केवल तारों का निरीक्षण नहीं कर रहा होता था।

वह देवताओं की भाषा को समझने का प्रयास कर रहा होता था।

आज आधुनिक Lunar Science चंद्रमा का अध्ययन अत्याधुनिक उपकरणों से करती है।

लेकिन उसकी जड़ें कहीं न कहीं उन प्राचीन विद्वानों तक पहुँचती हैं जिन्होंने सबसे पहले रात के आकाश को एक पुस्तक की तरह पढ़ना शुरू किया था।

"चंद्रमा आज भी वही है। बदला है केवल उसे देखने का हमारा तरीका। जहाँ कभी लोग उसमें भविष्य देखते थे, आज हम उसमें विज्ञान खोजते हैं। लेकिन आश्चर्य— वह आज भी उतना ही जीवित है।"

ज़िग्गुरात (Ziggurat)

अध्याय 16

चंद्र और सौर कैलेंडर

समय मापन का विकास

"समय केवल घड़ियों से नहीं मापा जाता। कभी उसे चंद्रमा की बदलती छायाओं और सूर्य की अनंत यात्रा से समझा जाता था।"

1. समय की खोज : जब मनुष्य ने आकाश को पढ़ना शुरू किया

घड़ियों, कैलेंडरों और आधुनिक विज्ञान के आने से बहुत पहले मनुष्य ने समय को समझने के लिए आकाश की ओर देखा।

रोज उगता और अस्त होता सूर्य उसे दिन और ऋतुओं का संकेत देता था।

वहीं चंद्रमा, जो हर रात अपना रूप बदलता था, समय की एक अलग लय प्रस्तुत करता था।

धीरे-धीरे मानव ने दो अलग-अलग समय प्रणालियाँ विकसित कीं—

- **Lunar Calendar (चंद्र कैलेंडर)** – चंद्रमा की कलाओं पर आधारित

- **Solar Calendar (सौर कैलेंडर)** – सूर्य और पृथ्वी की परिक्रमा पर आधारित

यहीं से समय मापन की वह यात्रा शुरू हुई जिसने आगे चलकर सभ्यताओं को आकार दिया।

2. चंद्र कैलेंडर : रात के आकाश की लय

चंद्र कैलेंडर मानव इतिहास की सबसे पुरानी समय प्रणालियों में से एक है।

चंद्रमा की प्रत्येक कला को देखकर लोग दिनों और महीनों की गणना करते थे।

इसकी संरचना

- एक Lunar Month लगभग 29.5 दिनों का होता है।

- 12 चंद्र महीनों का कुल योग लगभग 354 दिन होता है।

यह सौर वर्ष से लगभग 11 दिन छोटा होता है।

प्रमुख विशेषताएँ

• महीना New Moon या पहली दिखाई देने वाली चंद्र कला से शुरू होता है।

• यदि कोई सुधार न किया जाए तो ऋतुएँ धीरे-धीरे बदलती रहती हैं।

• कुछ संस्कृतियाँ अतिरिक्त Leap Month जोड़कर संतुलन बनाए रखती हैं।

चंद्र या चंद्र-सौर कैलेंडर अपनाने वाली सभ्यताएँ

• बेबीलोनियन सभ्यता

• यहूदी (Hebrew) कैलेंडर

• चीनी Lunar-Solar Calendar

• इस्लामी Hijri Calendar

• भारतीय पंचांग

• माया सभ्यता के धार्मिक कैलेंडर

इन सभी प्रणालियों में चंद्रमा समय का मुख्य संकेतक था।

3. सौर कैलेंडर : ऋतुओं का चक्र

जैसे-जैसे कृषि विकसित हुई, लोगों को यह समझने की आवश्यकता महसूस हुई कि मौसम कब बदलेंगे।

इस आवश्यकता ने Solar Calendar को जन्म दिया।

इसकी संरचना

• सौर वर्ष लगभग 365.24 दिनों का होता है।

• यह पृथ्वी की सूर्य के चारों ओर एक पूर्ण परिक्रमा पर आधारित है।

इसमें क्या देखा जाता है?

• Solstices (अयनांत)

• Equinoxes (विषुव)

• ऋतुओं का परिवर्तन

प्रमुख उदाहरण

प्राचीन मिस्री कैलेंडर

दुनिया की पहली सौर प्रणालियों में से एक।

इसमें लगभग 365 दिनों का वर्ष माना जाता था।

Julian Calendar

रोमन साम्राज्य द्वारा अपनाया गया कैलेंडर।

Gregorian Calendar

आज पूरी दुनिया में सबसे अधिक उपयोग होने वाला कैलेंडर।

सौर कैलेंडर कृषि और प्रशासन के लिए अत्यंत उपयोगी सिद्ध हुआ।

4. चंद्र-सौर कैलेंडर : दोनों दुनियाओं का मेल

कुछ सभ्यताओं ने चंद्र और सौर प्रणालियों को मिलाकर एक संतुलित व्यवस्था बनाई।

इसे **Luni-Solar Calendar** कहा जाता है।

इसकी विशेषता

• महीनों की गणना चंद्रमा के आधार पर

• ऋतुओं का समायोजन सूर्य के आधार पर

• समय-समय पर अतिरिक्त महीना जोड़ना

प्रमुख उदाहरण

भारतीय पंचांग

हिंदू त्योहारों का निर्धारण इसी प्रणाली से होता है।

चीनी कैलेंडर

Chinese New Year और Mid-Autumn Festival इसी पर आधारित हैं।

Hebrew Calendar

यहूदी धार्मिक परंपराओं का आधार।

इस प्रणाली का लाभ यह था कि त्योहार हमेशा सही ऋतु में बने रहते थे।

5. चंद्र कैलेंडर की चुनौतियाँ

यद्यपि चंद्र कैलेंडर अत्यंत प्राचीन और प्रभावशाली था, लेकिन उसमें कुछ व्यावहारिक समस्याएँ भी थीं।

ऋतुओं का खिसकना

यदि अतिरिक्त महीना न जोड़ा जाए, तो त्योहार हर वर्ष लगभग 11 दिन पीछे चले जाते हैं।

उदाहरण के लिए—

Ramadan हर 33 वर्षों में सभी ऋतुओं से होकर गुजरता है।

समन्वय की कठिनाई

विभिन्न क्षेत्रों में अलग-अलग कैलेंडर होने से व्यापार और प्रशासन जटिल हो जाता था।

अतिरिक्त महीनों की समस्या

हर सभ्यता अतिरिक्त महीना जोड़ने का अलग तरीका अपनाती थी।

इससे भ्रम की स्थिति उत्पन्न होती थी।

6. संस्कृति और धर्म पर प्रभाव

समय की गणना केवल व्यावहारिक आवश्यकता नहीं थी।

यह धार्मिक और सांस्कृतिक जीवन का भी आधार बन गई।

चंद्रमा से जुड़े प्रमुख पर्व

- रमज़ान
- ईद
- पासओवर (Passover)

• चीनी नववर्ष

• महाशिवरात्रि

• गुरु पूर्णिमा

सूर्य से जुड़े प्रतीक

सूर्य को शक्ति, व्यवस्था और कृषि का प्रतीक माना गया।

इसी कारण दुनिया भर में अनेक स्मारक सौर घटनाओं के अनुसार बनाए गए।

जैसे—

• स्टोनहेंज (Stonehenge)

• मिस्र के ओबिलिस्क

• चिचेन इत्ज़ा (Chichen Itza)

इनका निर्माण सूर्य की विशेष स्थितियों को ध्यान में रखकर किया गया था।

7. विज्ञान और समय का मानकीकरण

समय के साथ मानव ने अधिक सटीक खगोलीय उपकरण विकसित किए।

प्रमुख उपकरण

• Sundials

• Astrolabes

• प्रारंभिक वेधशालाएँ

इनसे समय की गणना अधिक सटीक होने लगी।

अंतरराष्ट्रीय व्यापार, प्रशासन और नौवहन की बढ़ती आवश्यकताओं ने एक समान कैलेंडर की आवश्यकता पैदा की।

Gregorian Calendar का जन्म

सन् 1582 में Pope Gregory XIII ने Gregorian Calendar लागू किया।

इसने Julian Calendar की त्रुटियों को सुधारकर अधिक सटीक समय प्रणाली प्रदान की।

आज यह दुनिया का मानक नागरिक कैलेंडर है।

8. आज भी इसका महत्व क्यों है?

यद्यपि आधुनिक दुनिया मुख्य रूप से Gregorian Calendar का उपयोग करती है, फिर भी चंद्र कैलेंडर समाप्त नहीं हुए हैं।

आज भी—

- इस्लामी समाज Hijri Calendar का उपयोग करते हैं।
- हिंदू पंचांग धार्मिक पर्वों का आधार है।
- चीनी Lunar Calendar त्योहारों के लिए महत्वपूर्ण है।
- अनेक किसान चंद्र चक्रों को ध्यान में रखकर खेती करते हैं।
- आधुनिक Astronomy Apps भी चंद्र कलाओं का सटीक रिकॉर्ड रखती हैं।

कई वैज्ञानिक अध्ययन यह भी संकेत देते हैं कि मानव की कुछ जैविक लयें अब भी चंद्र चक्रों से प्रभावित हो सकती हैं।

अंतिम विचार : समय का नृत्य

"कैलेंडरों की कहानी केवल गणित की कहानी नहीं है। यह मानवता की उस यात्रा की कहानी है जिसमें उसने आकाश को समझने का प्रयास किया।"

चंद्रमा हमें लय सिखाता है।

सूर्य हमें स्थिरता सिखाता है।

चंद्रगा परिबर्तन का प्रतीक है।

सूर्य निरंतरता का।

इन दोनों ने मिलकर समय को आकार दिया।

और समय ने सभ्यता को।

आज हमारी घड़ियाँ सेकंड गिनती हैं।

लेकिन हजारों वर्ष पहले लोग चंद्रमा और सूर्य को देखकर जीवन की गति समझते थे।

शायद इसी कारण, आधुनिक तकनीक के युग में भी, जब हम पूर्णिमा का चंद्रमा देखते हैं या सूर्योदय का स्वागत करते हैं, तब कहीं न कहीं हम अपने उन पूर्वजों से जुड़ जाते हैं जिन्होंने सबसे पहले समय को आकाश में पढ़ा था।

"समय की सबसे पुरानी घड़ी कभी दीवार पर नहीं टंगी थी। वह हमारे ऊपर चमक रही थी—कभी सूर्य बनकर, कभी चंद्रमा बनकर।"

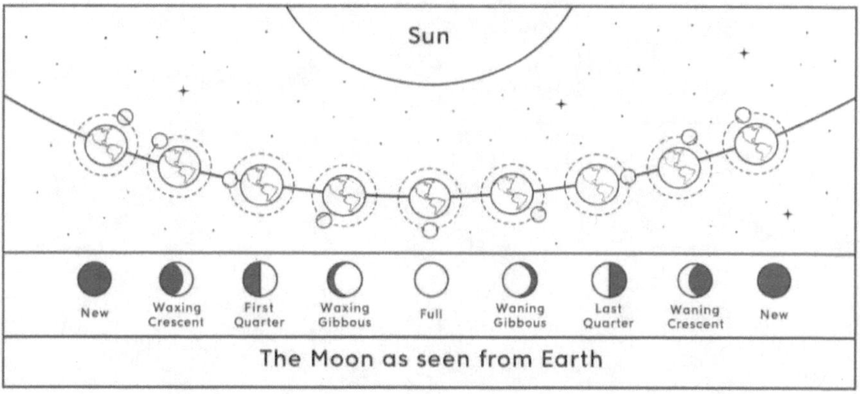

चंद्रमा की कलाएँ

स्रोत : नासा साइंस (NASA Science)

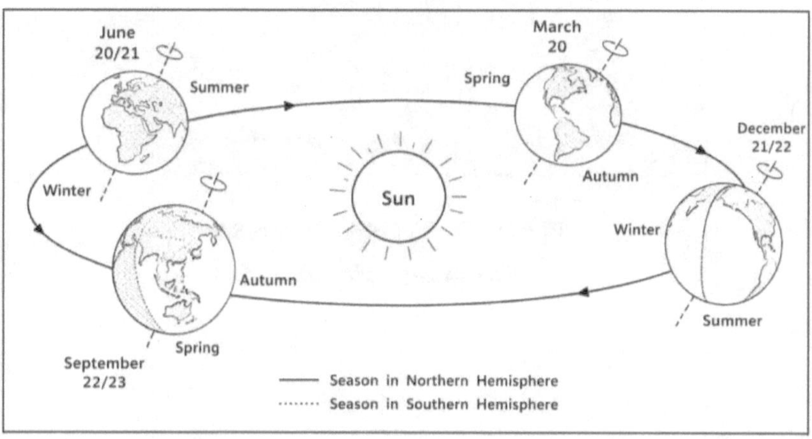

पृथ्वी की सूर्य-परिक्रमा

स्रोत : CC0 (सार्वजनिक डोमेन)

मिस्र का पंचांग : कोम ओम्बो मंदिर का कैलेंडर – 2

एज़्टेक कैलेंडर शिला

अध्याय 17

इस्लामी हिजरी कैलेंडर

समय के प्रति एक चंद्र समर्पण

"निस्संदेह अल्लाह के यहाँ महीनों की संख्या बारह है..."
— सूरह अत-तौबा (9:36)

मानव इतिहास में समय की गणना के अनेक तरीके विकसित हुए, लेकिन इस्लामी हिजरी कैलेंडर (Hijri Calendar) एक विशेष स्थान रखता है। यह केवल दिनों और महीनों की गणना करने की प्रणाली नहीं है, बल्कि आस्था, आध्यात्मिकता और धार्मिक जीवन से गहराई से जुड़ा हुआ है।

इस कैलेंडर की शुरुआत 622 CE में हुई, जब पैगंबर मुहम्मद ﷺ ने मक्का से मदीना की ऐतिहासिक यात्रा (Hijrah) की। यही घटना इस्लामी इतिहास में नए युग का प्रारंभ मानी जाती है।

1. हिजरी कैलेंडर की संरचना

हिजरी कैलेंडर पूर्णतः **Lunar Calendar** है।

यह चंद्रमा की कलाओं पर आधारित है और इसमें सूर्य के आधार पर कोई समायोजन नहीं किया जाता।

इसकी प्रमुख विशेषताएँ

• एक वर्ष में 12 चंद्र महीने होते हैं।

• प्रत्येक महीना 29 या 30 दिनों का होता है।

• एक हिजरी वर्ष लगभग 354 या 355 दिनों का होता है।

• यह सौर वर्ष से लगभग 11 दिन छोटा होता है।

इसी कारण इस्लामी महीने हर वर्ष लगभग 11 दिन पहले आने लगते हैं और लगभग 33 वर्षों में सभी ऋतुओं का पूरा चक्र पूरा कर लेते हैं।

2. हिजरी कैलेंडर के बारह महीने

क्रमांक	महीना	महत्व
1	मुहर्रम (Muharram)	पवित्र महीना
2	सफर (Safar)	यात्रा और प्रस्थान
3	रबीउल अव्वल	पैगंबर ﷺ के जन्म से संबंधित
4	रबीउल आखिर	दूसरा वसंत
5	जुमादा अल-अव्वल	शुष्क ऋतु का प्रारंभ
6	जुमादा अल-आखिर	दूसरा शुष्क महीना
7	रजब (Rajab)	पवित्र महीनों में से एक
8	शाबान (Sha'ban)	तैयारी का महीना
9	रमज़ान (Ramadan)	रोज़ों और कुरआन का महीना
10	शव्वाल (Shawwal)	ईद-उल-फित्र का महीना
11	ज़िलक़ादा (Dhul-Qi'dah)	विश्राम का महीना
12	ज़िलहिज्जा (Dhul-Hijjah)	हज और ईद-उल-अज़हा का महीना

इन महीनों के नाम केवल समय की पहचान नहीं हैं, बल्कि इस्लामी इतिहास और आध्यात्मिक परंपराओं की स्मृतियाँ भी संजोए हुए हैं।

3. धार्मिक महत्व

हिजरी कैलेंडर इस्लामी जीवन का अभिन्न अंग है।

दुनिया भर के मुसलमान अनेक धार्मिक कार्य इसी के अनुसार करते हैं।

रमज़ान

इस्लाम का सबसे पवित्र महीना।

इसी महीने में कुरआन का अवतरण (Revelation) हुआ माना जाता है।

ईद-उल-फित्र

रमज़ान के समापन का उत्सव।

ज़िलहिज्जा

हज यात्रा और ईद-उल-अज़हा का महीना।

आशूरा

मुहर्रम की 10वीं तारीख, जिसका इस्लामी इतिहास में विशेष महत्व है।

इन सभी अवसरों का निर्धारण चंद्रमा के दर्शन के आधार पर किया जाता है।

यही इस्लाम की चंद्र परंपरा को अद्वितीय बनाता है।

4. चाँद देखना : स्वयं एक परंपरा

हिजरी कैलेंडर की सबसे सुंदर विशेषताओं में से एक है—

हिलाल (Hilal) अर्थात नए चाँद का दर्शन।

रमज़ान की शुरुआत हो या ईद की घोषणा, परंपरागत रूप से नए चाँद को देखने का विशेष महत्व है।
इसके परिणाम

• विभिन्न देशों में कभी-कभी ईद अलग-अलग दिनों में मनाई जाती है।

• आधुनिक वेधशालाएँ और Telescopes चाँद देखने में सहायता करते हैं।

• आज विशेष Mobile Apps भी हिलाल की दृश्यता का अनुमान लगाती हैं।

फिर भी अनेक मुसलमान आज भी खुले आकाश में चाँद देखने की परंपरा को महत्व देते हैं।

यह परंपरा मनुष्य और प्रकृति के बीच सीधा संबंध बनाए रखती है।

5. हिजरी कैलेंडर का आध्यात्मिक दर्शन

इस्लाम में चंद्र कैलेंडर का उपयोग केवल व्यावहारिक कारणों से नहीं किया गया।

इसके पीछे गहरी आध्यात्मिक सोच भी है।

विनम्रता

मनुष्य समय का स्वामी नहीं है।

वह ईश्वर द्वारा निर्धारित प्राकृतिक संकेतों का अनुसरण करता है।

प्रकृति से जुड़ाव

विश्वासी को आकाश देखने और प्राकृतिक चक्रों को समझने के लिए प्रेरित किया जाता है।

समय का आध्यात्मिक स्वरूप

समय केवल घड़ी की सुइयों में नहीं, बल्कि ईश्वर की सृष्टि में प्रवाहित होता है।

6. वैश्विक और सांस्कृतिक उपस्थिति

आज भी हिजरी कैलेंडर विश्व भर में व्यापक रूप से उपयोग किया जाता है।

सऊदी अरब

कई प्रशासनिक और धार्मिक कार्यों में आधिकारिक रूप से प्रयुक्त।

मुस्लिम-बहुल देश

अधिकांश देशों में Gregorian Calendar के साथ-साथ उपयोग किया जाता है।

धार्मिक जीवन

मस्जिदों के कैलेंडर, इस्लामी Apps, धार्मिक पोस्टर और आयोजनों में हिजरी तिथियाँ प्रमुखता से दिखाई देती हैं।

संतों की यादगार तिथियाँ, इस्लामी नववर्ष और सूफ़ी परंपराओं के अनेक आयोजन भी इसी पर आधारित होते हैं।

7. इस्लाम और चंद्र विज्ञान

प्रारंभिक इस्लामी सभ्यता ने खगोल विज्ञान में महत्वपूर्ण योगदान दिया।

प्रसिद्ध विद्वान

• अल-बत्तानी (Al-Battani)

• अल-ज़रकाली (Al-Zarqali)

इन विद्वानों ने चंद्र गणनाओं को अत्यंत सटीक बनाया।

दूरबीनों के आविष्कार से सदियों पहले इस्लामी वेधशालाएँ चंद्रमा की कलाओं का अध्ययन कर रही थीं।

कुरआन में भी चंद्रमा का उल्लेख अनेक स्थानों पर मिलता है।

एक आयत कहती है—

"वही है जिसने सूर्य को चमकदार बनाया और चंद्रमा को प्रकाश प्रदान किया..."
— सूरह यूनुस (10:5)

यहाँ चंद्रमा को समय, मार्गदर्शन और ईश्वर की निशानियों के रूप में प्रस्तुत किया गया है।

8. आधुनिक युग में हिजरी कैलेंडर

आज की दुनिया मुख्य रूप से Gregorian Calendar का उपयोग करती है।

फिर भी हिजरी कैलेंडर अपनी आध्यात्मिक और सांस्कृतिक शक्ति बनाए हुए है।

जब करोड़ों लोग रमज़ान की शुरुआत के लिए चाँद का इंतज़ार करते हैं, तब वे केवल एक खगोलीय घटना नहीं देख रहे होते।

वे एक परंपरा से जुड़ रहे होते हैं जो चौदह शताब्दियों से जीवित है।

अंतिम विचार : चाँदनी में लिखा गया विश्वास

"हिजरी कैलेंडर उस सभ्यता की पहचान है जिसने आकाश की ओर विजय के लिए नहीं, बल्कि आत्मचिंतन के लिए देखा।"

एक ऐसी दुनिया में जहाँ अधिकांश समय-सारिणियाँ सूर्य पर आधारित हैं, इस्लाम का चंद्र मार्ग हमें याद दिलाता है कि समय केवल गणना नहीं है।

वह स्मृति है।

वह आस्था है।

वह प्रकृति के साथ संवाद है।

जब आकाश में पतला अर्धचंद्र दिखाई देता है, तो दुनिया भर में अरबों आँखें उसकी ओर उठती हैं।

कोई रोज़े की तैयारी करता है।

कोई ईद की खुशी मनाता है।

कोई प्रार्थना करता है।

और कोई अपने रब की निशानियों पर चिंतन करता है।

यह केवल कैलेंडर नहीं है।

यह पृथ्वी और आकाश के बीच चलने वाली एक शाश्वत बातचीत है।

“चंद्रमा यहाँ केवल समय नहीं बताता— वह विश्वास, स्मृति और आध्यात्मिक एकता का प्रकाश भी फैलाता है।”

अध्याय 18

हिन्दू तिथि प्रणाली

अमावस्या और पूर्णिमा

"हिन्दू परंपरा में चंद्रमा केवल रात के आकाश की रोशनी नहीं है—वह समय, मन, भावनाओं और कर्म का संरक्षक है।"

1. तिथि प्रणाली : समय को देखने का भारतीय दृष्टिकोण

आज अधिकांश दुनिया समय की गणना घड़ियों और Gregorian Calendar के माध्यम से करती है।

लेकिन भारत की प्राचीन परंपरा में समय को केवल सूर्य से नहीं, बल्कि चंद्रमा की बदलती कलाओं से भी समझा जाता था।

इसी प्रणाली का आधार है—

तिथि (Tithi)

तिथि हिन्दू पंचांग (Panchang) का एक अत्यंत महत्वपूर्ण भाग है।

पश्चिमी कैलेंडर में एक दिन मध्यरात्रि से मध्यरात्रि तक माना जाता है, जबकि हिन्दू तिथि सूर्य और चंद्रमा के बीच बनने वाले कोणीय अंतर (Angular Distance) पर आधारित होती है।

एक चंद्र मास में कुल 30 तिथियाँ होती हैं।

इन्हें दो पक्षों में विभाजित किया गया है—

शुक्ल पक्ष (Shukla Paksha)
अमावस्या से पूर्णिमा तक।
जब चंद्रमा प्रतिदिन बढ़ता हुआ दिखाई देता है।
कृष्ण पक्ष (Krishna Paksha)

पूर्णिमा से अमावस्या तक।

जब चंद्रमा धीरे-धीरे घटता हुआ दिखाई देता है।

प्रत्येक तिथि लगभग 12 डिग्री के कोणीय अंतर का प्रतिनिधित्व करती है और इसकी अवधि लगभग 0.95 सौर दिवस के बराबर होती है।

इसी कारण कोई तिथि कभी सूर्योदय से पहले शुरू हो सकती है और कभी दिन के मध्य में समाप्त हो सकती है।

2. अमावस्या : अंधकार में छिपा आत्मचिंतन

अमावस्या वह रात्रि है जब चंद्रमा आकाश में दिखाई नहीं देता।

बाहरी दृष्टि से यह अंधकार की रात है, लेकिन आध्यात्मिक दृष्टि से यह भीतर की यात्रा का समय माना गया है।

अमावस्या से जुड़े प्रमुख कार्य

- आत्मचिंतन और मौन
- पितृ तर्पण और श्राद्ध
- ध्यान और साधना
- तांत्रिक एवं गूढ़ अनुष्ठान

भारतीय परंपरा में माना जाता है कि अमावस्या के दिन मनुष्य को बाहरी संसार से थोड़ा हटकर स्वयं के भीतर झाँकना चाहिए।

महालय अमावस्या

यह विशेष अमावस्या पूर्वजों को समर्पित होती है।

इस दिन लोग पितरों के लिए तर्पण और श्राद्ध करते हैं तथा उनके आशीर्वाद की कामना करते हैं।

कई शास्त्रों में अमावस्या को वह समय बताया गया है जब सूक्ष्म और आध्यात्मिक शक्तियाँ अधिक सक्रिय रहती हैं।

इस कारण यह साधकों और आध्यात्मिक अभ्यास करने वालों के लिए विशेष महत्व रखती है।

3. पूर्णिमा : प्रकाश और पूर्णता का उत्सव

पूर्णिमा वह रात्रि है जब चंद्रमा अपनी सम्पूर्ण आभा के साथ आकाश में दिखाई देता है।

यह पूर्णता, समृद्धि और आध्यात्मिक ऊर्जा का प्रतीक मानी जाती है।

पूर्णिमा का महत्व

- उत्सव और समारोह

• दान और पुण्य

• पूजा और भक्ति

• ज्ञान और आध्यात्मिक उन्नति

भारत के अनेक प्रमुख पर्व पूर्णिमा से जुड़े हैं।

गुरु पूर्णिमा

गुरु और ज्ञान के प्रति श्रद्धा का पर्व।

बुद्ध पूर्णिमा

भगवान बुद्ध के जन्म, ज्ञान प्राप्ति और महापरिनिर्वाण से जुड़ा दिवस।

शरद पूर्णिमा

मान्यता है कि इस रात्रि चंद्रमा अपनी सर्वाधिक शीतल और अमृतमयी किरणें बिखेरता है।

आध्यात्मिक दृष्टि से पूर्णिमा मनुष्य के भीतर की चेतना के पूर्ण विकास का प्रतीक मानी जाती है।

4. अमावस्या और पूर्णिमा : एक प्रतीकात्मक तुलना

विशेषता	अमावस्या	पूर्णिमा
चंद्रमा की दृश्यता	दिखाई नहीं देता	पूर्ण रूप से प्रकाशित
ऊर्जा का स्वरूप	अंतर्मुखी, रहस्यमय	प्रकाशमय, विस्तारशील
प्रमुख गतिविधियाँ	ध्यान, श्राद्ध, तपस्या	पूजा, दान, उत्सव
मानसिक स्थिति	शांत, चिंतनशील	भावनात्मक, प्रेरणादायक
उपयुक्त कार्य	त्याग और शुद्धि	विकास और आशीर्वाद

ये दोनों अवस्थाएँ जीवन के दो आवश्यक पक्षों का प्रतिनिधित्व करती हैं—

अंधकार और प्रकाश।

मौन और उत्सव।

त्याग और प्राप्ति।

5. मन और चंद्रमा का संबंध

योग, तंत्र और आयुर्वेद में चंद्रमा को मन का स्वामी माना गया है।

संस्कृत में मन को "मनस्" और उसकी गहरी परतों को "चित्त" कहा गया है।

प्राचीन योग ग्रंथों के अनुसार—

- अमावस्या आत्मनिरीक्षण के लिए सर्वोत्तम समय है।
- पूर्णिमा भक्ति, रचनात्मकता और अंतर्ज्ञान को बढ़ाती है।
- चंद्रमा की कलाएँ शरीर की ऊर्जा नाड़ियों (Nadis) को प्रभावित करती हैं।
- आयुर्वेद में इन्हें दोषों (Doshas) और मानसिक संतुलन से भी जोड़ा जाता है।

यद्यपि आधुनिक विज्ञान अभी इन प्रभावों का पूर्ण प्रमाण नहीं देता, फिर भी अनेक लोग अपने अनुभवों में चंद्रमा के प्रभाव को महसूस करते हैं।

6. शास्त्रों में चंद्रमा का महत्व

ऋग्वेद

ऋग्वेद में चंद्रमा को समय और लय का प्रतीक बताया गया है।

वह ऋतुओं और जीवन की गति का संकेतक है।

छांदोग्य उपनिषद

यहाँ चंद्रमा को पितरों का लोक कहा गया है।

अर्थात वह संसार जहाँ पूर्वज निवास करते हैं।

भगवद्गीता

भगवान कृष्ण चंद्र चक्रों का उल्लेख आत्मा की यात्रा और आध्यात्मिक मार्गों के संदर्भ में करते हैं।

इस प्रकार चंद्रमा केवल खगोलीय वस्तु नहीं, बल्कि धर्म और दर्शन का भी महत्वपूर्ण प्रतीक बन जाता है।

7. ब्रह्मांडीय घड़ी

प्राचीन भारत में लोग केवल समय नहीं गिनते थे।

वे समय के साथ सामंजस्य बनाकर जीते थे।

जीवन के अनेक कार्य चंद्रमा के अनुसार होते थे

• व्रत

• दान

• तीर्थयात्राएँ

• मंत्र-जप

• धार्मिक उत्सव

सब कुछ चंद्र तिथियों के आधार पर निर्धारित किया जाता था।

यह एक प्रकार का **Celestial Mindfulness** था—

प्रकृति और ब्रह्मांड की लय के साथ जीवन को जोड़ने का प्रयास।

8. आज के समय में प्रासंगिकता

हजारों वर्षों पुरानी यह प्रणाली आज भी जीवित है।

प्रमुख भारतीय पर्व

• महाशिवरात्रि

• होली

• रक्षाबंधन

• करवाचौथ

• गुरु पूर्णिमा

सभी तिथियों के अनुसार मनाए जाते हैं।

ज्योतिष और मुहूर्त

भारतीय ज्योतिष में शुभ समय (Muhurat) निर्धारित करने में तिथि की अत्यंत महत्वपूर्ण भूमिका होती है।

आधुनिक तकनीक

आज Drik Panchang जैसी Mobile Apps प्राचीन तिथि प्रणाली को डिजिटल रूप में उपलब्ध करा रही हैं।

इस प्रकार प्राचीन ज्ञान आधुनिक तकनीक के साथ आगे बढ़ रहा है।

अंतिम विचार : चंद्रमा की लय में जीवन

"हिन्दू परंपरा में चंद्रमा केवल ज्वार-भाटे को प्रभावित नहीं करता— वह मन, साधना, संस्कार और धर्म की लय को भी दिशा देता है।"

अमावस्या और पूर्णिमा केवल कैलेंडर की तिथियाँ नहीं हैं।

वे समय के भीतर छिपे ऊर्जा-द्वार (Energetic Portals) हैं।

एक हमें भीतर जाने का निमंत्रण देती है।

दूसरी हमें प्रकाश और विस्तार की ओर ले जाती है।

तिथि प्रणाली हमें याद दिलाती है कि समय केवल बीतता नहीं—

वह साँस लेता है।

वह घटता-बढ़ता है।

और ठीक चंद्रमा की तरह हमें भी निरंतर परिवर्तन, संतुलन और विकास की ओर प्रेरित करता है।

"जब हम चंद्रमा की लय को समझते हैं, तब हम केवल समय को नहीं समझते— हम स्वयं को समझने की यात्रा पर निकल पड़ते हैं।"

तिथि का नाम	**अर्थ**	**पक्ष**	**सूर्य-चंद्र कोणीय दूरी**
प्रतिपदा	प्रथम तिथि	शुक्ल / कृष्ण	0°–12° / 180°–192°
द्वितीया	द्वितीय तिथि	शुक्ल / कृष्ण	12°–24° / 192°–204°
तृतीया	तृतीय तिथि	शुक्ल / कृष्ण	24°–36° / 204°–216°

चतुर्थी	चतुर्थ तिथि	शुक्ल / कृष्ण	36°–48° / 216°–228°
पंचमी	पंचम तिथि	शुक्ल / कृष्ण	48°–60° / 228°–240°
षष्ठी	षष्ठ तिथि	शुक्ल / कृष्ण	60°–72° / 240°–252°
सप्तमी	सप्तम तिथि	शुक्ल / कृष्ण	72°–84° / 252°–264°
अष्टमी	अष्टम तिथि	शुक्ल / कृष्ण	84°–96° / 264°–276°
नवमी	नवम तिथि	शुक्ल / कृष्ण	96°–108° / 276°–288°
दशमी	दशम तिथि	शुक्ल / कृष्ण	108°–120° / 288°–300°
एकादशी	एकादश तिथि	शुक्ल / कृष्ण	120°–132° / 300°–312°
द्वादशी	द्वादश तिथि	शुक्ल / कृष्ण	132°–144° / 312°–324°
त्रयोदशी	त्रयोदश तिथि	शुक्ल / कृष्ण	144°–156° / 324°–336°
चतुर्दशी	चतुर्दश तिथि	शुक्ल / कृष्ण	156°–168° / 336°–348°
पूर्णिमा / अमावस्या	पूर्ण चंद्र / नवीन चंद्र	पूर्णिमा / अमावस्या	180° / 360° अथवा 0°

भारतीय चंद्र पंचांग की तिथियाँ तथा सूर्य-चंद्र कोणीय दूरी

संक्षिप्त टिप्पणी

भारतीय पंचांग में प्रत्येक तिथि सूर्य और चंद्रमा के बीच 12° की कोणीय दूरी पर आधारित होती है। एक चंद्र मास में कुल 30 तिथियाँ होती हैं, जिनमें 15 तिथियाँ शुक्ल पक्ष तथा 15 तिथियाँ कृष्ण पक्ष की होती हैं। पूर्णिमा पर सूर्य-चंद्र दूरी लगभग 180° तथा अमावस्या पर 0° (या 360°) होती है।

अध्याय 19

यहूदी और चीनी चंद्र महीने

समय की पवित्र लय

"यरूशलम की प्राचीन पांडुलिपियों से लेकर बीजिंग के जेड मंदिरों तक, दो महान सभ्यताओं ने समय को सूर्य की प्रखर रोशनी से नहीं, बल्कि चंद्रमा की शांत और बदलती कलाओं से समझा।"

मानव इतिहास में अनेक सभ्यताओं ने समय मापने की अपनी-अपनी प्रणालियाँ विकसित कीं। लेकिन यहूदी (Jewish) और चीनी (Chinese) सभ्यताओं की विशेषता यह रही कि उन्होंने चंद्रमा और सूर्य दोनों को मिलाकर समय की ऐसी व्यवस्था बनाई, जिसने धार्मिक जीवन, त्योहारों, कृषि और सांस्कृतिक पहचान को गहराई से प्रभावित किया।

इन दोनों सभ्यताओं के कैलेंडर केवल तिथियों की गणना नहीं करते थे, बल्कि मनुष्य और प्रकृति के बीच सामंजस्य स्थापित करने का माध्यम भी थे।

1. यहूदी चंद्र कैलेंडर : आस्था और ऋतुओं का संतुलन

यहूदी कैलेंडर (Hebrew Calendar) एक **Lunisolar Calendar** है।

अर्थात इसमें महीनों की गणना चंद्रमा से और ऋतुओं का निर्धारण सूर्य से किया जाता है।

प्रत्येक नया महीना New Moon से प्रारंभ होता है।

लेकिन क्योंकि चंद्र वर्ष सौर वर्ष से छोटा होता है, इसलिए समय-समय पर अतिरिक्त महीना जोड़कर दोनों के बीच संतुलन बनाया जाता है।

धार्मिक महत्व

यहूदी धर्मग्रंथों में समय को ईश्वर की व्यवस्था का महत्वपूर्ण भाग माना गया है।

Genesis 1:14 में कहा गया है—

"आकाश में ज्योतियाँ हों जो दिन और रात को अलग करें तथा ऋतुओं, दिनों और वर्षों का संकेत दें।"

यहूदी परंपरा के अनुसार पासओवर (Passover) जैसे त्योहार हमेशा वसंत ऋतु में होने चाहिए।

इसी कारण कैलेंडर को समय-समय पर समायोजित किया जाता है।

प्रमुख यहूदी महीने

महीना	लगभग ग्रेगोरियन अवधि	प्रमुख पर्व
Nisan	मार्च–अप्रैल	Passover (Pesach)
Iyar	अप्रैल–मई	Lag BaOmer
Sivan	मई–जून	Shavuot
Tammuz	जून–जुलाई	उपवास दिवस
Av	जुलाई–अगस्त	Tisha B'Av
Elul	अगस्त–सितंबर	आत्मचिंतन का महीना
Tishrei	सितंबर–अक्टूबर	Rosh Hashanah, Yom Kippur, Sukkot
Cheshvan	अक्टूबर–नवंबर	शांत महीना
Kislev	नवंबर–दिसंबर	Hanukkah
Tevet	दिसंबर–जनवरी	उपवास
Shevat	जनवरी–फरवरी	Tu BiShvat
Adar	फरवरी–मार्च	Purim
Adar II	केवल Leap Year में	अतिरिक्त महीना

मेटोनिक चक्र (Metonic Cycle)

यहूदी कैलेंडर में प्रत्येक 19 वर्षों में 7 बार अतिरिक्त महीना जोड़ा जाता है।

इससे चंद्र और सौर वर्षों के बीच संतुलन बना रहता है।

2. चीनी चंद्र कैलेंडर : स्वर्ग और पृथ्वी का सामंजस्य

चीनी कैलेंडर भी एक **Lunisolar Calendar** है।

प्रत्येक महीना New Moon से शुरू होता है और Full Moon के साथ अपने मध्य बिंदु तक पहुँचता है।

यह प्रणाली हजारों वर्षों से चीन के सामाजिक और सांस्कृतिक जीवन का आधार रही है।

उत्पत्ति

एक प्राचीन कथा के अनुसार इस कैलेंडर की शुरुआत महान सम्राट Huangdi (पीला सम्राट) ने लगभग 2698 BCE में की थी।

यद्यपि आज चीन में दैनिक जीवन के लिए Gregorian Calendar का उपयोग किया जाता है, फिर भी पारंपरिक त्योहार आज भी Lunar Calendar के अनुसार मनाए जाते हैं।

प्रमुख चीनी चंद्र पर्व

Chinese New Year

पहले चंद्र महीने में मनाया जाने वाला सबसे महत्वपूर्ण त्योहार।

पटाखे, लाल सजावट और Dragon Dance इसकी विशेष पहचान हैं।

Lantern Festival

पहले महीने की पूर्णिमा पर मनाया जाता है।

रंग-बिरंगी लालटेनें और पहेलियाँ इसका मुख्य आकर्षण हैं।

Dragon Boat Festival

पाँचवें चंद्र महीने में आयोजित।

महान कवि Qu Yuan की स्मृति में मनाया जाता है।

Mid-Autumn Festival

आठवें महीने की पूर्णिमा।

इस दिन Mooncakes खाए जाते हैं और परिवार एक साथ चंद्रमा का दर्शन करता है।

Ghost Festival

सातवें चंद्र महीने में।

मान्यता है कि इस समय आत्माएँ पृथ्वी पर आती हैं और उनके लिए अर्पण किए जाते हैं।

3. चीनी राशि चक्र और चंद्र वर्ष

चीनी परंपरा में प्रत्येक Lunar Year एक विशेष पशु राशि से जुड़ा होता है।

कुल 12 राशियाँ हैं—

चूहा, बैल, बाघ, खरगोश, ड्रैगन, सर्प, घोड़ा, बकरी, बंदर, मुर्गा, कुत्ता और सूअर।

यह प्रणाली केवल ज्योतिष नहीं, बल्कि Taoist दर्शन, Yin-Yang सिद्धांत और Five Elements से भी जुड़ी हुई है।

4. यहूदी और चीनी कैलेंडर : एक तुलना

विषय	यहूदी कैलेंडर	चीनी कैलेंडर
प्रकार	Lunisolar	Lunisolar
वर्ष का प्रारंभ	Nisan (धार्मिक), Tishrei (नागरिक)	Chinese New Year
धार्मिक आधार	Torah और Talmud	Taoism, Confucianism और लोक परंपराएँ
समायोजन	19 वर्षों में 7 Leap Months	19 वर्षों में 7 Leap Months
प्रमुख पर्व	Passover, Yom Kippur, Sukkot	Lunar New Year, Mid-Autumn Festival
New Moon का महत्व	Rosh Chodesh	प्रत्येक महीने की शुरुआत

हालाँकि दोनों संस्कृतियाँ भौगोलिक रूप से बहुत दूर थीं, फिर भी समय को समझने का उनका दृष्टिकोण आश्चर्यजनक रूप से समान था।

5. रहस्यवाद और चंद्र प्रतीक

यहूदी कब्बाला (Kabbalah)

कब्बाला परंपरा में चंद्रमा **Shekinah** का प्रतीक है।

Shekinah ईश्वर की करुणामयी और स्त्री स्वरूप ऊर्जा मानी जाती है।

चंद्रमा की कलाएँ आध्यात्मिक विकास और आत्मा की यात्रा का प्रतीक हैं।

दाओवादी (Daoist) दर्शन

Daoism में चंद्रमा **Yin Energy** का प्रतिनिधित्व करता है—

• शांति

• ग्रहणशीलता

• आत्मचिंतन

• संतुलन

जैसे सूर्य Yang का प्रतीक है, वैसे ही चंद्रमा Yin का।

दोनों मिलकर ब्रह्मांडीय संतुलन बनाते हैं।

6. यह आज भी क्यों महत्वपूर्ण है?

इन कैलेंडरों की सबसे बड़ी विशेषता यह है कि वे मनुष्य को प्रकृति के साथ जोड़ते हैं।

वे बताते हैं—

• कब उपवास करना है

• कब उत्सव मनाना है

• कब खेती करनी है

• कब प्रार्थना करनी है

आज भी लाखों लोग अपने धार्मिक और सांस्कृतिक जीवन को इन चंद्र चक्रों के अनुसार व्यवस्थित करते हैं।

आधुनिक तकनीक और Digital Calendars के युग में भी ये प्राचीन प्रणालियाँ जीवित हैं।

अंतिम विचार : समय की पवित्र धड़कन

"चंद्रमा की कलाएँ केवल आकाश में नहीं बदलतीं—वे सभ्यताओं की स्मृतियों, त्योहारों और आध्यात्मिक जीवन को भी आकार देती हैं।"

यहूदी और चीनी कैलेंडर हमें यह सिखाते हैं कि समय केवल संख्याओं की श्रृंखला नहीं है।

वह प्रकृति की लय है।

वह संस्कृति की धड़कन है।

वह मनुष्य और ब्रह्मांड के बीच चलने वाला एक मौन संवाद है।

जब कोई यहूदी परिवार Passover की तैयारी करता है या कोई चीनी परिवार Mid-Autumn Festival पर Mooncakes साझा करता है, तब वे केवल एक परंपरा का पालन नहीं कर रहे होते।

वे हजारों वर्षों पुरानी उस चंद्र लय से जुड़ रहे होते हैं जिसने उनकी सभ्यता को आकार दिया।

"सूर्य हमें दिन देता है, लेकिन चंद्रमा हमें स्मृति देता है। और स्मृतियाँ ही सभ्यताओं को अमर बनाती हैं।"

अध्याय 20

बौद्ध पूर्णिमा उत्सव

चंद्रमा का पवित्र प्रकाश

"जैसे पूर्ण चंद्रमा अंधकारमय रात्रि को प्रकाशित करता है, वैसे ही सजगता (Mindfulness) आत्मा को प्रकाशमान करती है।"
— बौद्ध परंपरा

1. बौद्ध धर्म में चंद्रमा का महत्व

बौद्ध धर्म में चंद्रमा केवल एक खगोलीय घटना नहीं है।

वह जागरण (Awakening), आत्मचिंतन और जीवन की लय का प्रतीक है।

दुनिया भर के बौद्ध समुदायों में अनेक महत्वपूर्ण धार्मिक उत्सव पूर्णिमा के दिन मनाए जाते हैं।

इन पवित्र दिनों को **उपोसथ (Uposatha)** कहा जाता है।

चाहे वह थेरवाद (Theravāda) परंपरा हो, महायान (Mahayāna) हो या वज्रयान (Vajrayāna), सभी में पूर्णिमा को विशेष आध्यात्मिक महत्व प्राप्त है।

बौद्ध दृष्टिकोण में पूर्ण चंद्रमा शुद्धता, ज्ञान और जीवन की निरंतर बदलती प्रकृति का प्रतीक है।

2. उपोसथ क्या है?

उपोसथ बौद्ध धर्म का एक पवित्र साधना दिवस है।

यह सामान्यतः—

• अमावस्या (New Moon)

• पूर्णिमा (Full Moon)

• अष्टमी और चतुर्दशी जैसे चंद्र चरणों

पर मनाया जाता है।

इस परंपरा की जड़ें प्राचीन भारत की चंद्र आधारित धार्मिक परंपराओं में मिलती हैं।

भगवान बुद्ध ने भी इसे अपनाया और इसे आत्मशुद्धि तथा साधना का दिन बनाया।

उपोसथ के मुख्य उद्देश्य

• आत्मनिरीक्षण

• नैतिक शुद्धि

• ध्यान

• धर्म के प्रति पुनः समर्पण

इन दिनों गृहस्थ अनुयायी **आठ शील (Eight Precepts)** का पालन करते हैं, जबकि भिक्षु समुदाय एकत्र होकर **पातिमोक्ख (Patimokkha)** का पाठ करता है।

3. प्रमुख बौद्ध पूर्णिमा उत्सव

1. वैशाख पूर्णिमा (Vesak / Buddha Purnima)

समय: अप्रैल–मई की पूर्णिमा

मनाया जाता है: भारत, श्रीलंका, नेपाल, थाईलैंड, म्यांमार, लाओस, कंबोडिया आदि में

यह बौद्ध धर्म का सबसे महत्वपूर्ण उत्सव माना जाता है।

परंपरा के अनुसार इसी दिन—

• भगवान बुद्ध का जन्म हुआ

• उन्हें ज्ञान प्राप्त हुआ

• उन्होंने महापरिनिर्वाण प्राप्त किया

प्रमुख परंपराएँ

• मंदिर दर्शन

• दीप और लालटेन सजाना

• दान देना

• बुद्ध प्रतिमा का स्नान

• करुणा और सेवा के कार्य

इस दिन लाखों लोग बुद्ध के जीवन और शिक्षाओं को स्मरण करते हैं।

2. माघ पूजा (Magha Puja)

समय: फरवरी–मार्च की पूर्णिमा

विशेष रूप से थाईलैंड, कंबोडिया, लाओस और म्यांमार में मनाई जाती है।

यह उस ऐतिहासिक घटना की स्मृति में मनाई जाती है जब 1,250 ज्ञान प्राप्त भिक्षु बिना किसी पूर्व सूचना के भगवान बुद्ध के पास एकत्र हुए थे।

उस अवसर पर बुद्ध ने अपने मूल उपदेश दिए थे, जिन्हें **ओवाद पातिमोक्ख (Ovada Patimokkha)** कहा जाता है।

प्रमुख गतिविधियाँ

- दीप प्रज्वलन
- मोमबत्ती जुलूस
- ध्यान
- धर्म प्रवचन

3. असाल्हा पूजा (Asalha Puja)

समय: जुलाई की पूर्णिमा

यह भगवान बुद्ध के प्रथम उपदेश की स्मृति में मनाया जाता है।

यही वह दिन था जब उन्होंने सारनाथ में **धम्मचक्कप्पवत्तन सुत्त (Dhammacakkappavattana Sutta)** का उपदेश दिया।

इसे “धर्म चक्र प्रवर्तन” कहा जाता है।

प्रमुख परंपराएँ

- धर्म चर्चा
- ध्यान शिविर

• दान और सेवा

4. पवारणा और वस्स का समापन

समय: अक्टूबर की पूर्णिमा

तीन महीने के वर्षावास (Vassa) के अंत का प्रतीक।

इस दिन भिक्षु एक-दूसरे से अपनी त्रुटियों पर प्रतिक्रिया प्राप्त करते हैं और आत्मशुद्धि का संकल्प लेते हैं।

प्रतीक

• नवीनीकरण

• आत्मचिंतन

• आंतरिक शुद्धि

4. पूर्णिमा पर किए जाने वाले अनुष्ठान

बौद्ध परंपरा में पूर्णिमा के दिन अनेक विशेष साधनाएँ की जाती हैं।

प्रमुख अभ्यास

• आठ शीलों का पालन

• उपवास

• ध्यान

• मंदिर दर्शन

• धूप, पुष्प और दीप अर्पण

• धर्म प्रवचन सुनना

• सूत्रों का पाठ

कुछ क्षेत्रों में जीवों को मुक्त करना भी करुणा (Compassion) का प्रतीक माना जाता है।

5. बौद्ध दर्शन में चंद्रमा का प्रतीक

बौद्ध विचारधारा में चंद्रमा केवल आकाशीय पिंड नहीं है।

वह मन और चेतना का भी प्रतीक है।

चंद्र चरण	बौद्ध अर्थ
पूर्णिमा	ज्ञान, स्पष्टता, जागरण
अमावस्या	आत्मचिंतन, नई शुरुआत
बढ़ता चंद्रमा	सद्गुणों और प्रज्ञा का विकास
घटता चंद्रमा	त्याग, सरलता और आसक्ति का अंत

बौद्ध साधना में कहा जाता है कि मन मूल रूप से पूर्ण चंद्रमा की तरह उज्ज्वल है।

लेकिन अज्ञान, क्रोध और मोह के बादल उसे ढक लेते हैं।

ध्यान (Meditation) का उद्देश्य उन बादलों को हटाना है।

ताकि भीतर का प्रकाश पुनः प्रकट हो सके।

6. कला और साहित्य में चंद्रमा

बौद्ध कला में चंद्रमा का विशेष स्थान है।

थंका चित्रकला (Thangka Paintings)

तिब्बती चित्रों में बोधिसत्वों और बुद्ध के पीछे पूर्ण चंद्रमा दर्शाया जाता है।

यह शुद्ध चेतना का प्रतीक है।

ज़ेन कविता

जापानी ज़ेन परंपरा में चंद्रमा जागृति का प्रिय प्रतीक है।

एक प्रसिद्ध हाइकु का भाव है—

"शांत जल में दिखाई देता चंद्र प्रतिबिंब उसी मन जैसा है जो पूरी तरह शांत हो चुका हो।"

7. आधुनिक युग में पूर्णिमा का महत्व

आज भी करोड़ों बौद्ध पूर्णिमा के दिनों को विशेष साधना दिवस मानते हैं।

श्रीलंका, थाईलैंड, म्यांमार और अन्य देशों में पूर्णिमा पर राष्ट्रीय अवकाश तक घोषित किया जाता है।

ध्यान केंद्रों में विशेष कार्यक्रम आयोजित होते हैं।

ऑनलाइन Dharma Talks और Meditation Sessions के माध्यम से भी लोग इन परंपराओं से जुड़े रहते हैं।

अंतिम विचार : विश्व को आलोकित करती चंद्र ज्योति

"बोधगया से लेकर बैंकॉक तक, पूर्णिमा आज भी करोड़ों लोगों के आध्यात्मिक जीवन को दिशा देती है।"

बौद्ध धर्म हमें सिखाता है कि चंद्रमा केवल हमारे ऊपर नहीं चमकता।

वह हमारे भीतर भी मौजूद है।

वह हमारे मन की शांति है।

हमारी सजगता है।

हमारी करुणा है।

और हमारे जागरण की संभावना है।

पूर्णिमा की शीतल रोशनी हमें याद दिलाती है कि चाहे जीवन कितना भी व्यस्त और जटिल क्यों न हो जाए, भीतर कहीं न कहीं एक शांत, निर्मल और प्रकाशित चेतना सदैव उपस्थित रहती है।

"जैसे बादल चंद्रमा को स्थायी रूप से नहीं ढक सकते, वैसे ही अज्ञान सत्य के प्रकाश को सदा के लिए नहीं छिपा सकता।"

और शायद यही बौद्ध पूर्णिमा का सबसे गहरा संदेश है—

प्रकाश हमेशा भीतर मौजूद है, हमें केवल उसे पहचानना है।

भगवान बुद्ध का प्रथम धर्मचक्र प्रवर्तन उपदेश (सारनाथ)

अध्याय 21

वैदिक ज्योतिष और चंद्रमा के नक्षत्र

कर्म और चेतना के चंद्र मार्ग

"आकाश में चंद्रमा की यात्रा केवल तारों के बीच की यात्रा नहीं है— वह मन, कर्म और आत्मा की यात्रा भी है।"

1. ज्योतिष : वेदों की आँख

प्राचीन भारत में ज्योतिष (Jyotisha) को केवल भविष्य बताने की कला नहीं माना जाता था।

इसे **"वेदों की आँख"** कहा गया है, क्योंकि इसके माध्यम से समय, प्रकृति और मानव जीवन के बीच संबंधों को समझने का प्रयास किया जाता था।

वैदिक ज्योतिष में चंद्रमा का स्थान अत्यंत महत्वपूर्ण है।

उसे **चंद्र (Chandra)** कहा जाता है और वह मन, भावनाओं, स्मृति, मातृत्व, कल्पना तथा अवचेतन मन का प्रतिनिधित्व करता है।

जहाँ आधुनिक लोग चंद्रमा को केवल एक उपग्रह के रूप में देखते हैं, वहीं वैदिक परंपरा उसे मानव चेतना का दर्पण मानती है।

2. सूर्य नहीं, चंद्रमा क्यों?

पाश्चात्य (Western) ज्योतिष मुख्यतः सूर्य राशियों पर आधारित है।

लेकिन वैदिक ज्योतिष का केंद्र चंद्रमा है।

इसके पीछे एक गहरा कारण है।

चंद्रमा तेज़ी से गति करता है और लगभग प्रत्येक दिन एक नए नक्षत्र में प्रवेश करता है।

इस कारण वह मानव मन की बदलती अवस्थाओं और जीवन की सूक्ष्म लयों को अधिक सटीक रूप से दर्शाता है।

वैदिक दर्शन के अनुसार—

"मन ही कर्म का क्षेत्र है और चंद्रमा मन का स्वामी है।"

इसी कारण किसी व्यक्ति का **जन्म नक्षत्र (Janma Nakshatra)** उसके जन्म के समय चंद्रमा की स्थिति से निर्धारित किया जाता है, न कि सूर्य की स्थिति से।

3. 27 नक्षत्र : चंद्रमा के आकाशीय पड़ाव

वैदिक ज्योतिष में आकाश को 27 भागों में विभाजित किया गया है।

इन्हें **नक्षत्र (Nakshatras)** कहा जाता है।

प्रत्येक नक्षत्र 13°20′ के क्षेत्र को घेरता है।

ये केवल तारों के समूह नहीं हैं, बल्कि ऊर्जा, मनोविज्ञान और कर्म के प्रतीक माने जाते हैं।

प्रमुख नक्षत्र और उनके संकेत

1. अश्विनी – आरंभ, उपचार और तीव्र गति

2. भरणी – परिवर्तन, अनुशासन और जीवन-मृत्यु का संतुलन

3. कृत्तिका – अग्नि, साहस और शुद्धिकरण

4. रोहिणी – सौंदर्य, सृजनशीलता और आकर्षण

5. मृगशिरा – जिज्ञासा, खोज और रोमांस

6. आर्द्रा – भावनात्मक परिवर्तन और तूफानी ऊर्जा

7. पुनर्वसु – पुनर्जन्म, आशा और नई शुरुआत

8. पुष्य – पोषण, आध्यात्मिकता और उदारता

9. आश्लेषा – रहस्य, सर्प ऊर्जा और गहनता

10. मघा – पूर्वजों की शक्ति और परंपरा

11. पूर्वा फाल्गुनी – प्रेम, आनंद और विलास

12. उत्तरा फाल्गुनी – मित्रता, कर्तव्य और स्थायित्व

13. हस्त – कौशल, रचनात्मकता और संचार

14. चित्रा – सौंदर्य, कला और चमक

15. स्वाती – स्वतंत्रता और लचीलापन

16. विशाखा – महत्वाकांक्षा और लक्ष्य प्राप्ति

17. अनुराधा – मित्रता, निष्ठा और सहयोग

18. ज्येष्ठा – नेतृत्व और प्रतिष्ठा

19. मूल – जड़ों तक पहुँचना और सत्य की खोज

20. पूर्वाषाढ़ा – विजय और आत्मविश्वास

21. उत्तराषाढ़ा – सत्य, धैर्य और धर्म

22. श्रवण – सुनना, सीखना और ज्ञान

23. धनिष्ठा – संगीत, समृद्धि और उत्सव

24. शतभिषा – उपचार, रहस्य और आत्मविश्लेषण

25. पूर्वाभाद्रपद – परिवर्तन और तीव्रता

26. उत्तराभाद्रपद – धैर्य और गहन बुद्धि

27. रेवती – संरक्षण, यात्राएँ और समृद्धि

4. जन्म नक्षत्र और भाग्य

वैदिक ज्योतिष के अनुसार जन्म नक्षत्र व्यक्ति के जीवन पर गहरा प्रभाव डालता है।

यह निर्धारित करता है–

• मानसिक और भावनात्मक प्रवृत्तियाँ

• स्वभाव की शक्तियाँ और कमजोरियाँ

• संबंधों में अनुकूलता

• नामकरण (Namakarana)

• शुभ मुहूर्त (Muhurta)

• दशा प्रणाली (Dasha System)

उदाहरण के लिए—

यदि किसी व्यक्ति का जन्म **रोहिणी नक्षत्र** में हुआ हो, तो उसमें कला, सौंदर्य और आकर्षण की प्रवृत्ति प्रबल हो सकती है।

लेकिन साथ ही भावनात्मक गहराई और स्वामित्व की भावना भी अधिक हो सकती है।

5. नक्षत्र और धार्मिक जीवन

भारतीय परंपरा में नक्षत्र केवल ज्योतिष तक सीमित नहीं हैं।

वे धार्मिक और सामाजिक जीवन का भी हिस्सा हैं।

इनके आधार पर निर्धारित किए जाते हैं—

• विवाह मुहूर्त

• यज्ञ और अनुष्ठान

• उपनयन संस्कार

• मंदिर प्रतिष्ठा

• कृषि कार्य

• त्योहारों का समय

यहाँ तक कि वास्तु शास्त्र (Vastu Shastra) में भी नक्षत्रों का महत्व माना गया है।

6. चंद्रमा की यात्रा का आध्यात्मिक अर्थ

वैदिक दृष्टिकोण में चंद्रमा का बढ़ना और घटना केवल खगोलीय घटना नहीं है।

यह मन की अवस्थाओं का प्रतीक है।

शुक्ल पक्ष

विकास, विस्तार और चेतना के जागरण का संकेत।

कृष्ण पक्ष

त्याग, आत्मचिंतन और भीतर लौटने का संकेत।

इसी प्रकार नक्षत्र आत्मा की यात्रा के विभिन्न पड़ावों का प्रतिनिधित्व करते हैं।

प्रत्येक नक्षत्र एक विशेष ऊर्जा और सीख का प्रतीक है।

7. नक्षत्र और पौराणिक कथाएँ

कई नक्षत्रों का संबंध भारतीय मिथकों और देवताओं से है।

रोहिणी

चंद्रमा की प्रिय पत्नी मानी जाती है।

इसी कारण यह नक्षत्र सौंदर्य और आकर्षण का प्रतीक माना जाता है।

पुष्य

देवगुरु बृहस्पति से जुड़ा हुआ।

इसे सबसे शुभ नक्षत्रों में गिना जाता है।

श्रवण

भगवान विष्णु से संबंधित।

ज्ञान और सुनने की क्षमता का प्रतीक।

इन कथाओं ने नक्षत्रों को केवल खगोलीय पहचान नहीं, बल्कि सांस्कृतिक और आध्यात्मिक अर्थ भी प्रदान किए।

8. मन ही चंद्रमा है

वैदिक दर्शन का एक सुंदर विचार है—

"जैसे चंद्रमा सूर्य का प्रकाश प्रतिबिंबित करता है, वैसे ही मन आत्मा (Atman) के प्रकाश को प्रतिबिंबित करता है।"

यदि मन अशांत हो, तो सत्य धुंधला दिखाई देता है।

यदि मन शांत हो, तो आत्मा का प्रकाश स्पष्ट रूप से अनुभव किया जा सकता है।

इसी कारण चंद्रमा को मन का अधिपति कहा गया है।

अंतिम विचार : तारों में लिखी चेतना

"नक्षत्र केवल तारों के समूह नहीं हैं। वे मानव चेतना के प्राचीन प्रतीक हैं, जो समय और कर्म की भाषा में हमसे संवाद करते हैं।"

वैदिक ज्योतिष हमें सिखाता है कि ब्रह्मांड और मनुष्य अलग नहीं हैं।

जो लय आकाश में है, वही हमारे भीतर भी है।

चंद्रमा की यात्रा हमें याद दिलाती है कि जीवन भी निरंतर परिवर्तन की प्रक्रिया है।

कभी पूर्णिमा की तरह प्रकाशमय।

कभी अमावस्या की तरह शांत और रहस्यमय।

और नक्षत्र—

वे उस यात्रा के मील के पत्थर हैं, जो हमारी आत्मा को कर्म, अनुभव और चेतना के मार्ग पर आगे बढ़ाते हैं।

"चंद्रमा को समझना केवल आकाश को समझना नहीं है— यह स्वयं को समझने की एक प्राचीन कला है।"

अध्याय 22

पश्चिमी ज्योतिष

चंद्र राशियाँ और भावनाएँ

"यदि सूर्य बताता है कि हम दुनिया के सामने कैसे दिखाई देते हैं, तो चंद्रमा यह बताता है कि हम अकेले में वास्तव में क्या महसूस करते हैं।"

1. चंद्रमा : भावनाओं का दर्पण

पश्चिमी ज्योतिष (Western Astrology) में चंद्रमा हमारे आंतरिक संसार की कुंजी माना जाता है।

जहाँ सूर्य राशि (Sun Sign) व्यक्ति की पहचान, व्यक्तित्व और बाहरी अभिव्यक्ति का प्रतिनिधित्व करती है, वहीं चंद्र राशि (Moon Sign) उसकी भावनाओं, संवेदनाओं, सुरक्षा की आवश्यकता और भीतर छिपे मनोविश्व को दर्शाती है।

सरल शब्दों में—

सूर्य बताता है कि हम कौन हैं।

चंद्रमा बताता है कि हम क्या महसूस करते हैं।

इसी कारण कई ज्योतिषी मानते हैं कि किसी व्यक्ति को वास्तव में समझने के लिए उसकी Moon Sign को जानना अत्यंत आवश्यक है।

2. चंद्र राशि कैसे निर्धारित होती है?

जन्म के समय चंद्रमा जिस राशि में स्थित होता है, वही व्यक्ति की Moon Sign कहलाती है।

चंद्रमा लगभग हर 2.5 दिन में एक राशि से दूसरी राशि में प्रवेश कर जाता है।

इसी कारण—

एक ही दिन जन्म लेने वाले दो लोगों की Moon Sign अलग हो सकती है।

यहाँ तक कि कुछ घंटों के अंतर से जन्मे जुड़वाँ बच्चों की भावनात्मक प्रकृति भी भिन्न हो सकती है।

यही कारण है कि Western Astrology में जन्म का सही समय बहुत महत्वपूर्ण माना जाता है।

3. जन्म कुंडली में चंद्रमा का महत्व

Western Natal Chart में चंद्रमा जीवन के कई महत्वपूर्ण पक्षों का प्रतिनिधित्व करता है।

भावनात्मक आवश्यकताएँ

हमें सुरक्षा और संतोष किससे मिलता है।

बचपन का अनुभव

बचपन का भावनात्मक वातावरण और पारिवारिक प्रभाव।

अंतर्ज्ञान

Gut Feeling, सहज ज्ञान और तत्काल प्रतिक्रियाएँ।

आंतरिक व्यक्तित्व

वह व्यक्ति जो हम भीतर हैं, भले ही दुनिया उसे न देख पाए।

उदाहरण के लिए—

यदि किसी का Moon Cancer में हो, तो वह अत्यंत संवेदनशील और देखभाल करने वाला हो सकता है।

जबकि Moon Aquarius वाला व्यक्ति भावनात्मक रूप से स्वतंत्र और बौद्धिक दृष्टिकोण वाला हो सकता है।

4. बारह चंद्र राशियाँ और उनकी भावनात्मक शैली

मेष (Aries Moon)

- तेज़ प्रतिक्रिया
- उत्साही और साहसी
- स्वतंत्रता की प्रबल इच्छा

वृषभ (Taurus Moon)

- स्थिर और शांत
- आराम और सुरक्षा पसंद

• भावनात्मक रूप से विश्वसनीय

मिथुन (Gemini Moon)

• जिज्ञासु और बातूनी

• भावनाओं को शब्दों में व्यक्त करने वाला

• मानसिक रूप से सक्रिय

कर्क (Cancer Moon)

• अत्यधिक संवेदनशील

• परिवार और सुरक्षा से जुड़ा

• जल्दी आहत होने वाला

सिंह (Leo Moon)

• गर्मजोशी और उदारता

• प्रशंसा और प्रेम की आवश्यकता

• भावनाओं की खुली अभिव्यक्ति

कन्या (Virgo Moon)

• विश्लेषणात्मक

• आत्म-आलोचनात्मक

• भावनाओं में व्यवस्था खोजने वाला

तुला (Libra Moon)

• संतुलन और सामंजस्य प्रिय

• विवाद से बचने वाला

• संबंधों को महत्व देने वाला

वृश्चिक (Scorpio Moon)

• गहरी भावनाएँ

• रहस्यमय स्वभाव

• अत्यधिक प्रेम और अत्यधिक क्रोध दोनों की क्षमता

धनु (Sagittarius Moon)

• आशावादी

• स्वतंत्र विचारों वाला

• भारी भावनात्मक स्थितियों से दूरी बनाने वाला

मकर (Capricorn Moon)

• अनुशासित और संयमित

• भावनाओं को नियंत्रित रखने वाला

• जिम्मेदारी को प्राथमिकता देने वाला

कुंभ (Aquarius Moon)

• भावनात्मक स्वतंत्रता

• बौद्धिक दृष्टिकोण

• सामाजिक आदर्शों से प्रेरित

मीन (Pisces Moon)

• अत्यधिक सहानुभूतिशील

• कल्पनाशील और आध्यात्मिक

• दूसरों की भावनाओं से गहराई से प्रभावित

5. चंद्र कलाएँ और मनोदशा

जैसे आकाश में चंद्रमा घटता-बढ़ता है, वैसे ही मानव भावनाएँ भी बदलती रहती हैं।

Western Astrology में चंद्र कलाओं को भावनात्मक ऊर्जा के चक्र के रूप में देखा जाता है।

New Moon

नई शुरुआत और आत्मचिंतन।

Waxing Moon

विकास, आशा और क्रियाशीलता।

Full Moon

भावनात्मक चरम बिंदु और खुलासे।

Waning Moon

त्याग, चिंतन और पुराने बोझ छोड़ने का समय।

कई आधुनिक ज्योतिषी जीवन के महत्वपूर्ण निर्णयों को इन चंद्र चरणों के साथ जोड़कर देखते हैं।

6. मनोविज्ञान और चंद्रमा

20वीं शताब्दी में कुछ मनोवैज्ञानिक ज्योतिषियों ने ज्योतिष और मनोविज्ञान को जोड़ने का प्रयास किया।

लिज़ ग्रीन (Liz Greene)

डेन रुडयार (Dane Rudhyar)

इन विद्वानों ने कार्ल युंग (Carl Jung) के विचारों को चंद्र प्रतीकों के साथ जोड़ा।

उनके अनुसार चंद्रमा केवल ग्रह नहीं है।

वह **"माता का आदर्श रूप (Mother Archetype)"** है।

यह हमारी भावनात्मक सुरक्षा, स्मृतियों और अवचेतन आदतों का प्रतीक है।

इस दृष्टिकोण से—

• बचपन के अनुभव

• भावनात्मक घाव

• लगाव की शैली

• सुरक्षा की भावना

इन सभी का अध्ययन Moon Sign के माध्यम से किया जा सकता है।

7. पश्चिमी संस्कृति में चंद्रमा का बदलता स्वरूप

इतिहास में पश्चिमी समाज ने चंद्रमा को अनेक रूपों में देखा है।

प्राचीन काल

देवियों के रूप में—

• Selene

• Luna

• Diana

वैज्ञानिक युग

खगोलीय अध्ययन का विषय।

आधुनिक New Age Movement

फिर से आध्यात्मिक और रहस्यमय प्रतीक के रूप में।

आज भी लोग—

• Moon Rituals

• Lunar Journaling

• Moonstone Crystals

• Lunar Yoga

जैसी परंपराओं में रुचि लेते हैं।

यह मानव की उस पुरानी इच्छा को दर्शाता है जो चंद्रमा के माध्यम से अपने भीतर के संसार को समझना चाहती है।

8. चंद्रमा और आत्म-खोज

Western Astrology का मानना है कि चंद्रमा हमें हमारी उन भावनाओं से परिचित कराता है जिन्हें हम अक्सर दुनिया से छिपा लेते हैं।

वह हमारी कमजोरियों को भी दिखाता है और हमारी भावनात्मक शक्ति को भी।

इसी कारण अनेक ज्योतिषी कहते हैं—

"अपने Moon Sign को समझना स्वयं को समझने की दिशा में सबसे महत्वपूर्ण कदमों में से एक है।"

अंतिम विचार : हृदय का मौन दर्पण

"चंद्रमा उन भावनाओं को जानता है जिन्हें हमारा हृदय दुनिया से छिपाने की कोशिश करता है।"

पश्चिमी ज्योतिष में चंद्रमा केवल रात के आकाश का चमकता हुआ पिंड नहीं है।

वह हमारे भीतर के संसार का प्रतिबिंब है।

वह हमारी स्मृतियों में है।

हमारी संवेदनाओं में है।

हमारी इच्छाओं और भय में है।

और शायद इसी कारण हजारों वर्षों बाद भी मनुष्य जब पूर्णिमा के चंद्रमा को देखता है, तो उसे केवल प्रकाश नहीं दिखाई देता—

उसे स्वयं का एक अंश दिखाई देता है।

"आकाश का चंद्रमा और मन का चंद्रमा अलग नहीं हैं। दोनों हमें भीतर झाँकने का निमंत्रण देते हैं।"

अध्याय 23

टैरो, रसायन विद्या और गूढ़ परंपराओं में चंद्रमा

रहस्य, स्वप्न और छिपे हुए सत्य

"चंद्रमा शब्दों में नहीं बोलता। वह प्रतीकों, स्वप्नों और छायाओं के माध्यम से संवाद करता है। जो लोग रहस्यवाद के मार्ग पर चलते हैं, वे उसकी ओर उत्तर पाने के लिए नहीं, बल्कि रहस्य को समझने के लिए देखते हैं।"

1. रहस्यवाद में चंद्रमा का स्थान

मानव इतिहास में चंद्रमा केवल विज्ञान और धर्म का विषय नहीं रहा है।

वह रहस्यवाद (Mysticism), गूढ़ ज्ञान (Occult Wisdom) और आध्यात्मिक खोज का भी प्रतीक रहा है।

जब सूर्य स्पष्टता और तर्क का प्रतिनिधित्व करता है, तब चंद्रमा कल्पना, अंतर्ज्ञान और अवचेतन मन का।

इसी कारण अनेक गुप्त परंपराओं, जादुई प्रतीकों और आध्यात्मिक साधनाओं में चंद्रमा को विशेष महत्व दिया गया।

टैरो कार्ड, रसायन विद्या (Alchemy) और गूढ़ परंपराएँ सभी चंद्रमा को मानव चेतना के उस हिस्से से जोड़ती हैं जो दिखाई नहीं देता, लेकिन गहराई से अनुभव किया जा सकता है।

2. टैरो में चंद्रमा

टैरो (Tarot) की रहस्यमयी दुनिया में **Moon Card** सबसे गूढ़ और रहस्यपूर्ण कार्डों में से एक माना जाता है।

यह Major Arcana का अठारहवाँ कार्ड (XVIII) है।

इस कार्ड में सामान्यतः दिखाई देते हैं—

• दो ऊँचे टावर

• एक कुत्ता और एक भेड़िया

• जल से बाहर निकलता हुआ एक केकड़ा (Crayfish)

• और ऊपर चमकता हुआ चंद्रमा

पहली दृष्टि में यह चित्र रहस्यमय और थोड़ा अस्थिर करने वाला प्रतीत होता है।

लेकिन प्रत्येक प्रतीक का एक गहरा अर्थ है।

दो टावर

ज्ञात और अज्ञात संसारों के बीच की सीमा।

कुत्ता और भेड़िया

सभ्यता और जंगली प्रवृत्तियों का प्रतीक।

एक नियंत्रित स्वभाव का।

दूसरा अनियंत्रित प्रकृति का।

जल से निकलता केकड़ा

अवचेतन मन की गहराइयों से उभरते विचारों और भावनाओं का प्रतीक।

Moon Card का संदेश

जब यह कार्ड सीधा (Upright) आता है, तो यह संकेत देता है—

• अंतर्ज्ञान

• स्वप्न

• छिपे हुए सत्य

• मानसिक जागरूकता

लेकिन उल्टा (Reversed) आने पर यह चेतावनी देता है—

• भ्रम

• धोखा

• भय

• मानसिक उलझन

रहस्यवादियों के लिए Moon Card स्पष्ट उत्तरों का नहीं, बल्कि अंतर्मन की आवाज़ पर भरोसा करने का प्रतीक है।

3. रसायन विद्या (Alchemy) में चंद्रमा

Alchemy प्राचीन काल की एक रहस्यमयी परंपरा थी, जिसका उद्देश्य केवल धातुओं को सोने में बदलना नहीं था।

उसका वास्तविक लक्ष्य आत्मा का रूपांतरण माना जाता था।

Alchemy में चंद्रमा का संबंध **चाँदी (Silver)** से जोड़ा गया।

जिस प्रकार सूर्य का प्रतीक सोना (Gold) था, उसी प्रकार चंद्रमा का प्रतीक चाँदी था।

सोना और चाँदी

• सोना – पूर्णता, आत्मा और दिव्य चेतना

• चाँदी – अंतर्ज्ञान, कल्पना और ग्रहणशीलता

अल्बेडो (Albedo)

Alchemy की एक महत्वपूर्ण अवस्था।

इस चरण में अंधकार (Nigredo) को शुद्ध करके प्रकाश की ओर ले जाया जाता है।

इसे अक्सर चंद्रमा के श्वेत प्रकाश द्वारा दर्शाया जाता था।

यह आग की शक्ति नहीं, बल्कि आत्मचिंतन और प्रतिबिंब की शक्ति का प्रतीक था।

बुध और चंद्रमा

Alchemy में चंद्रमा को प्रायः Mercury के साथ जोड़ा जाता था।

Mercury परिवर्तन, लचीलापन और छिपे हुए ज्ञान का प्रतीक था।

दोनों मिलकर आंतरिक रूपांतरण की प्रक्रिया का प्रतिनिधित्व करते थे।

अल्केमिस्टों के लिए चंद्रमा केवल आकाश का पिंड नहीं था।

वह आत्मा की शुद्धि का मार्गदर्शक था।

4. गूढ़ और रहस्यवादी परंपराओं में चंद्रमा

इतिहास की लगभग हर रहस्यवादी परंपरा में चंद्रमा का विशेष स्थान रहा है।

जादू और चंद्र कलाएँ

कई परंपराओं में माना जाता है कि चंद्रमा की अलग-अलग अवस्थाएँ विभिन्न प्रकार की आध्यात्मिक ऊर्जा प्रदान करती हैं।

New Moon

नई शुरुआत और संकल्प।

Waxing Moon

विकास, आकर्षण और प्रगति।

Full Moon

ऊर्जा, अभिव्यक्ति और आध्यात्मिक शक्ति।

Waning Moon

त्याग, मुक्ति और पुराने चक्रों का समापन।

यही कारण है कि अनेक अनुष्ठान चंद्र कलाओं के अनुसार किए जाते थे।

5. चंद्रमा और भविष्य दर्शन

प्राचीन रहस्यवादी परंपराओं में पानी से भरे पात्रों को चंद्रमा की रोशनी में रखकर उनमें देखने की प्रथा थी।

इसे **Scrying** कहा जाता था।

मान्यता थी कि इससे भविष्य या अवचेतन मन के संकेत दिखाई दे सकते हैं।

इसी प्रकार पूर्णिमा की रात आने वाले स्वप्नों को विशेष महत्व दिया जाता था।

कई संस्कृतियों में उन्हें भविष्यसूचक (Prophetic Dreams) माना जाता था।

6. गुप्त समाज और चंद्र प्रतीक

Hermetic और Rosicrucian जैसी रहस्यवादी परंपराओं में चंद्रमा को भौतिक और सूक्ष्म संसार के बीच का द्वार माना गया।

कब्बाला (Kabbalah)

यहूदी रहस्यवाद में चंद्रमा का संबंध **Yesod** से जोड़ा जाता है।

Yesod को जीवन-वृक्ष (Tree of Life) की वह शक्ति माना जाता है जो उच्च और निम्न लोकों के बीच सेतु का कार्य करती है।

इस प्रकार चंद्रमा आध्यात्मिक ऊर्जा के प्रवाह का प्रतीक बन जाता है।

7. रहस्यवाद में चंद्रमा इतना महत्वपूर्ण क्यों है?

सूर्य स्पष्टता देता है।

चंद्रमा प्रश्न देता है।

सूर्य तथ्य दिखाता है।

चंद्रमा अनुभव करवाता है।

सूर्य बाहरी संसार को प्रकाशित करता है।

चंद्रमा भीतर के संसार को।

रहस्यवादी, अल्केमिस्ट और साधक सदैव चंद्रमा की ओर आकर्षित रहे क्योंकि वह उन्हें याद दिलाता है कि जीवन के सभी सत्य सीधे दिखाई नहीं देते।

कुछ सत्य स्वप्नों में आते हैं।

कुछ प्रतीकों में छिपे होते हैं।

और कुछ केवल अंतर्ज्ञान से महसूस किए जा सकते हैं।

8. प्रतीकों की भाषा

रहस्यवादी परंपराओं में कहा जाता है—

"सत्य हमेशा सीधे शब्दों में नहीं बोलता।"

इसी कारण चंद्रमा को प्रतीकों की भाषा का स्वामी माना गया।

उसकी बदलती कलाएँ जीवन के परिवर्तन का प्रतीक हैं।

उसका प्रकाश आधा सच और आधा रहस्य दिखाता है।

और उसकी उपस्थिति हमें याद दिलाती है कि अज्ञात भी उतना ही महत्वपूर्ण है जितना ज्ञात।

अंतिम विचार : छायाओं के बीच चमकता सत्य

"चंद्रमा हमें उत्तर नहीं देता। वह हमें प्रश्न पूछना सिखाता है।"

टैरो, Alchemy और Occult परंपराओं में चंद्रमा हमेशा रहस्य का प्रतीक रहा है।

वह हमें तर्क से परे देखने के लिए प्रेरित करता है।

वह हमें अपने स्वप्नों, भावनाओं और अवचेतन मन की गहराइयों में उतरने का निमंत्रण देता है।

शायद इसी कारण हजारों वर्षों बाद भी लोग पूर्णिमा की रात आकाश की ओर देखते हैं और महसूस करते हैं कि वहाँ केवल प्रकाश नहीं है—

वहाँ एक रहस्य है।

एक ऐसा रहस्य जो हमें स्वयं को समझने की ओर ले जाता है।

"चंद्रमा की ओर देखना कभी-कभी आकाश को देखने से अधिक, अपने भीतर झाँकने जैसा होता है।"

टैरो का 'चंद्रमा' कार्ड : रहस्य, अंतर्ज्ञान और भ्रम का प्रतीक

कीमियागर

अध्याय 24

काला जादू, जादू-टोना और पूर्णिमा के अनुष्ठान

चाँदनी में छिपे रहस्य

"पूर्णिमा की रात चंद्रमा केवल आकाश को प्रकाशित नहीं करता, वह मानव मन के उन कोनों को भी उजागर करता है जहाँ भय, आशा, रहस्य और विश्वास साथ-साथ रहते हैं।"

1. रहस्यवाद का चाँदनी मंच

जब चंद्रमा पूर्ण रूप से प्रकाशित होकर आकाश में चमकता है, तो संसार कुछ अलग-सा प्रतीत होता है।

छायाएँ अधिक स्पष्ट दिखाई देती हैं।

रात अधिक गहरी लगती है।

और परिचित स्थान भी रहस्यमय रूप धारण कर लेते हैं।

दुनिया की अनेक प्राचीन सभ्यताओं का विश्वास था कि पूर्णिमा की रातें साधारण समय नहीं होतीं।

वे ऐसे क्षण होते हैं जब भौतिक और आध्यात्मिक संसारों के बीच की सीमाएँ कुछ हद तक धुंधली हो जाती हैं।

लोगों ने देखा कि—

• समुद्र में ज्वार ऊँचे उठते हैं

• कुछ पशु असामान्य व्यवहार करते हैं

• मानव भावनाएँ अधिक तीव्र प्रतीत होती हैं

प्राचीन समाजों ने इन घटनाओं को चंद्रमा की विशेष शक्ति से जोड़ा।

इसी कारण पूर्णिमा की रातें अनेक प्रकार के अनुष्ठानों, प्रार्थनाओं और आध्यात्मिक साधनाओं के लिए महत्वपूर्ण मानी जाने लगीं।

2. जादू-टोना और पूर्णिमा

यूरोप की लोक परंपराओं में पूर्णिमा को विशेष आध्यात्मिक ऊर्जा का समय माना जाता था।

जिन लोगों को बाद में “Witches” कहा गया, वे केवल जादूगर नहीं थे।

उनमें से कई—

• वैद्य

• जड़ी-बूटी विशेषज्ञ

• दाइयाँ

• लोक-चिकित्सक

और आध्यात्मिक मार्गदर्शक थे।

वे अपने कार्यों को चंद्रमा की कलाओं के अनुसार करते थे।

उनका विश्वास था कि चंद्रमा वृद्धि, परिवर्तन और अंतर्ज्ञान को प्रभावित करता है।

“Drawing Down the Moon”

कुछ परंपराओं में एक विशेष अनुष्ठान किया जाता था जिसमें पुजारिन प्रतीकात्मक रूप से चंद्र देवी की ऊर्जा का आह्वान करती थी।

इसका उद्देश्य आध्यात्मिक प्रेरणा, आत्मबोध और आंतरिक शक्ति प्राप्त करना था।

यह किसी अलौकिक नियंत्रण का नहीं, बल्कि आध्यात्मिक एकता का प्रतीक माना जाता था।

सामान्य उद्देश्यों वाले अनुष्ठान

• फसलों की सुरक्षा

• पशुओं का कल्याण

• प्रसव में सहायता

• जड़ी-बूटियों द्वारा उपचार

• प्रेम, सुरक्षा और मार्गदर्शन के लिए प्रतीकात्मक ताबीज

समय के साथ इन परंपराओं को लेकर अनेक गलतफहमियाँ भी उत्पन्न हुईं।

3. काला जादू : भय और विश्वास की कहानियाँ

लोककथाओं और ऐतिहासिक ग्रंथों में "Black Magic" शब्द उन प्रथाओं के लिए प्रयुक्त हुआ जिनका उद्देश्य किसी को हानि पहुँचाना, शाप देना या दूसरों की इच्छा पर प्रभाव डालना माना जाता था।

मध्यकालीन यूरोप में कुछ ग्रंथों (Grimoires) में विभिन्न अनुष्ठानों के लिए चंद्र कलाओं का उल्लेख मिलता है।

पूर्णिमा को विशेष रूप से शक्तिशाली समय माना जाता था क्योंकि विश्वास था कि उस समय मानसिक और आध्यात्मिक ऊर्जा अपने चरम पर होती है।

लोकविश्वासों में प्रचलित कथाएँ थीं—

- पूर्णिमा के नीचे दिए गए शाप
- चाँदनी में रखी गई जादुई वस्तुएँ
- विशेष स्वप्न और दर्शन

ऐतिहासिक रूप से इन कथाओं के पीछे वास्तविक घटनाओं, सामाजिक भय और कल्पनाओं का मिश्रण था।

4. लोककथाएँ : यूरोप से एशिया तक

यूरोप

मध्यकालीन गाँवों में लोग मानते थे कि चुड़ैलें पूर्णिमा की रात जंगलों में गुप्त सभाएँ करती हैं।

उल्लू, काली बिल्लियाँ और भेड़िये चंद्रमा से जुड़े प्रतीक बन गए।

भारत

भारतीय परंपरा में पूर्णिमा (Purnima) मुख्यतः पवित्र मानी जाती है।

यह उपवास, पूजा और आध्यात्मिक साधना का समय है।

हालाँकि कुछ तांत्रिक परंपराएँ भी पूर्णिमा के अवसर पर विशेष साधनाएँ करती थीं।

इन साधनाओं का उद्देश्य सामान्यतः आध्यात्मिक उन्नति होता था, लेकिन बाहरी लोगों द्वारा उन्हें अक्सर रहस्यपूर्ण या भयावह समझा गया।

दक्षिण-पूर्व एशिया

कई संस्कृतियों में पूर्णिमा को आत्माओं, पूर्वजों और अदृश्य शक्तियों से जोड़ा गया।

इन विश्वासों ने समृद्ध लोककथाओं को जन्म दिया जो आज भी जीवित हैं।

5. पूर्णिमा की दोहरी प्रकृति

चंद्रमा से जुड़ी मान्यताओं का सबसे रोचक पहलू उसकी द्वैत प्रकृति है।

एक ही पूर्णिमा—

- प्रेम और करुणा का प्रतीक बन सकती है
- या भय और रहस्य का
- उपचार का माध्यम बन सकती है
- या लोककथाओं में जादुई शक्ति का

आधुनिक Wiccan और Neo-Pagan परंपराओं में पूर्णिमा को आध्यात्मिक स्पष्टता और आत्मविकास का समय माना जाता है।

इनके अनुष्ठान प्रायः केंद्रित होते हैं—

- कृतज्ञता
- आत्मचिंतन
- भावनात्मक उपचार
- सकारात्मक संकल्पों पर

इस प्रकार चंद्रमा स्वयं अच्छा या बुरा नहीं माना जाता।

वह केवल मानव इरादों का प्रतिबिंब बन जाता है।

6. विभिन्न परंपराओं के उदाहरण

यूरोपीय चंद्र सभाएँ

ऐतिहासिक स्रोतों में ऐसे सामूहिक अनुष्ठानों का उल्लेख मिलता है जहाँ लोग नृत्य, गीत और प्रकृति के सम्मान के माध्यम से पूर्णिमा का उत्सव मनाते थे।

भारतीय तांत्रिक साधनाएँ

कुछ योगिक परंपराओं में चंद्र दर्शन और ध्यान को मानसिक शांति तथा ऊर्जा संतुलन का माध्यम माना गया।

अफ्रीकी और कैरेबियन परंपराएँ

Vodou और Santería जैसी परंपराओं में पूर्णिमा को पूर्वजों से संवाद और मार्गदर्शन प्राप्त करने का शुभ समय माना जाता है।

आधुनिक Neo-Pagan आंदोलन

आज अनेक साधक पूर्णिमा को प्रकृति, पर्यावरण और आत्म-विकास से जोड़कर देखते हैं।

7. पूर्णिमा का प्रतीकवाद

दुनिया भर की परंपराओं में कुछ समान प्रतीक बार-बार दिखाई देते हैं—

अदृश्य का प्रकाश

चाँदनी उन बातों को उजागर करती है जो सामान्यतः छिपी रहती हैं।

परिवर्तन

पूर्णिमा को रूपांतरण और नई शुरुआत से जोड़ा जाता है।

ऊर्जा का चरम

यह चंद्र चक्र का सबसे उज्ज्वल चरण है।

द्वैत

न अच्छाई पूरी तरह, न बुराई पूरी तरह।

चंद्रमा केवल प्रकाश डालता है।

निर्णय मनुष्य करता है।

8. आधुनिक संस्कृति में चंद्रमा

आज भी पूर्णिमा मानव कल्पना को प्रभावित करती है।

- Horror Films
- Fantasy Novels
- लोककथाएँ
- रहस्यपूर्ण कहानियाँ

सभी में पूर्णिमा का विशेष स्थान है।

यद्यपि आधुनिक विज्ञान अलौकिक दावों का समर्थन नहीं करता, फिर भी चंद्रमा मानव मनोविज्ञान, प्रतीकवाद और सांस्कृतिक कल्पना में गहराई से उपस्थित है।

अंतिम विचार : प्रकाश और छाया

"पूर्णिमा अंधकार पैदा नहीं करती— वह केवल उसे दिखाई देती है।"

जादू-टोना, रहस्यवाद और लोकविश्वासों की दुनिया में चंद्रमा सदैव एक दर्पण रहा है।

वह मानव के भय, इच्छाओं, आशाओं और जिज्ञासाओं को प्रतिबिंबित करता है।

कभी वह उपचार का प्रतीक बनता है।

कभी रहस्य का।

कभी श्रद्धा का।

और कभी भय का।

लेकिन शायद उसका सबसे बड़ा संदेश यही है—

कि प्रकाश और छाया दोनों हमारे भीतर मौजूद हैं।

और चंद्रमा केवल उन्हें देखने में हमारी सहायता करता है।

"चंद्रमा किसी का स्वामी नहीं है। वह केवल एक दर्पण है— जो उसके प्रकाश में खड़े व्यक्ति के मन को प्रतिबिंबित करता है।"

अध्याय 25

सूक्ष्म यात्रा (Astral Travel) और पूर्णिमा ध्यान

चंद्र प्रकाश में चेतना की यात्रा

"जब संसार पूर्णिमा की चाँदी जैसी रोशनी के नीचे सो जाता है, तब कुछ साधकों का विश्वास है कि चेतना जागती है और अदृश्य लोकों की यात्रा पर निकल पड़ती है।"

1. चंद्रमा : एक रहस्यमयी द्वार

हजारों वर्षों से रहस्यवादी, योगी, शमन और आध्यात्मिक साधक यह मानते आए हैं कि पूर्णिमा केवल एक खगोलीय घटना नहीं है।

यह एक ऐसा क्षण है जब ब्रह्मांडीय ऊर्जा विशेष रूप से सक्रिय होती है।

अनेक परंपराओं में चंद्रमा को भौतिक और सूक्ष्म संसारों के बीच एक प्रतीकात्मक सेतु माना गया है।

उनका विश्वास था कि पूर्णिमा की उज्ज्वल रोशनी मन को शांत करती है, अंतर्ज्ञान को जागृत करती है और साधक को अपने भीतर की गहराइयों तक पहुँचने में सहायता करती है।

इसी संदर्भ में "Astral Travel" या "Out-of-Body Experience (OBE)" जैसी अवधारणाएँ विकसित हुईं।

इन मान्यताओं के अनुसार चेतना या सूक्ष्म शरीर कुछ समय के लिए भौतिक शरीर की सीमाओं से परे अनुभव कर सकता है।

हालाँकि आधुनिक विज्ञान इन दावों की पुष्टि नहीं करता, फिर भी यह विचार मानव कल्पना और आध्यात्मिक इतिहास का महत्वपूर्ण हिस्सा रहा है।

2. सूक्ष्म यात्रा की प्राचीन जड़ें

प्राचीन मिस्र

मिस्र के पुरोहित मानते थे कि आत्मा शरीर से बाहर जाकर ब्रह्मांडीय लोकों का अनुभव कर सकती है।

वे चंद्र देवता Thoth को आत्मिक यात्राओं का मार्गदर्शक मानते थे।

भारतीय योग परंपरा

योग और वेदांत में "सूक्ष्म शरीर" (Sukshma Sharira) की अवधारणा मिलती है।

कई योगिक ग्रंथों में उल्लेख है कि गहरे ध्यान और साधना के दौरान साधक चेतना की विस्तृत अवस्थाओं का अनुभव कर सकता है।

पूर्णिमा को ऐसी साधनाओं के लिए विशेष रूप से अनुकूल माना गया।

यूनानी रहस्य विद्यालय

प्लेटो और पायथागोरस जैसे दार्शनिकों ने आत्मा की यात्राओं और उच्च ज्ञान की प्राप्ति का उल्लेख किया।

उनका विश्वास था कि चेतना भौतिक सीमाओं से परे भी अनुभव कर सकती है।

शमन परंपराएँ

दुनिया भर की जनजातीय संस्कृतियों में शमन ढोल, मंत्र और चंद्र प्रकाश का उपयोग करके गहन ध्यानावस्था में प्रवेश करते थे।

उनका उद्देश्य उपचार, मार्गदर्शन और आध्यात्मिक अंतर्दृष्टि प्राप्त करना होता था।

3. पूर्णिमा ध्यान की परंपराएँ

पूर्णिमा की रात अनेक आध्यात्मिक परंपराओं में विशेष ध्यान साधनाओं का समय मानी जाती है।

चंद्र त्राटक (Chandra Trataka)

साधक शांत स्थान पर बैठकर चंद्रमा को एकटक देखते हैं।

विश्वास है कि इससे मन स्थिर होता है और एकाग्रता बढ़ती है।

मंत्र जप

कई लोग पूर्णिमा पर विशेष मंत्रों का जप करते हैं।

जैसे—

"ॐ चन्द्राय नमः"

इसका उद्देश्य मानसिक शांति और आंतरिक संतुलन प्राप्त करना माना जाता है।

निर्देशित ध्यान (Guided Meditation)

कुछ साधक गहरी विश्राम अवस्था में जाकर स्वयं को प्रकाश के रूप में कल्पना करते हैं जो चंद्रमा की रोशनी में ऊपर उठ रहा है।

यह एक प्रतीकात्मक मानसिक अभ्यास है जो आत्म-अनुभूति और आंतरिक यात्रा का अनुभव प्रदान कर सकता है।

स्वप्न साधना (Dream Work)

पूर्णिमा के बाद अपने स्वप्नों को लिखना कई परंपराओं का हिस्सा रहा है।

ऐसा माना जाता है कि इस समय स्वप्न अधिक स्पष्ट और प्रतीकात्मक हो सकते हैं।

4. विज्ञान क्या कहता है?

आधुनिक विज्ञान Astral Travel को सिद्ध घटना के रूप में स्वीकार नहीं करता।

लेकिन वैज्ञानिकों ने यह अवश्य पाया है कि चंद्रमा कुछ जैविक और मनोवैज्ञानिक प्रक्रियाओं को प्रभावित कर सकता है।

अध्ययनों में देखा गया है कि—

• कुछ लोगों की नींद पूर्णिमा के समय हल्की हो सकती है।

• REM Sleep (स्वप्न अवस्था) में परिवर्तन देखा जा सकता है।

• लोग अधिक जीवंत स्वप्नों की रिपोर्ट करते हैं।

• ध्यान और शांत वातावरण मस्तिष्क को ऐसी अवस्थाओं में ले जा सकते हैं जहाँ व्यक्ति अत्यंत वास्तविक अनुभव महसूस करता है।

इसलिए कई अनुभवों को मनोवैज्ञानिक और न्यूरोलॉजिकल दृष्टिकोण से भी समझा जाता है।

5. विभिन्न संस्कृतियों की कथाएँ

यूरोपीय परंपराएँ

मध्यकालीन कथाओं में वर्णन मिलता है कि कुछ साधक पूर्णिमा की रात विशेष अनुष्ठान कर चेतना की यात्रा का प्रयास करते थे।

तिब्बती ड्रीम योग

तिब्बती बौद्ध साधना में “Dream Yoga” का अभ्यास किया जाता है।

इसमें साधक स्वप्न के दौरान भी जागरूक रहने का प्रयास करता है।

कुछ विद्वान इसे Astral Travel जैसी अवधारणाओं से जोड़कर देखते हैं।

आधुनिक आध्यात्मिक समूह

आज भी दुनिया भर में Full Moon Retreats और Meditation Circles आयोजित किए जाते हैं।

इनका उद्देश्य आत्मचिंतन, समूह ध्यान और मानसिक संतुलन प्राप्त करना होता है।

6. मानव की शाश्वत खोज

Astral Travel की अवधारणा चाहे वास्तविक हो या प्रतीकात्मक, यह मानवता की एक गहरी इच्छा को दर्शाती है—

सीमाओं से परे जाने की इच्छा।

स्वयं को बेहतर समझने की इच्छा।

और ब्रह्मांड से जुड़ने की इच्छा।

जब मनुष्य चंद्रमा को देखता है, तो वह केवल एक उपग्रह नहीं देखता।

वह अपनी जिज्ञासा, अपने सपनों और अपने अज्ञात भविष्य को देखता है।

7. चंद्रमा : आत्मा का दर्पण

कई आध्यात्मिक परंपराएँ चंद्रमा को आत्म-अन्वेषण का प्रतीक मानती हैं।

वह हमें भीतर की ओर देखने के लिए प्रेरित करता है।

वह याद दिलाता है कि सबसे लंबी यात्राएँ कभी-कभी बाहर नहीं, बल्कि भीतर की ओर होती हैं।

पूर्णिमा का ध्यान इसी आंतरिक यात्रा का एक माध्यम बन जाता है।

अंतिम विचार : जब चेतना उड़ान भरती है

"पूर्णिमा की रात जब हम आँखें बंद करते हैं, तो शायद हम कहीं दूर नहीं जाते—बल्कि स्वयं के और अधिक निकट आ जाते हैं।"

सूक्ष्म यात्राओं, रहस्यवाद और ध्यान की कहानियाँ मानव सभ्यता जितनी पुरानी हैं।

इनमें से कई दावों को विज्ञान प्रमाणित नहीं करता, फिर भी वे मानव अनुभव और आध्यात्मिक खोज का महत्वपूर्ण हिस्सा हैं।

चंद्रमा आज भी साधकों, कवियों और स्वप्नदर्शियों को प्रेरित करता है।

क्योंकि उसकी चाँदी जैसी रोशनी हमें यह याद दिलाती है कि जीवन केवल वही नहीं है जो आँखों से दिखाई देता है।

कुछ यात्राएँ मन में होती हैं।

कुछ आत्मा में।

और कुछ उन रहस्यों में, जिन्हें हम अब भी समझने का प्रयास कर रहे हैं।

"शरीर विश्राम कर सकता है, लेकिन कल्पना और चेतना की उड़ान कभी रुकती नहीं।"

अध्याय 26

शास्त्रीय साहित्य और कविता में चंद्रमा

शब्दों की दुनिया का अमर प्रेरणास्रोत

"कवि शायद चंद्रमा के जन्म का रहस्य न बता सकें, लेकिन उन्होंने उसे अनगिनत जीवन अवश्य दिए हैं।"

1. साहित्य का शाश्वत प्रेरणास्रोत

जब से मनुष्य ने पहली बार रात के आकाश की ओर देखा, तब से चंद्रमा उसकी कल्पना, भावनाओं और रचनात्मकता का साथी रहा है।

इतिहास की लगभग हर महान सभ्यता के साहित्य में चंद्रमा किसी न किसी रूप में उपस्थित दिखाई देता है।

कभी वह प्रेम का प्रतीक बनता है।

कभी विरह का।

कभी रहस्य का।

और कभी आध्यात्मिक जागरण का।

विज्ञान चंद्रमा की संरचना, उसकी कक्षा और उसकी उत्पत्ति को समझाने का प्रयास करता है।

लेकिन साहित्य ने उसे भावनाओं, स्वप्नों और मानवीय अनुभवों का रूप दे दिया।

इसी कारण कहा जा सकता है कि खगोलशास्त्र (Astronomy) चंद्रमा का अध्ययन करता है, जबकि कविता उसे अमर बना देती है।

2. यूनानी और रोमन साहित्य में चंद्रमा

प्राचीन यूनान और रोम के साहित्य में चंद्रमा केवल एक खगोलीय पिंड नहीं था।

वह देवताओं, नायकों और मनुष्यों के जीवन में सक्रिय भूमिका निभाता था।

होमर (Homer)

The Iliad और *The Odyssey* जैसे महाकाव्यों में होमर ने चंद्रमा के प्रकाश को यात्रियों और योद्धाओं का मार्गदर्शक बताया।

अंधकार और संघर्ष से भरी दुनिया में उसका प्रकाश व्यवस्था और आशा का प्रतीक था।

ओविड (Ovid)

अपनी प्रसिद्ध कृति *Metamorphoses* में ओविड ने चंद्रमा को देवी Diana (Artemis) से जोड़ा।

वह स्वतंत्रता, पवित्रता और स्त्री शक्ति का प्रतीक बनकर उभरती है।

वर्जिल और होरेस

इन रोमन कवियों ने Luna को भाग्य, कृषि, ऋतु परिवर्तन और मानव जीवन के चक्रों से जोड़ा।

उनके लिए चंद्रमा प्रकृति की लय का जीवंत प्रतीक था।

3. मध्यकालीन और फ़ारसी कविता में चंद्रमा

मध्यकालीन साहित्य में चंद्रमा अधिक आध्यात्मिक और भावनात्मक रूप धारण करता है।

दांते (Dante Alighieri)

Divine Comedy में दांते ने चंद्रमा के लोक को उन आत्माओं का स्थान बताया जो अपनी प्रतिज्ञाओं को पूरी तरह निभा नहीं सकीं।

यह मानवीय कमजोरी और अपूर्णता का प्रतीक बन जाता है।

रूमी (Rumi)

सूफी कवि रूमी के लिए चंद्रमा दिव्य प्रेम का प्रतीक था।

कभी वह प्रियतम का चेहरा बन जाता है।

कभी ईश्वर की सुंदरता का प्रतिबिंब।

रूमी की कविताओं में चंद्रमा प्रेम और आध्यात्मिकता के बीच एक पुल की तरह दिखाई देता है।

हाफ़िज़ (Hafez)

हाफ़िज़ ने चंद्रमा को सौंदर्य, प्रेम और आध्यात्मिक आनंद के प्रतीक के रूप में चित्रित किया।

उनकी रचनाओं में चंद्रमा अक्सर प्रेमी के चेहरे की उपमा बनकर उभरता है।

4. शेक्सपियर और पुनर्जागरण युग

यदि किसी अंग्रेज़ी लेखक ने चंद्रमा को सबसे अधिक प्रेम किया, तो वह थे **William Shakespeare**।

A Midsummer Night's Dream

इस नाटक में चंद्रमा प्रेम, जादू, भ्रम और परिवर्तन का मौन साक्षी है।

पूरी कहानी उसकी उपस्थिति में घटित होती है।

Romeo and Juliet

जूलियट रोमियो से कहती है—

"चंद्रमा की शपथ मत लो, क्योंकि वह हर रात बदलता रहता है।"

यहाँ चंद्रमा अस्थिरता और परिवर्तनशीलता का प्रतीक बन जाता है।

पुनर्जागरण युग के कवियों ने चंद्रमा को मानव भावनाओं का दर्पण माना।

प्रेम, ईर्ष्या, आशा, निराशा—सब कुछ उसमें दिखाई देता था।

5. रोमांटिक युग का चंद्रमा

18वीं और 19वीं शताब्दी का Romantic Era शायद साहित्य में चंद्रमा का स्वर्ण युग था।

विलियम वड्र्सवर्थ (William Wordsworth)

उन्होंने चंद्रमा को अकेले यात्रियों का साथी बताया।

प्रकृति और मानव आत्मा के बीच संवाद का माध्यम।

पर्सी बिशे शेली (Percy Bysshe Shelley)

अपनी कविता *To the Moon* में शेली चंद्रमा को एक थकी हुई लेकिन अमर आत्मा के रूप में चित्रित करते हैं।

वह मानवीय आशा और निराशा दोनों का प्रतिबिंब बन जाता है।

जॉन कीट्स (John Keats)

कीट्स ने चंद्रमा को सौंदर्य और नश्वरता से जोड़ा।

उनकी रचनाओं में चंद्रमा स्वप्न, प्रेम और अनंतता का प्रतीक है।

इस युग में चंद्रमा किसी देवी या देवता से अधिक एक संवेदनशील मित्र बन गया।

6. पूर्वी काव्य परंपराओं में चंद्रमा

जापानी हाइकु

जापान के महान कवि Matsuo Bashō ने कुछ शब्दों में ही चंद्रमा की सुंदरता को व्यक्त किया।

एक शांत तालाब, पानी की हल्की लहरें और उनमें झलकता चंद्र प्रतिबिंब—यही उनके लिए जीवन का दर्शन था।

चीनी कविता

चीन के प्रसिद्ध कवि Li Bai और Du Fu ने चंद्रमा को विरह और स्मृति का प्रतीक बनाया।

जब प्रियजन दूर होते थे, तब वही चंद्रमा उन्हें जोड़ने वाला भावनात्मक सेतु बन जाता था।

Li Bai की भावना थी—

"हम दूर हैं, लेकिन चंद्रमा एक ही है।"

संस्कृत साहित्य

भारतीय काव्य परंपरा में चंद्रमा को "शीतांशु" अर्थात शीतल किरणों वाला कहा गया है।

कालिदास

मेघदूत में कालिदास ने चंद्रमा को विरह से पीड़ित प्रेमियों का सांत्वना दाता बताया।

उसकी शीतल रोशनी दुखी हृदयों को शांति प्रदान करती है।

7. साहित्य में चंद्रमा इतना महत्वपूर्ण क्यों है?

चंद्रमा साहित्यकारों के लिए सदैव आकर्षण का केंद्र रहा क्योंकि वह कई स्तरों पर अर्थ प्रदान करता है।

भावनाओं का दर्पण

मनुष्य अपने सुख-दुःख उसमें देखता है।

समय का प्रतीक

उसकी कलाएँ जीवन के परिवर्तन को दर्शाती हैं।

प्रेम का संदेशवाहक

दूर बैठे प्रेमियों को जोड़ने वाला मौन साक्षी।

आध्यात्मिक पुल

पृथ्वी और अनंत के बीच संबंध का प्रतीक।

यही कारण है कि हर युग, हर संस्कृति और हर भाषा ने चंद्रमा को अपने ढंग से अपनाया।

8. विज्ञान और कल्पना का संगम

विज्ञान हमें बताता है कि चंद्रमा चट्टानों और धूल से बना एक प्राकृतिक उपग्रह है।

लेकिन साहित्य हमें बताता है कि वह—

- प्रेमी का साथी है
- कवि की प्रेरणा है
- यात्री का मार्गदर्शक है
- और स्वप्नदर्शी का मित्र है

दोनों दृष्टिकोण सत्य हैं।

एक बाहरी वास्तविकता को समझाता है।

दूसरा आंतरिक वास्तविकता को।

अंतिम विचार : हर पीढ़ी का अपना चंद्रमा

"हम वही चंद्रमा देखते हैं जिसे हमारे पूर्वजों ने देखा था, लेकिन हर पीढ़ी उसे नए अर्थों से भर देती है।"

सदियों से कवि, लेखक और कलाकार चंद्रमा को अपने शब्दों में जीवित रखते आए हैं।

वह कभी प्रेमिका का चेहरा बनता है।

कभी ईश्वर का प्रतीक।

कभी अकेलेपन का साथी।

और कभी आशा का दीपक।

शायद यही चंद्रमा की सबसे बड़ी विशेषता है—

वह एक साथ स्थिर भी है और बदलता हुआ भी।

ठीक मनुष्य की तरह।

"आकाश का चंद्रमा सदियों से वही है, लेकिन साहित्य ने उसे अनगिनत रूपों में जन्म दिया है। और यही उसे अमर बनाता है।"

अध्याय 27

जापानी हाइकु में चंद्रमा : कविता की प्रेरणा

"प्रकृति की बहुत कम चीज़ों ने जापानी काव्य-आत्मा को उतनी गहराई से छुआ है जितना चंद्रमा ने। हाइकु की सूक्ष्म और शांत दुनिया में चंद्रमा केवल आकाश का एक पिंड नहीं, बल्कि क्षणभंगुर सौंदर्य, मौन और भावनाओं का दर्पण है।"

1. हाइकु और क्षणभंगुरता की भावना (Mono no Aware)

जापानी सौंदर्यशास्त्र में एक महत्वपूर्ण अवधारणा है—**Mono no Aware**।

इसका अर्थ है जीवन की अस्थायी प्रकृति के प्रति एक मधुर-विषादपूर्ण जागरूकता।

दुनिया की हर सुंदर चीज़ एक दिन समाप्त हो जाती है।

चेरी के फूल कुछ ही दिनों में झर जाते हैं।

ऋतुएँ बदल जाती हैं।

और चंद्रमा भी अपनी कलाओं में निरंतर बदलता रहता है।

इसीलिए जापानी कवियों ने चंद्रमा को इस दर्शन का सबसे सुंदर प्रतीक माना।

उनके लिए चंद्रमा केवल एक दृश्य नहीं था।

वह समय, परिवर्तन और जीवन की नश्वरता का प्रतीक था।

जब कोई कवि चंद्रमा पर हाइकु लिखता था, तो वह केवल उसके आकार का वर्णन नहीं करता था।

वह उन भावनाओं को पकड़ने की कोशिश करता था जो चंद्रमा उसके भीतर जगाता था—

अकेलापन, स्मृति, प्रेम, विरह या शांति।

2. महान हाइकु कवि और उनका चंद्रमा

मात्सुओ बाशो (1644–1694)

जापान के सबसे प्रसिद्ध हाइकु कवि बाशो ने चंद्रमा को अनेक रूपों में चित्रित किया।

उनकी एक प्रसिद्ध कविता—

"Clouds now and again
give a soul some respite from
moon-viewing — and love."

इस हाइकु में बादल प्रेम और जीवन की बाधाओं का प्रतीक हैं।

जैसे बादल कुछ क्षणों के लिए चंद्रमा को छिपा देते हैं, वैसे ही जीवन की परिस्थितियाँ प्रेम को भी ढक सकती हैं।

लेकिन दोनों फिर लौट आते हैं।

योसा बुसोन (1716–1784)

बुसोन एक महान चित्रकार और कवि दोनों थे।

उनकी कविता में दृश्यात्मक सौंदर्य अद्भुत है।

"Harvest moon—
walking around the pond
all night long."

यहाँ चंद्रमा कोई दूरस्थ वस्तु नहीं है।

वह कवि का साथी बन गया है, जो पूरी रात उसके साथ चलता रहता है।

कोबायाशी इस्सा (1763–1828)

इस्सा की कविताएँ मानवीय संवेदनाओं से भरी होती हैं।

"The moon tonight—
I climb the mountain path
with the old dog."

इस कविता में चंद्रमा जीवन की यात्रा का मौन साक्षी बन जाता है।

एक बूढ़े कुत्ते के साथ पहाड़ी रास्ते पर चलते कवि के लिए वह समय और स्नेह का प्रतीक है।

3. त्सुकिमी : चंद्र-दर्शन की परंपरा

जापान में चंद्रमा को केवल कविता में नहीं, बल्कि सांस्कृतिक जीवन में भी विशेष स्थान प्राप्त है।

Tsukimi (月見) अर्थात "Moon Viewing" की परंपरा हेयान काल (794–1185) से चली आ रही है।

शरद ऋतु की पूर्णिमा पर लोग एकत्र होकर—

• चंद्र दर्शन करते थे

• कविता लिखते थे

• साके (Sake) पीते थे

• प्रकृति की सुंदरता का आनंद लेते थे

यह केवल मनोरंजन नहीं था।

यह प्रकृति के साथ सामंजस्य स्थापित करने की आध्यात्मिक साधना भी थी।

इस अवसर पर विशेष रूप से—

• Tsukimi Dango (चावल के पकवान)

• Pampas Grass

• साके

अर्पित किए जाते थे।

जापानी संस्कृति में चंद्रमा को निहारना स्वयं एक प्रकार की कविता माना जाता था।

4. हाइकु : शब्दों में कैद चाँदनी

हाइकु केवल 17 ध्वनियों (5-7-5) की कविता होती है।

इतने छोटे आकार में भी वह विशाल भावनाएँ व्यक्त कर सकती है।

हाइकु किसी कहानी को नहीं बताता।

वह एक क्षण को पकड़ता है।

जैसे—

• पानी में झलकता चंद्र प्रतिबिंब

• बर्फीली रात की नीरवता

• घटते चंद्रमा की उदासी

यह मानो शब्दों से बनाई गई एक तस्वीर हो।

5. कुछ प्रसिद्ध चंद्र हाइकु

योसा बुसोन

> "Clear autumn moon—
> pond snails are moving about
> in the thin water."

यह कविता शांति और सूक्ष्म जीवन का सुंदर चित्र प्रस्तुत करती है।

एक अज्ञात एदो कालीन कवि

> "Looking at the moon
> with the morning after eyes—
> last night's love fades."

यहाँ चंद्रमा बीते हुए प्रेम की स्मृति बन जाता है।

मात्सुओ बाशो

> "The moon's brightness—
> a thousand miles away,
> same as at home."

यह कविता बताती है कि चाहे हम कहीं भी हों, चंद्रमा हमें अपने घर और प्रियजनों से जोड़ता है।

6. जापानी कला में चंद्रमा

जापानी Ukiyo-e चित्रकला में चंद्रमा अत्यंत लोकप्रिय विषय रहा है।

इन चित्रों में अक्सर दिखाई देते हैं—

• शांत मंदिर

• दूरस्थ पर्वत

• अकेले यात्री

• झीलों में झलकता चंद्र प्रतिबिंब

इन चित्रों और हाइकु कविताओं ने मिलकर एक अनोखी "चंद्र भाषा" का निर्माण किया।

जहाँ चित्र और शब्द दोनों एक-दूसरे को पूर्ण करते हैं।

7. जापानी काव्य परंपरा का संदेश

जापानी हाइकु हमें सिखाता है कि चंद्रमा केवल खगोलीय पिंड नहीं है।

वह प्रकृति और मानव हृदय के बीच एक पुल है।

वह हमें याद दिलाता है कि—

- हर सुंदर क्षण अस्थायी है
- परिवर्तन जीवन का नियम है
- और साधारण क्षणों में भी असाधारण सौंदर्य छिपा होता है

यही Mono no Aware का सार है।

अंतिम विचार : जब चंद्रमा कविता बन जाता है

"कभी-कभी केवल एक क्षण के लिए चंद्रमा को देखना भी पूरी कविता पढ़ने जैसा होता है।"

जापानी हाइकु परंपरा ने दुनिया को सिखाया कि महान कविता हमेशा लंबे शब्दों में नहीं होती।

कभी-कभी केवल तीन पंक्तियाँ ही पूरे ब्रह्मांड को समेट सकती हैं।

चंद्रमा, जो सदियों से आकाश में चमक रहा है, हाइकु कवियों की दृष्टि में एक जीवित अनुभव बन गया।

वह मौन है, फिर भी बोलता है।

वह दूर है, फिर भी निकट लगता है।

और उसकी चाँदनी में हर कवि, हर स्वप्नद्रष्टा और हर अकेला यात्री अपने हृदय का एक अंश खोज लेता है।

"एदो जापान के हाइकु कवियों ने जो महसूस किया था, वही आज भी हम महसूस कर सकते हैं— कि चंद्रमा की एक झलक पूरे ब्रह्मांड को कविता में बदल सकती है।"

अध्याय 28

रोमांटिक कला और संगीत में चंद्रमा

प्रेम, विरह और सौंदर्य का शाश्वत प्रतीक

"पीला, शांत और अनंत प्रतीत होने वाला चंद्रमा रोमांटिक युग की कल्पना में प्रेम, विरह और सौंदर्य की आत्मा बन गया। वह ऐसी भावनाओं का प्रतीक था जिन्हें केवल शब्दों में व्यक्त करना संभव नहीं था।"

1. रोमांटिक आंदोलन और चंद्रमा

अठारहवीं शताब्दी के उत्तरार्ध और उन्नीसवीं शताब्दी में यूरोप में एक सांस्कृतिक और कलात्मक आंदोलन उभरा जिसे **Romantic Movement** कहा जाता है।

यह आंदोलन औद्योगिक क्रांति, बढ़ती मशीनों और अत्यधिक तर्कवाद (Rationalism) के विरुद्ध एक प्रतिक्रिया था।

रोमांटिक कलाकारों, कवियों और संगीतकारों ने मानव भावनाओं, प्रकृति, कल्पना और रहस्य को फिर से महत्व देना शुरू किया।

उनके लिए प्रकृति केवल अध्ययन का विषय नहीं थी।

वह आत्मा की भाषा थी।

और प्रकृति के सभी प्रतीकों में चंद्रमा का स्थान सबसे ऊँचा था।

रोमांटिक विचारधारा में चंद्रमा—

• अकेले व्यक्ति का मित्र था

• प्रेमियों का मौन साक्षी था

• स्वप्नदर्शियों का साथी था

• और उदास हृदयों का सांत्वनादाता था

2. रोमांटिक चित्रकला में चंद्रमा

कास्पर डेविड फ्रेडरिक (1774–1840)

जर्मन चित्रकार **Caspar David Friedrich** रोमांटिक कला के सबसे प्रसिद्ध नामों में से एक हैं।

उनकी पेंटिंग्स में अक्सर लोग चंद्रमा की ओर देखते हुए दिखाई देते हैं।

वे दर्शकों की ओर पीठ किए खड़े रहते हैं, मानो किसी गहरे चिंतन में खोए हों।

उनकी प्रसिद्ध पेंटिंग—

"Two Men Contemplating the Moon" (1819)

दो मित्रों को चंद्रमा की ओर निहारते हुए दिखाती है।

यह केवल एक दृश्य नहीं, बल्कि मानव और ब्रह्मांड के बीच संवाद का प्रतीक है।

जे. एम. डब्ल्यू. टर्नर (1775–1851)

Turner अपनी अद्‌भुत प्रकाश-चित्रण तकनीक के लिए प्रसिद्ध थे।

उनके चंद्रप्रकाश से जगमगाते समुद्री दृश्य प्रकृति की शांति और शक्ति दोनों को एक साथ प्रदर्शित करते हैं।

उनकी कला में चंद्रमा आशा और रहस्य दोनों का प्रतीक बन जाता है।

फ्रांसिस्को गोया (1746–1828)

गोया की रचनाएँ अक्सर रहस्यमय और गहरी होती थीं।

उनकी प्रसिद्ध कृति **"Witches' Sabbath"** में चंद्रमा एक मौन दर्शक की तरह उपस्थित है।

वह सौंदर्य और भय, दोनों को एक साथ व्यक्त करता है।

3. रोमांटिक संगीत में चंद्रमा

बीथोवेन की "Moonlight Sonata" (1801)

चंद्रमा से प्रेरित संगीत की बात हो और **Ludwig van Beethoven** का नाम न आए, यह संभव नहीं।

हालाँकि "Moonlight Sonata" नाम स्वयं बीथोवेन ने नहीं दिया था, लेकिन इस रचना का पहला भाग सुनते ही ऐसा महसूस होता है मानो शांत झील पर चंद्रमा का प्रकाश बिखर रहा हो।

इसमें एक रहस्यमय उदासी, कोमलता और गहराई है।

आज भी यह दुनिया की सबसे प्रसिद्ध पियानो रचनाओं में गिनी जाती है।

शूबर्ट की “Serenade” (1828)

Franz Schubert की रचनाओं में चंद्रमा अक्सर प्रेम और विरह का साथी बनकर आता है।

उनके गीतों में चंद्रमा प्रेमियों के मिलन और बिछड़ने का साक्षी है।

शोपाँ के “Nocturnes”

“Nocturne” का अर्थ है—रात्रिकालीन संगीत।

Frédéric Chopin की ये पियानो रचनाएँ मानो चाँदनी से भरे किसी शांत बगीचे में टहलने जैसी अनुभूति देती हैं।

इनमें कोमल भावनाएँ और गहरी संवेदनाएँ छिपी हैं।

देब्यूसी का “Clair de Lune”

हालाँकि Claude Debussy तकनीकी रूप से बाद के युग के संगीतकार थे, फिर भी उनकी रचना **“Clair de Lune”** रोमांटिक भावना से परिपूर्ण है।

इसके सुर ऐसे लगते हैं जैसे जल की सतह पर चंद्रमा की किरणें नृत्य कर रही हों।

4. भावनाओं का प्रतीक चंद्रमा

रोमांटिक कलाकारों और कवियों के लिए चंद्रमा केवल आकाशीय वस्तु नहीं था।

वह भावनाओं का जीवंत प्रतीक था।

प्रेम और आकर्षण

प्रेमी अक्सर चंद्रमा को साक्षी मानकर अपने प्रेम की शपथ लेते थे।

विरह और अकेलापन

घटता हुआ चंद्रमा आशा के क्षीण होने और बिछड़ने की पीड़ा का प्रतीक बन जाता था।

स्वप्न और रहस्य

चंद्रमा कल्पना के उन द्वारों को खोलता था जहाँ वास्तविकता समाप्त होती है और स्वप्न आरंभ होते हैं।

5. साहित्यिक प्रतिध्वनियाँ

रोमांटिक युग के अनेक कवियों ने चंद्रमा को अपनी रचनाओं का केंद्र बनाया।

Frederic L. Knowles

> "The night walked down the sky with the moon in her hand."

यह पंक्ति रात को एक जीवित पात्र बना देती है जो अपने हाथ में चंद्रमा लेकर चल रही है।

Thomas Hood

> "When I behold the skies aloft
> Passing the pageantry of dreams,
> The cloud whose bosom, cygnet-soft,
> A couch for fairy fancy seems—
> Methinks no heart should beat with care
> Against so pure a sky as this."

यह कविता चंद्रमा और आकाश की शुद्धता के माध्यम से मनुष्य को चिंता से मुक्त होने का संदेश देती है।

6. कला, कविता और संगीत का संगम

रोमांटिक युग में अनेक साहित्यिक और संगीत सभाएँ आयोजित होती थीं।

इन सभाओं में—

• कवि अपनी कविताएँ सुनाते थे

• संगीतकार Nocturnes और Sonatas बजाते थे

• कलाकार अपनी नई रचनाएँ प्रदर्शित करते थे

और इन सबके केंद्र में अक्सर चंद्रमा होता था।

वह एक साझा प्रेरणा था जिसने विभिन्न कलाओं को एक सूत्र में बाँध दिया।

7. यह अध्याय क्यों महत्वपूर्ण है?

रोमांटिक युग ने चंद्रमा को एक नई पहचान दी।

प्राचीन काल में वह देवताओं का प्रतीक था।

मध्यकाल में आध्यात्मिकता का।

लेकिन रोमांटिक युग में वह मानव भावनाओं का प्रतीक बन गया।

अब उसे पूजा नहीं जाता था।

उसे महसूस किया जाता था।

उसकी रोशनी में लोग अपने ही हृदय को पहचानते थे।

अंतिम विचार : प्रकाश और विरह का शाश्वत साथी

"आज भी जब Beethoven की Moonlight Sonata सुनाई देती है या Friedrich की पेंटिंग्स में कोई अकेला व्यक्ति चंद्रमा को निहारता दिखाई देता है, तो हम उसी जादू को महसूस करते हैं जिसे रोमांटिक कलाकारों ने दो शताब्दियों पहले महसूस किया था।"

चंद्रमा आज भी वैसा ही है जैसा सदियों पहले था।

लेकिन हर युग ने उसमें अपने भाव, अपने सपने और अपने दुख देखे हैं।

वह आकाश में चमकता हुआ एक साधारण उपग्रह नहीं रह गया।

वह मानव आत्मा का दर्पण बन गया।

> "O, swear not by the moon, the inconstant moon,
> That monthly changes in her circled orb..."
> — Shakespeare, *Romeo and Juliet*

> "Look, the moon is risen in the silver night,
> And all the stars are sleeping..."
> — Kalidasa, *Meghaduta*

> "The moon stays bright when it doesn't avoid the night."
> — Rumi

"चंद्रमा का प्रकाश केवल धरती को नहीं छूता, वह मानव हृदय की उन गहराइयों तक पहुँचता है जहाँ शब्द समाप्त हो जाते हैं और भावनाएँ आरंभ होती हैं।"

अध्याय 29

पश्चिमी लोककथाएँ – वेयरवुल्फ और लूनेसी

चंद्रमा, भय और परिवर्तन की कहानियाँ

"पूर्णिमा का चंद्रमा आकाश में उगता है और उसकी चाँदी जैसी रोशनी जंगलों तथा गाँवों पर फैल जाती है। उसी प्रकाश में जाग उठती हैं वे पुरानी कथाएँ—ऐसे जीवों की जो इंसान जैसे दिखते हैं, और ऐसे इंसानों की जो भेड़ियों की तरह हुआँ-हुआँ करते हैं।"

चाँदनी और पागलपन का संबंध

सदियों तक पश्चिमी दुनिया में चंद्रमा केवल एक खगोलीय पिंड नहीं था। वह रहस्य, परिवर्तन और भय का प्रतीक भी था।

जहाँ एशियाई संस्कृतियों में चंद्रमा को शांति, उर्वरता और आध्यात्मिकता से जोड़ा गया, वहीं मध्यकालीन यूरोप में उसके साथ कई डरावनी मान्यताएँ जुड़ गईं।

इनमें दो सबसे प्रसिद्ध अवधारणाएँ थीं—

- **Werewolves (वेयरवुल्फ)** – ऐसे मनुष्य जो पूर्णिमा की रात भेड़िये में बदल जाते थे।
- **Lunacy (लूनेसी)** – यह विश्वास कि चंद्रमा की रोशनी मनुष्य को पागल बना सकती है।

इन दोनों मान्यताओं ने सदियों तक लोगों की सोच, चिकित्सा, कानून और लोककथाओं को प्रभावित किया।

वेयरवुल्फ : रात के रूप बदलने वाले प्राणी

श्रापित भेड़िये की उत्पत्ति

वेयरवुल्फ की कहानियों की जड़ें प्राचीन यूनानी और रोमन सभ्यताओं तक जाती हैं।

ग्रीक पौराणिक कथा में **Lycaon** नामक एक राजा था जिसने देवताओं का अपमान किया। दंडस्वरूप Zeus ने उसे भेड़िये में बदल दिया।

इसी कथा से **Lycanthropy** शब्द की उत्पत्ति हुई, जिसका अर्थ है "मनुष्य का भेड़िये में रूपांतरण"।

रोमन लोगों ने भी भेड़ियों को रहस्यमय और शक्तिशाली माना।

मध्यकाल में जब ईसाई धर्म का प्रभाव बढ़ा, तब भेड़िये को शैतान और अंधकार का प्रतीक मान लिया गया। परिणामस्वरूप वेयरवुल्फ की छवि एक श्रापित आत्मा के रूप में विकसित हुई।

पूर्णिमा और रूपांतरण

मध्यकालीन यूरोप में यह विश्वास था कि वेयरवुल्फ केवल पूर्णिमा की रात ही अपना रूप बदलते हैं।

इसके पीछे कई कारण थे—

• चंद्रमा समय और ऋतुओं का प्राकृतिक संकेतक था।

• पूर्णिमा की रात अपेक्षाकृत अधिक उजली होती थी।

• लोग अक्सर भेड़ियों की हुआँ-हुआँ को चंद्रमा से जोड़ते थे।

धीरे-धीरे यह धारणा बन गई कि यदि भेड़िये चंद्रमा को देखकर पुकारते हैं, तो श्रापित मनुष्य भी उसकी पुकार का उत्तर देते होंगे।

इस प्रकार पूर्णिमा एक अलौकिक घड़ी बन गई, जो भय और रहस्य का संकेत देती थी।

यूरोप में वेयरवुल्फ मुकदमे

15वीं से 18वीं शताब्दी के बीच यूरोप में **Werewolf Trials** भी हुए।

फ्रांस, जर्मनी और स्विट्ज़रलैंड में लोगों पर वेयरवुल्फ होने के आरोप लगाए गए।

गिल्स गार्नियर (1521)

फ्रांस के **Gilles Garnier** को "Werewolf of Dole" कहा जाता था।

उस पर बच्चों की हत्या करने का आरोप लगाया गया।

यातनाओं के बाद उसने स्वयं को वेयरवुल्फ बताया और अंततः उसे मृत्युदंड दिया गया।

उस समय लोगों को वेयरवुल्फ पहचानने के लिए कुछ संकेत बताए जाते थे—

• अत्यधिक शरीर के बाल

• आपस में जुड़ी हुई भौहें

• पूर्णिमा के समय असामान्य व्यवहार

आज इतिहासकार मानते हैं कि इनमें से अधिकांश मामले अंधविश्वास, सामाजिक भय या मानसिक रोगों से जुड़े थे।

साहित्य और Pop Culture में वेयरवुल्फ

समय के साथ वेयरवुल्फ डरावनी लोककथाओं से निकलकर साहित्य और फिल्मों का हिस्सा बन गए।

• मध्यकालीन Ballads में जंगलों से दूर रहने की चेतावनी दी जाती थी।

• Gothic Literature में वेयरवुल्फ मानव की छिपी हुई इच्छाओं का प्रतीक बन गए।

• आधुनिक फिल्मों जैसे **The Wolf Man** और **An American Werewolf in London** ने पूर्णिमा और वेयरवुल्फ के संबंध को लोकप्रिय बना दिया।

आज भी TV Series, Fantasy Novels और Video Games में वेयरवुल्फ एक लोकप्रिय पात्र हैं।

लूनेसी : जब चंद्रमा मन को प्रभावित करता है

शब्द की उत्पत्ति

Lunacy शब्द लैटिन भाषा के **Luna** (Moon) से आया है।

प्राचीन समय में यह माना जाता था कि पूर्णिमा की रोशनी मनुष्य के व्यवहार को प्रभावित कर सकती है।

महान दार्शनिक **Aristotle** और विद्वान **Pliny the Elder** का मानना था कि जैसे चंद्रमा समुद्र की ज्वार-भाटा को प्रभावित करता है, वैसे ही वह मानव शरीर के द्रवों को भी प्रभावित कर सकता है।

Moon Madness की धारणा

मध्यकालीन यूरोप में मिर्गी, नींद में चलना, हिस्टीरिया और अन्य मानसिक विकारों को अक्सर "Moon Madness" कहा जाता था।

ऐसे लोगों को "Moonstruck" माना जाता था।

18वीं शताब्दी तक कुछ चिकित्सा पुस्तकों में ऐसे रोगियों को "Lunatics" कहा जाने लगा, जिनके लक्षण समय-समय पर बढ़ते और घटते थे।

कुछ मानसिक चिकित्सालयों में पूर्णिमा के दौरान रोगियों पर अधिक निगरानी रखी जाती थी।

विज्ञान क्या कहता है?

आधुनिक विज्ञान चंद्रमा और मानसिक रोगों के बीच सीधे संबंध को स्वीकार नहीं करता।

हालाँकि कुछ शोध बताते हैं कि पूर्णिमा की रोशनी नींद की गुणवत्ता को प्रभावित कर सकती है।

इसके बावजूद लोकविश्वास आज भी जीवित है—

• पुलिसकर्मी अक्सर कहते हैं कि पूर्णिमा की रातें अधिक व्यस्त होती हैं।

• Horror Movies और Crime Stories में पूर्णिमा का उपयोग रहस्य और भय पैदा करने के लिए किया जाता है।

• "Moonstruck" और "Lunatic" जैसे शब्द आज भी भाषा का हिस्सा हैं।

पश्चिमी कल्पना में पूर्णिमा का प्रतीकवाद

पश्चिमी संस्कृति में पूर्णिमा कई अर्थों का प्रतीक बन गई—

वेयरवुल्फ

मानव के भीतर छिपे पशु स्वभाव का प्रतीक।

लूनेटिक्स

मानसिक अस्थिरता और समाज के भय का प्रतीक।

चुड़ैलों की सभाएँ

लोककथाओं में माना जाता था कि जादुई शक्तियाँ पूर्णिमा में सबसे अधिक सक्रिय होती हैं।

रोमांटिक गोथिक साहित्य

कवियों और लेखकों ने पूर्णिमा को सुंदरता और भय दोनों के रूप में चित्रित किया।

इस प्रकार चंद्रमा दो विपरीत रूपों का प्रतीक बन गया—

एक ओर सौंदर्य और प्रकाश,

दूसरी ओर अंधकार और पागलपन।

प्रसिद्ध लोककथाएँ

1. पीटर स्टम्प (जर्मनी, 1589)

Peter Stumpp पर आरोप लगाया गया कि वह एक वेयरवुल्फ है जिसने अनेक लोगों की हत्या की।

यातना के बाद उसने शैतान से समझौता करने की बात स्वीकार की।

उसकी क्रूर सजा ने पूरे यूरोप में वेयरवुल्फ के भय को और बढ़ा दिया।

2. विक्टोरियन इंग्लैंड के "लूनेटिक्स"

19वीं शताब्दी के इंग्लैंड में कुछ डॉक्टरों का विश्वास था कि कुछ रोगी केवल पूर्णिमा के दौरान ही असामान्य व्यवहार करते हैं।

बाद के अध्ययनों ने स्पष्ट किया कि ये लोग वास्तव में मिर्गी, Bipolar Disorder या अन्य मानसिक स्थितियों से ग्रस्त थे।

3. फ्रांस के चाँदनी जंगल

ब्रिटनी क्षेत्र की लोककथाओं में बच्चों को चेतावनी दी जाती थी कि वे चाँदनी में न सोएँ, अन्यथा वे "आधे जानवर" बन सकते हैं।

ये कहानियाँ बच्चों को अनुशासित रखने का एक सामाजिक माध्यम भी थीं।

कला और कहानी में चंद्रमा

पश्चिमी कलाकारों ने चंद्रमा को अक्सर भय और रहस्य के साथ चित्रित किया।

- Gothic चित्रों में चंद्रमा कब्रिस्तानों पर नज़र रखता हुआ दिखाई देता है।
- Victorian उपन्यासों में पूर्णिमा अलौकिक घटनाओं का संकेत होती है।
- आधुनिक सिनेमा में वेयरवुल्फ परिवर्तन का दृश्य लगभग हमेशा पूर्णिमा के साथ दिखाया जाता है।

ये कहानियाँ आज भी क्यों जीवित हैं?

वेयरवुल्फ और लूनेसी की कथाएँ आज भी लोगों को आकर्षित करती हैं क्योंकि—

• वे हमारे छिपे हुए भय और इच्छाओं का प्रतिबिंब हैं।

• चंद्रमा का रहस्य और उसकी बदलती कलाएँ हमेशा आकर्षक रही हैं।

• मनुष्य और पशु के बीच संघर्ष आज भी हमारी मनोवैज्ञानिक कहानियों का हिस्सा है।

पूर्णिमा एक ऐसा मंच है जहाँ कल्पना, भय और रहस्य एक साथ जीवित हो उठते हैं।

अंतिम विचार : चंद्रमा, भय और कल्पना

"पूर्णिमा का चंद्रमा आज भी वैसा ही चमकता है जैसा हजारों वर्ष पहले चमकता था। अंतर केवल इतना है कि आज हम उससे डरते नहीं, बल्कि उससे जुड़ी कहानियों को विरासत के रूप में संजोते हैं।"

वेयरवुल्फ, चुड़ैलें और लूनेसी की कथाएँ हमें उस समय की याद दिलाती हैं जब रातें विज्ञान की नहीं, बल्कि कल्पना और रहस्य की थीं।

पश्चिमी लोककथाओं ने चंद्रमा को दो चेहरों वाला प्रतीक बना दिया—

सुंदर भी,

भयावह भी।

मार्गदर्शक भी,

और रहस्य का प्रहरी भी।

और शायद यही कारण है कि आज भी जब पूर्णिमा का चंद्रमा उगता है, तो मन के किसी कोने में एक हल्की-सी बेचैनी जाग उठती है...

मानो कहीं अंधेरे जंगल में कोई भेड़िया हमें देख रहा हो।

ज़ीउस द्वारा दंडित राजा

अध्याय 30

भारतीय शास्त्रीय और लोक कथाओं में चंद्रमा

भारत का शाश्वत चंद्र

"भारत में चंद्रमा केवल आकाश में चमकने वाला एक उपग्रह नहीं है। वह देवता भी है, समय का रक्षक भी, कवियों की प्रेरणा भी और लोककथाओं का प्रिय पात्र भी।"

भारतीय संस्कृति में चंद्रमा (चंद्र / सोम) का स्थान अत्यंत विशेष रहा है। पश्चिमी लोककथाओं में जहाँ चंद्रमा को अक्सर भय, रहस्य या पागलपन से जोड़ा गया, वहीं भारत में वह सौंदर्य, प्रेम, भक्ति, समय, लय और आध्यात्मिकता का प्रतीक बना।

ऋग्वेद के वैदिक मंत्रों से लेकर कालिदास की काव्य रचनाओं तक, और गाँवों में दादी-नानी द्वारा सुनाई जाने वाली कहानियों से लेकर लोकगीतों तक—चंद्रमा भारतीय जीवन का अभिन्न अंग रहा है।

I. वेदों और उपनिषदों में चंद्रमा

सोम : अमरत्व का दिव्य रस

ऋग्वेद में चंद्रमा को **सोम** के रूप में व्यक्त किया गया है।

सोम केवल एक देवता नहीं, बल्कि दिव्य अमृत का प्रतीक भी था।

वैदिक ऋषियों ने सोम को चाँदी जैसी चमक वाला, जीवनदायी और देवताओं को शक्ति प्रदान करने वाला बताया।

ऋग्वेद (9.113) में सोम की महिमा का वर्णन मिलता है—

"सोम हमें स्वास्थ्य, समृद्धि और ज्ञान प्रदान करता है।"

प्राचीन भारतीयों का विश्वास था कि चंद्रमा की घटती-बढ़ती कलाएँ देवताओं द्वारा सोम रस के सेवन का परिणाम हैं।

समय का रक्षक

यजुर्वेद और अन्य वैदिक ग्रंथों में चंद्रमा को **पुरुष (Cosmic Being)** के मन के रूप में वर्णित किया गया है।

तैत्तिरीय संहिता में चंद्रमा को समय और ऋतु चक्र का महत्वपूर्ण संकेतक माना गया है।

शुक्ल पक्ष

विकास, ऊर्जा और वृद्धि का प्रतीक।

कृष्ण पक्ष

अंतर्मुखता, विश्राम और आत्मचिंतन का प्रतीक।

इस प्रकार चंद्रमा भारतीय जीवन में समय और धार्मिक अनुष्ठानों का आधार बन गया।

II. पुराणों में चंद्रदेव

चंद्रदेव का स्वरूप

पुराणों में चंद्रमा को एक सुंदर, तेजस्वी और युवा देवता के रूप में वर्णित किया गया है।

उनका रथ दस श्वेत अश्वों अथवा एक मृग द्वारा खींचा जाता है।

माता-पिता

महर्षि अत्रि और माता अनसूया।

विवाह

प्रजापति दक्ष की 27 पुत्रियों से, जो 27 नक्षत्रों का प्रतिनिधित्व करती हैं।

रोहिणी और दक्ष का श्राप

चंद्रदेव अपनी पत्नियों में से रोहिणी को सबसे अधिक प्रेम करते थे।

इस पक्षपात से क्रोधित होकर दक्ष ने उन्हें क्षीण होने का श्राप दिया।

बाद में भगवान शिव की कृपा से यह श्राप आंशिक रूप से समाप्त हुआ।

इसी कारण चंद्रमा घटता और बढ़ता है।

यह कथा केवल नैतिक शिक्षा ही नहीं देती, बल्कि चंद्रमा की कलाओं की भी सुंदर व्याख्या करती है।

चंद्रशेखर शिव

भगवान शिव के मस्तक पर सुशोभित अर्धचंद्र भारतीय संस्कृति के सबसे प्रसिद्ध प्रतीकों में से एक है।

यहाँ—

चंद्रमा = समय

शिव = समय से परे अनंत सत्ता

इस प्रकार शिव के मस्तक पर चंद्रमा का होना मृत्यु और समय पर विजय का प्रतीक माना जाता है।

समुद्र मंथन और चंद्रमा

समुद्र मंथन के दौरान निकले चौदह रत्नों में चंद्रमा भी एक था।

देवताओं ने उसे भगवान शिव को अर्पित किया।

तभी से चंद्रमा शिव का अलंकार बन गया।

III. रामायण और महाभारत में चंद्रमा

रामायण

महर्षि वाल्मीकि ने श्रीराम के मुख की तुलना अनेक बार पूर्णिमा के चंद्रमा से की है।

सीता के विरह प्रसंगों में चंद्रमा एक भावनात्मक साथी बनकर उपस्थित होता है।

जब वे राम से दूर होती हैं, तो चाँदनी रातें उनके हृदय में स्मृतियों की लहरें जगा देती हैं।

यहाँ चंद्रमा **विरह रस** का प्रतीक बन जाता है।

महाभारत

महाभारत में चंद्रमा का संबंध बुध ग्रह से जोड़ा गया है।

चंद्र और तारा के पुत्र **बुध** को ग्रहों और ज्योतिष परंपरा का महत्वपूर्ण पात्र माना गया है।

इस प्रकार महाभारत खगोलीय और पौराणिक कथाओं को एक सूत्र में जोड़ता है।

IV. संस्कृत साहित्य में चंद्रमा

कालिदास और चंद्रमा

यदि भारतीय साहित्य में किसी कवि ने चंद्रमा का सबसे अधिक और सबसे सुंदर वर्णन किया है, तो वे हैं **महाकवि कालिदास**।

मेघदूत

विरह में डूबा यक्ष चंद्रमा को देखकर अपनी प्रिय की याद करता है।

चाँदनी उसके प्रेम और पीड़ा दोनों को और गहरा कर देती है।

कुमारसंभव

पार्वती की सुंदरता की तुलना पूर्ण चंद्रमा से की गई है।

कालिदास के लिए चंद्रमा प्रेम, सौंदर्य और आध्यात्मिकता का संगम था।

जयदेव का गीतगोविंद

गीतगोविंद में श्रीकृष्ण को "चंद्रमुख" कहा गया है।

राधा की प्रतीक्षा, प्रेम और विरह का वर्णन अक्सर चाँदनी रातों के माध्यम से किया गया है।

तमिल संगम साहित्य

दक्षिण भारत के प्राचीन संगम साहित्य में चंद्रमा प्रेम और आंतरिक भावनाओं का प्रतीक है।

दूर बसे प्रेमी अक्सर चंद्रमा को अपना संदेशवाहक मानते हैं।

V. भारतीय लोक परंपराओं में चंद्रमा

लोरियाँ और लोकगीत

भारत के गाँवों में चंद्रमा बच्चों का प्रिय साथी रहा है।

महाराष्ट्र में बच्चे सुनते हैं—

"चांदोबा चांदोबा भागलास का?"

उत्तर भारत में—

"चंदा मामा दूर के..."

बंगाल में—

"चांद मामा..."

इन गीतों में चंद्रमा किसी दूरस्थ ग्रह की तरह नहीं, बल्कि परिवार के सदस्य की तरह दिखाई देता है।

त्योहार और कृषि

कोजागिरी पूर्णिमा

पूर्णिमा की रात चंद्रमा की पूजा कर समृद्धि की कामना की जाती है।

करवाचौथ

विवाहित महिलाएँ चंद्रमा के दर्शन के बाद अपना व्रत खोलती हैं।

छठ पूजा

यद्यपि यह सूर्य पूजा है, फिर भी अस्त होते और उदित होते चंद्रमा को भी विशेष सम्मान दिया जाता है।

VI. जनजातीय कथाएँ और लोकविश्वास

गोंड जनजाति

गोंड लोककथाओं में चंद्रमा और सूर्य को पति-पत्नी के रूप में चित्रित किया जाता है।

उनकी कलाकृतियों में चंद्रमा की कलाएँ इस संबंध का प्रतीक हैं।

संथाल समुदाय

संथाल कथाओं में चंद्रमा रात्रि यात्रियों का रक्षक माना जाता है।

कुछ अनुष्ठानों में उससे बुरी शक्तियों से रक्षा की प्रार्थना की जाती है।

पूर्वोत्तर भारत

नागालैंड और अन्य क्षेत्रों की लोककथाएँ महिलाओं की प्रजनन क्षमता और कृषि चक्र को चंद्रमा से जोड़ती हैं।

कई समुदाय आज भी बुवाई और कटाई के समय चंद्र चक्रों का ध्यान रखते हैं।

VII. भारतीय पर्वों में चंद्रमा

भारतीय त्योहारों का एक बड़ा भाग चंद्रमा पर आधारित है।

होली पूर्णिमा

ऋतु परिवर्तन का संकेत।

गुरु पूर्णिमा

ज्ञान और गुरु के प्रति समर्पण का पर्व।

शरद पूर्णिमा

अमृत वर्षा की रात्रि मानी जाती है।

बुद्ध पूर्णिमा

भगवान बुद्ध का जन्म, ज्ञान प्राप्ति और महापरिनिर्वाण—तीनों पूर्णिमा से जुड़े हैं।

VIII. भावनात्मक और मनोवैज्ञानिक प्रतीक

भारतीय परंपरा में चंद्रमा अनेक भावनाओं का प्रतीक है—

प्रेम और विरह

कविता और लोकगीतों का सबसे प्रिय विषय।

शांति और सुकून

लोरियों और भक्ति गीतों में शीतलता का प्रतीक।

अनुशासन और समय

व्रत, पर्व और अनुष्ठान चंद्र चक्रों के अनुसार निर्धारित होते हैं।

आध्यात्मिकता

योगी और साधक पूर्णिमा की रात को विशेष साधना का समय मानते हैं।

अंतिम विचार : भारत का अमर चंद्र

"भारतीय चंद्रमा कोई ठंडा और दूरस्थ उपग्रह नहीं है। वह देवता भी है, रिश्तेदार भी, कवि की प्रेरणा भी और गाँव के बच्चे का मित्र भी।"

वैदिक सोम से लेकर पुराणों के चंद्रदेव तक,

कालिदास की कविताओं से लेकर जनजातीय गीतों तक,

और करवाचौथ से लेकर शरद पूर्णिमा तक—

चंद्रमा भारतीय जीवन की हर परत में समाया हुआ है।

जहाँ पश्चिमी लोककथाओं में चंद्रमा भय और रहस्य का प्रतीक बन गया, वहीं भारत में उसने प्रेम, भक्ति, सौंदर्य और जीवन की लय को प्रकाशित किया।

"भारत के आकाश में चमकता चंद्रमा केवल रात को रोशन नहीं करता—वह हजारों वर्षों की संस्कृति, स्मृतियों और भावनाओं को भी प्रकाशित करता है।" 🌕

भारतीय शास्त्रीय और लोक कथाओं में चंद्रमा

अध्याय 31

आर्यभट्ट, वराहमिहिर और भारतीय चंद्र मॉडल

भारत की वैज्ञानिक विरासत और चंद्रमा

"जब दुनिया के अनेक हिस्सों में चंद्रमा को केवल देवताओं और मिथकों की दृष्टि से देखा जा रहा था, तब भारत के गणितज्ञ और खगोलविद उसकी गति, कलाओं और ग्रहणों को गणनाओं और अवलोकनों के माध्यम से समझने का प्रयास कर रहे थे।"

प्रस्तावना : भारतीय खगोल विज्ञान और चंद्रमा

चंद्रमा सदियों से भारतीय चिंतकों, ऋषियों और वैज्ञानिकों के लिए आकर्षण का विषय रहा है।

वह केवल रात का प्रकाश स्रोत नहीं था, बल्कि समय मापने का साधन, पंचांग का आधार, कृषि का मार्गदर्शक और खगोलीय गणनाओं का महत्वपूर्ण केंद्र भी था।

प्राचीन भारत में **ज्योतिष शास्त्र (Jyotisha Shastra)** दो प्रमुख शाखाओं में विकसित हुआ—

• **गणित ज्योतिष (Astronomy)** – ग्रहों और तारों की वास्तविक गति का अध्ययन।

• **होरा शास्त्र (Astrology)** – मानव जीवन पर ग्रहों के प्रभावों की व्याख्या।

समय के साथ धार्मिक अनुष्ठानों के लिए बनाए गए पंचांग गणितीय खगोल विज्ञान में विकसित हुए, और इसी यात्रा में आर्यभट्ट, वराहमिहिर तथा अन्य महान विद्वानों ने महत्वपूर्ण योगदान दिया।

I. आर्यभट्ट (476–550 ईस्वी)

भारतीय खगोल विज्ञान के अग्रदूत

जीवन परिचय

आर्यभट्ट का जन्म प्राचीन **कुसुमपुर (वर्तमान पटना)** में हुआ माना जाता है।

499 ईस्वी में उन्होंने अपना प्रसिद्ध ग्रंथ **आर्यभटीय (Aryabhatiya)** लिखा, जिसने भारतीय और विश्व खगोल विज्ञान की दिशा बदल दी।

चंद्रमा संबंधी सिद्धांत

पृथ्वी का घूर्णन

आर्यभट्ट ने यह विचार प्रस्तुत किया कि पृथ्वी अपनी धुरी पर घूमती है।

यह उस समय के लिए अत्यंत क्रांतिकारी विचार था।

हालाँकि उन्होंने पृथ्वी की सूर्य के चारों ओर परिक्रमा का सिद्धांत नहीं दिया, फिर भी यह वैज्ञानिक सोच में एक बड़ा कदम था।

चंद्रमा की कलाओं की व्याख्या

आर्यभट्ट ने बताया कि चंद्रमा स्वयं प्रकाश उत्पन्न नहीं करता।

वह सूर्य के प्रकाश को परावर्तित करता है।

इस प्रकार उन्होंने चंद्रमा की कलाओं (Phases) को वैज्ञानिक आधार पर समझाया।

चंद्र मास की गणना

आर्यभट्ट द्वारा की गई गणनाएँ आश्चर्यजनक रूप से सटीक थीं।

Sidereal Month (नाक्षत्र मास)

आर्यभट्ट का मान: **27.321 दिन**

आधुनिक मान: **27.321661 दिन**

Synodic Month (चंद्र मास)

आर्यभट्ट का मान: **29.5306 दिन**

आधुनिक मान: **29.53059 दिन**

इतनी सटीक गणना आधुनिक उपकरणों के बिना करना अद्भुत उपलब्धि थी।

ग्रहण की वैज्ञानिक व्याख्या

आर्यभट्ट ने उस समय प्रचलित राहु-केतु द्वारा चंद्रमा को निगलने वाली मान्यता को खारिज किया।

उन्होंने स्पष्ट कहा कि—

चंद्र ग्रहण पृथ्वी की छाया के कारण होता है।

यह भारतीय विज्ञान के इतिहास में एक महत्वपूर्ण मील का पत्थर था।

गणितीय उपलब्धियाँ

आर्यभट्ट ने—

- π (Pi) का मान लगभग 3.1416 निकाला।
- त्रिकोणमिति (Trigonometry) का उपयोग किया।
- चंद्रमा की दूरी और गति का गणितीय विश्लेषण किया।

वैश्विक प्रभाव

आर्यभटीय का अरबी भाषा में अनुवाद हुआ।

इसका प्रभाव इस्लामी खगोल विज्ञान और बाद में यूरोपीय मध्यकालीन Astronomy पर पड़ा।

उनकी गणनाएँ अनेक देशों के पंचांग और कैलेंडर सुधारों में उपयोग की गईं।

II. वराहमिहिर (505–587 ईस्वी)

विज्ञान और संस्कृति का संगम

जीवन परिचय

वराहमिहिर का जन्म उज्जैन में हुआ, जो उस समय भारत का प्रमुख खगोलीय केंद्र था।

उनकी प्रसिद्ध कृति **बृहत्संहिता (Brihat Samhita)** विज्ञान, ज्योतिष, मौसम, वास्तु और संस्कृति का विशाल विश्वकोश मानी जाती है।

चंद्रमा संबंधी योगदान

नक्षत्र प्रणाली का विस्तार

वराहमिहिर ने चंद्रमा की गति को 27 नक्षत्रों से व्यवस्थित रूप से जोड़ा।

आज भी हिंदू पंचांग और वैदिक ज्योतिष में यही प्रणाली प्रयुक्त होती है।

पंचांग सुधार

उन्होंने—

• तिथियों की गणना सुधारी

• ग्रहणों की भविष्यवाणी को अधिक सटीक बनाया

• अतिरिक्त महीनों (Adhik Maas) की गणना को व्यवस्थित किया

इससे किसानों, राजाओं और धार्मिक संस्थानों को लाभ मिला।

चंद्रमा और मौसम

वराहमिहिर ने चंद्रमा के आधार पर वर्षा और कृषि संबंधी पूर्वानुमान विकसित किए।

उनके लिए चंद्रमा केवल वैज्ञानिक अध्ययन का विषय नहीं था।

वह समाज और सभ्यता के संचालन का भी साधन था।

उनकी विरासत

वराहमिहिर ने गणित, खगोल विज्ञान, मौसम विज्ञान और ज्योतिष को एकीकृत किया।

उन्होंने चंद्रमा को वैज्ञानिक तथा सांस्कृतिक दोनों दृष्टियों से महत्व दिया।

III. अन्य भारतीय विद्वान और चंद्र मॉडल

ब्रह्मगुप्त (598–668 ईस्वी)

ब्रह्मगुप्त ने आर्यभट्ट की कई गणनाओं को और अधिक सटीक बनाया।

उन्होंने चंद्र ग्रहणों की गणना के लिए बेहतर समीकरण प्रस्तुत किए।

भास्कराचार्य (1114–1185 ईस्वी)

उनकी प्रसिद्ध कृति **सिद्धांत शिरोमणि** में चंद्रमा की गति और स्थिति का विस्तृत वर्णन मिलता है।

उन्होंने—

• चंद्रमा की Parallax पर चर्चा की

• चंद्रमंडल की अवधारणा को विकसित किया

केरल गणितीय परंपरा

14वीं से 16वीं शताब्दी के बीच केरल के विद्वानों ने चंद्रमा की गति की गणनाओं में महत्वपूर्ण प्रगति की।

माधव संगमग्राम

उन्होंने Infinite Series विकसित कीं, जिन्हें आधुनिक Calculus का पूर्वज माना जाता है।

इनका उपयोग चंद्रमा और ग्रहों की गति के अध्ययन में भी किया गया।

IV. विज्ञान और मिथक का संतुलन

भारतीय परंपरा की एक अनूठी विशेषता यह रही कि यहाँ विज्ञान और मिथक साथ-साथ विकसित हुए।

एक ओर आर्यभट्ट ग्रहणों की वैज्ञानिक व्याख्या कर रहे थे।

दूसरी ओर सामान्य जनमानस राहु-केतु की कथा में विश्वास रखता था।

दोनों परंपराएँ समानांतर रूप से जीवित रहीं—

• सिद्धांत (Science)

• पुराण (Mythology)

यही भारतीय ज्ञान परंपरा की विशिष्टता है।

V. भारतीय चंद्र विज्ञान का वैश्विक प्रभाव

इस्लामी खगोल विज्ञान

आर्यभट्ट और ब्रह्मगुप्त के ग्रंथों का अरबी में अनुवाद हुआ।

इनसे इस्लामी Lunar Calendar की गणनाओं को बेहतर बनाने में सहायता मिली।

चीन पर प्रभाव

तांग राजवंश के दौरान भारतीय खगोलीय सिद्धांत चीन पहुँचे।

वहाँ के विद्वानों ने भारतीय चंद्र गणनाओं का अध्ययन किया।

यूरोप तक यात्रा

अरबी अनुवादों के माध्यम से भारतीय गणनाएँ यूरोप पहुँचीं।

अप्रत्यक्ष रूप से उन्होंने मध्यकालीन यूरोपीय खगोल विज्ञान को प्रभावित किया।

VI. भारतीय जीवन में व्यावहारिक उपयोग

भारतीय समाज में चंद्रमा केवल अध्ययन का विषय नहीं था।

उसका प्रत्यक्ष उपयोग जीवन के अनेक क्षेत्रों में होता था।

कृषि

बुवाई और कटाई के समय चंद्र कलाओं का ध्यान रखा जाता था।

त्योहार

- दिवाली – अमावस्या
- होली – पूर्णिमा
- गुरु पूर्णिमा – पूर्ण चंद्र

मंदिर और अनुष्ठान

पंचांग चंद्र चक्रों पर आधारित रहा।

आयुर्वेद

कुछ उपचार और औषधीय प्रक्रियाएँ चंद्र अवस्थाओं के अनुसार निर्धारित की जाती थीं।

अंतिम विचार : भारत की चंद्र विरासत

"आर्यभट्ट ने चंद्रमा को गणित की दृष्टि से समझाया, वराहमिहिर ने उसे संस्कृति से जोड़ा, और बाद के विद्वानों ने उसकी गणनाओं को और अधिक परिष्कृत किया।"

भारतीय चंद्र मॉडल केवल भारत तक सीमित नहीं रहे।

उन्होंने अरब जगत, चीन और यूरोप तक ज्ञान का प्रकाश पहुँचाया।

आज भी जब हम पंचांग देखते हैं, तिथि की गणना करते हैं या चंद्र ग्रहण की वैज्ञानिक व्याख्या पढ़ते हैं, तब कहीं न कहीं हम आर्यभट्ट और वराहमिहिर की विरासत से जुड़े होते हैं।

चंद्रमा आज भी वही है।

लेकिन उसे समझने की हमारी यात्रा में भारतीय विद्वानों का योगदान अमर है।

"आकाश में चमकता चंद्रमा प्रकृति की देन है, पर उसे समझने का विज्ञान मानव बुद्धि की विजय है।"

अध्याय 32

गैलीलियो गैलिली के चंद्र रेखाचित्र

खगोल विज्ञान में एक ऐतिहासिक मोड़

"गैलीलियो से पहले चंद्रमा को एक पूर्ण, चिकना और दिव्य गोला माना जाता था। लेकिन एक दूरबीन और जिज्ञासु मन ने इस धारणा को हमेशा के लिए बदल दिया।"

प्रस्तावना : पूर्णता के मिथक से वास्तविकता तक

सदियों तक यूरोप में यह विश्वास प्रचलित था कि चंद्रमा और अन्य खगोलीय पिंड पूर्ण, दोषरहित और दिव्य हैं।

यह विचार मुख्यतः **अरस्तू (Aristotle)** और **टॉलेमी (Ptolemy)** की खगोलीय अवधारणाओं पर आधारित था। चर्च भी इसी मत का समर्थन करता था।

लोग मानते थे कि पृथ्वी अपूर्ण है, जबकि आकाश और उसके पिंड पूर्णता के प्रतीक हैं।

लेकिन 1609–1610 में एक इतालवी वैज्ञानिक ने इस विश्वास की नींव हिला दी।

उसका नाम था — **गैलीलियो गैलिली (Galileo Galilei)।**

I. दूरबीन और गैलीलियो की जिज्ञासा

गैलीलियो ने दूरबीन का आविष्कार नहीं किया था, लेकिन उन्होंने उसकी क्षमता को कई गुना बढ़ा दिया।

उन्होंने ऐसी Lens तैयार कीं जो वस्तुओं को लगभग 20 गुना बड़ा दिखा सकती थीं।

1609 के अंत में उन्होंने अपनी दूरबीन आकाश की ओर मोड़ी।

और फिर...

उन्होंने चंद्रमा को देखा।

जो उन्होंने देखा, वह उनके लिए भी चौंकाने वाला था।

एक नया संसार

दूरबीन में चंद्रमा किसी चिकने गोले जैसा नहीं दिख रहा था।

वहाँ दिखाई दे रहे थे—

• ऊँचे पर्वत

• गहरी घाटियाँ

• अनियमित किनारे

• रहस्यमय गड्ढे

• प्रकाश और छाया के जटिल पैटर्न

उसी क्षण मानव इतिहास में पहली बार किसी व्यक्ति ने समझा—

"चंद्रमा एक वास्तविक भू-दृश्य (Landscape) है, कोई पूर्ण क्रिस्टलीय गोला नहीं।"

II. चंद्रमा का चेहरा चित्रित करना

गैलीलियो केवल देखने तक सीमित नहीं रहे।

उन्होंने जो देखा, उसे सावधानीपूर्वक चित्रों में उतारा।

उनके द्वारा बनाए गए रेखाचित्र (Sketches) मानव इतिहास के सबसे महत्वपूर्ण वैज्ञानिक चित्रों में गिने जाते हैं।

प्रकाश और छाया की भाषा

उन्होंने देखा कि चंद्रमा की सतह पर कुछ क्षेत्र उजले थे और कुछ गहरे।

इनका अध्ययन करके उन्होंने अनुमान लगाया कि वहाँ—

• पर्वत हैं

• मैदान हैं

• घाटियाँ हैं

• विशाल अवसाद (Depressions) हैं

उन्होंने विशेष रूप से उस रेखा का अध्ययन किया जहाँ प्रकाश और अंधकार मिलते हैं।

इसे आज **Terminator Line** कहा जाता है।

पर्वतों की ऊँचाई की गणना

गैलीलियो ने केवल चित्र नहीं बनाए।

उन्होंने गणित का प्रयोग भी किया।

प्रकाश और छाया की लंबाई मापकर उन्होंने चंद्र पर्वतों की ऊँचाई का अनुमान लगाया।

कुछ पर्वतों की ऊँचाई उन्होंने लगभग 4 मील तक आँकी।

यह उस समय के लिए आश्चर्यजनक वैज्ञानिक उपलब्धि थी।

इटली के पर्वतों से तुलना

गैलीलियो ने चंद्र पर्वतों की तुलना इटली की प्रसिद्ध **Apennine Mountains** से की।

उन्हें लगा कि चंद्रमा और पृथ्वी के भू-दृश्य में कई समानताएँ हैं।

III. पूर्णता के मिथक का अंत

गैलीलियो के अवलोकनों ने एक प्राचीन विश्वास को चुनौती दी।

अरस्तू के अनुसार आकाशीय संसार—

• पूर्ण था

• अपरिवर्तनीय था

• दिव्य पदार्थ “Aether” से बना था

लेकिन गैलीलियो के चित्र कुछ और ही कहानी बता रहे थे।

चंद्रमा पृथ्वी जैसा है

यदि चंद्रमा पर पर्वत, घाटियाँ और गड्ढे हैं—

तो वह पृथ्वी की तरह एक वास्तविक दुनिया है।

इस विचार ने कई नए प्रश्न खड़े कर दिए—

• क्या अन्य ग्रह भी पृथ्वी जैसे हैं?

• क्या पृथ्वी वास्तव में ब्रह्मांड का केंद्र है?

• क्या मानव ब्रह्मांड में अकेला नहीं है?

इन प्रश्नों ने आधुनिक खगोल विज्ञान की नींव रखी।

IV. वैज्ञानिक पद्धति का उदय

गैलीलियो का सबसे बड़ा योगदान केवल खोज नहीं था।

उनकी सबसे बड़ी उपलब्धि थी—

अवलोकन (Observation) + गणित (Mathematics) + प्रमाण (Evidence)

उन्होंने दिखाया कि सत्य केवल दार्शनिक विचारों से नहीं, बल्कि प्रत्यक्ष प्रमाणों से भी खोजा जा सकता है।

यही आधुनिक Scientific Method की शुरुआत थी।

V. Sidereus Nuncius – एक क्रांतिकारी पुस्तक

मार्च 1610 में गैलीलियो ने अपनी प्रसिद्ध पुस्तक प्रकाशित की—

Sidereus Nuncius (*The Starry Messenger*)

यह पुस्तक पूरे यूरोप में चर्चा का विषय बन गई।

पुस्तक में क्या था?

इसमें शामिल थे—

• चंद्रमा के विस्तृत रेखाचित्र

• बृहस्पति (Jupiter) के चार बड़े उपग्रहों की खोज

• नग्न आँखों से अदृश्य हजारों तारों का विवरण

• दूरबीन आधारित खगोलीय अवलोकन

यह इतिहास की पहली पुस्तकों में से थी जिसमें Telescope Observations प्रकाशित किए गए थे।

VI. विरोध और विवाद

गैलीलियो की खोजों को सभी ने स्वीकार नहीं किया।

विशेष रूप से चर्च और अरस्तूवादी विद्वानों ने इसका विरोध किया।

अविश्वास की प्रतिक्रिया

कुछ विद्वानों ने कहा—

• दूरबीन भ्रम पैदा करती है।

• चंद्रमा पर दिखने वाली असमानताएँ केवल Optical Illusions हैं।

• आकाशीय पिंड पूर्ण ही हैं।

कुछ लोग तो गैलीलियो की दूरबीन में देखने तक को तैयार नहीं थे।

उन्हें डर था कि वास्तविकता उनके विश्वासों को चुनौती दे सकती है।

लेकिन प्रमाण मजबूत थे

जितने अधिक लोगों ने दूरबीन से चंद्रमा देखा, उतना ही स्पष्ट होता गया कि गैलीलियो सही थे।

सत्य को अधिक समय तक दबाया नहीं जा सका।

VII. भविष्य के विज्ञान पर प्रभाव

गैलीलियो के चंद्र चित्रों ने विज्ञान की दिशा बदल दी।

चंद्र विज्ञान की शुरुआत

पहली बार चंद्रमा को एक वास्तविक भौतिक वस्तु के रूप में देखा गया।

यहीं से Lunar Science का जन्म हुआ।

Planetary Geology की नींव

आज ग्रहों और उपग्रहों की सतहों का जो अध्ययन किया जाता है, उसकी शुरुआत गैलीलियो के अवलोकनों से मानी जाती है।

प्रेरणा का स्रोत

उनकी पद्धति ने प्रेरित किया—

• जोहानेस केपलर

• आइज़ैक न्यूटन

• एडमंड हेली

• आधुनिक खगोलविदों

और अंततः NASA तथा अन्य अंतरिक्ष एजेंसियों तक।

VIII. दार्शनिक विरासत

गैलीलियो के चंद्र रेखाचित्र केवल वैज्ञानिक चित्र नहीं थे।

वे मानव सोच में एक क्रांति के प्रतीक थे।

उन्होंने दर्शाया—

• अंधविश्वास पर अवलोकन की विजय

• दर्शन पर प्रमाण की विजय

• कल्पना पर वास्तविकता की विजय

एक नया ब्रह्मांड

उनकी खोजों ने मानवता को यह समझाया कि ब्रह्मांड रहस्यमय अवश्य है, लेकिन उसे समझा जा सकता है।

वह केवल देवताओं का क्षेत्र नहीं, बल्कि अध्ययन और खोज का भी क्षेत्र है।

निष्कर्ष : जब चंद्रमा पहली बार सचमुच देखा गया

"जब गैलीलियो ने अपनी दूरबीन चंद्रमा की ओर घुमाई, तब उन्होंने केवल एक खगोलीय पिंड नहीं देखा — उन्होंने मानव ज्ञान के एक नए युग का द्वार खोल दिया।"

चंद्रमा अब कोई दिव्य, चिकना और पूर्ण गोला नहीं रहा।

वह पर्वतों, घाटियों और गड्ढों से भरी एक वास्तविक दुनिया बन गया।

आज जब अंतरिक्ष यान चंद्रमा की सतह पर उतरते हैं, जब वैज्ञानिक उसके खनिजों का अध्ययन करते हैं, तब उस यात्रा की शुरुआत हमें गैलीलियो की छोटी-सी दूरबीन तक ले जाती है।

उनके बनाए हुए रेखाचित्र आज भी वैज्ञानिक इतिहास के सबसे महत्वपूर्ण दस्तावेजों में गिने जाते हैं।

गैलीलियो का प्रसिद्ध कथन

"The surface of the Moon is not smooth, uniform, and precisely spherical, as a great number of philosophers believe it... but, on the contrary, it is uneven, rough, and crowded with depressions and bulges, just like the surface of the Earth."

— Galileo Galilei, Sidereus Nuncius (1610)

"उस रात गैलीलियो ने केवल चंद्रमा को नहीं देखा था। उन्होंने मानवता को यह सिखाया था कि सत्य को देखने के लिए कभी-कभी केवल एक नई दृष्टि की आवश्यकता होती है।"

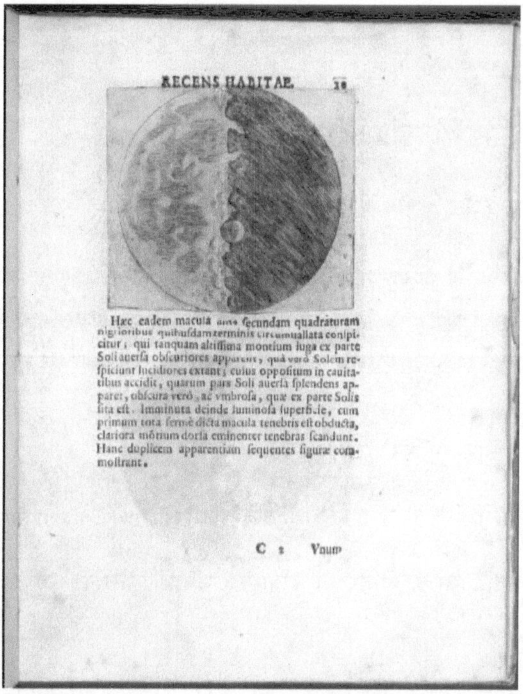

RECENS HABITAE. 10

Hæc eadem macula ante secundam quadraturam nigrioribus quibusdam terminis circumuallata conspicitur; qui tanquam altissima montium iuga ex parte Soli auersa obscuriores apparent, quà verò Solem respiciunt lucidiores extant; cuius oppositum in cauitatibus accidit, quarum pars Soli auersa splendens apparet, obscura verò, ac vmbrosa, quæ ex parte Solis sita est. Imminuta deinde luminosa superficie, cum primum tota fermè dicta macula tenebris est obducta, clariora môtium dorsa eminenter tenebras scandunt. Hanc duplicem apparentiam sequentes figuræ commonstrant.

C 2 Vnum

अध्याय 33

इस्लामी खगोलविद और चंद्र मॉडल

जब चंद्रमा बना आस्था और विज्ञान के बीच एक सेतु

"जब यूरोप अभी भी अरस्तू की पारंपरिक ब्रह्मांडीय धारणाओं से बंधा हुआ था, तब इस्लामी जगत में वैज्ञानिक जिज्ञासा नए आयाम छू रही थी। चंद्रमा केवल धार्मिक कैलेंडर का आधार नहीं था, बल्कि वह एक वैज्ञानिक रहस्य भी था, जिसे समझने के लिए विद्वान रात-दिन आकाश का अध्ययन कर रहे थे।"

प्रस्तावना : इस्लामी स्वर्ण युग और चंद्रमा

8वीं से 15वीं शताब्दी के बीच का काल इस्लामी इतिहास में **Islamic Golden Age** के नाम से जाना जाता है।

इस अवधि में बगदाद, दमिश्क, काहिरा, कॉर्डोबा और समरकंद जैसे नगर ज्ञान और अनुसंधान के प्रमुख केंद्र बन गए।

यहाँ के विद्वानों ने यूनानी, भारतीय और फारसी ज्ञान को एकत्रित कर उसे आगे विकसित किया।

चंद्रमा उनके लिए विशेष महत्व रखता था क्योंकि इस्लाम में कई धार्मिक गतिविधियाँ चंद्र चक्रों पर आधारित हैं—

• रमज़ान का आरंभ

• ईद का निर्धारण

• हिजरी कैलेंडर

• हिलाल (नए चाँद) का अवलोकन

इसी कारण चंद्रमा का अध्ययन केवल जिज्ञासा नहीं, बल्कि धार्मिक आवश्यकता भी था।

I. इस्लामी स्वर्ण युग में खगोल विज्ञान

अब्बासी खलीफाओं ने बगदाद में एक महान ज्ञान केंद्र स्थापित किया—

बैतुल हिक्मा (Bayt al-Hikma)

House of Wisdom

यहाँ यूनानी, भारतीय और फारसी ग्रंथों का अरबी भाषा में अनुवाद किया गया।

विशेष रूप से—

- टॉलेमी की *Almagest*
- भारतीय *सिद्धांत ग्रंथ*
- फारसी *Zij* (खगोलीय सारणियाँ)

का गहन अध्ययन हुआ।

1258 ईस्वी में मंगोल आक्रमण के दौरान बगदाद का विनाश हुआ और कहा जाता है कि हजारों पुस्तकें टिगरिस नदी में फेंक दी गईं।

फिर भी वहाँ विकसित वैज्ञानिक परंपरा मानव इतिहास में अमर हो गई।

धार्मिक आवश्यकताएँ

इस्लामी खगोल विज्ञान केवल सैद्धांतिक नहीं था।

इसके व्यावहारिक उद्देश्य भी थे—

- नमाज़ (Salat) के समय निर्धारित करना
- क़िबला (मक्का की दिशा) ज्ञात करना
- हिजरी कैलेंडर बनाना
- चंद्र महीनों की शुरुआत तय करना

II. अल-ख्वारिज़्मी और प्रारंभिक चंद्र सारणियाँ

मुहम्मद इब्न मूसा अल-ख्वारिज़्मी

(780–850 ई.)

अल-ख्वारिज़्मी को आधुनिक गणित और खगोल विज्ञान के महान अग्रदूतों में गिना जाता है।

उन्होंने एक महत्वपूर्ण खगोलीय सारणी तैयार की—

Zij al-Sindhind

यह भारतीय और फारसी खगोलीय ज्ञान पर आधारित थी।

चंद्रमा संबंधी योगदान

उन्होंने विभिन्न चंद्र चक्रों की गणना की—

- Synodic Month (पूर्ण चंद्र चक्र)
- Sidereal Month (नाक्षत्र चक्र)
- Anomalistic Month (निकटतम और दूरस्थ स्थितियों का चक्र)

इन गणनाओं से नए चंद्रमा की भविष्यवाणी अधिक सटीक हुई।

वैश्विक प्रभाव

उनके नाम से ही "Algorithm" शब्द विकसित हुआ।

उनकी रचनाएँ बाद में यूरोप पहुँचीं और वहाँ के वैज्ञानिक विकास को प्रभावित किया।

III. अल-बत्तानी

चंद्र कक्षाओं के महान सुधारक

अल-बत्तानी (858–929 ई.)

यूरोप में उन्हें **Albatenius** के नाम से जाना गया।

उन्होंने टॉलेमी के चंद्र मॉडल में कई महत्वपूर्ण सुधार किए।

प्रगुख उपलब्धियाँ

उन्होंने—

- सौर वर्ष की लंबाई अधिक सटीक मापी

• चंद्रमा की कक्षा के झुकाव (Inclination) का बेहतर मान दिया

• चंद्रमा के Apogee की स्थिति का अध्ययन किया

चंद्रमा का बदलता आकार

अल-बत्तानी ने समझाया कि चंद्रमा का दिखाई देने वाला आकार उसकी अंडाकार (Elliptical) कक्षा के कारण बदलता है।

यह Lunar Anomalies को समझने की दिशा में महत्वपूर्ण कदम था।

कोपरनिकस पर प्रभाव

लगभग 700 वर्ष बाद निकोलस कोपरनिकस ने अपनी रचनाओं में अल-बत्तानी का उल्लेख किया।

यह उनकी वैज्ञानिक प्रतिष्ठा का प्रमाण है।

V. इब्न यूनुस और विशाल अवलोकन

इब्न यूनुस (950–1009 ई.)

काहिरा के महान खगोलविद इब्न यूनुस ने अत्यंत बड़े खगोलीय उपकरणों का उपयोग किया।

संभवतः उन्होंने विशाल **Mural Quadrant** का प्रयोग किया।

दस हजार से अधिक अवलोकन

उन्होंने—

• सूर्य की गति

• चंद्रमा की स्थिति

• ग्रहणों के विवरण

का दस हजार से अधिक बार रिकॉर्ड तैयार किया।

ग्रहण भविष्यवाणी

उनकी गणनाएँ इतनी सटीक थीं कि वे अपने युग के सर्वश्रेष्ठ Eclipse Predictors में गिने जाते हैं।

V. चंद्रमा और इस्लामी धार्मिक जीवन

इस्लाम में नए चाँद (Hilal) का विशेष महत्व है।

रमज़ान, ईद और अन्य धार्मिक अवसरों का निर्धारण चंद्रमा के आधार पर होता है।

एक महत्वपूर्ण बहस

इस्लामी विद्वानों के बीच प्रश्न उठा—

क्या केवल प्रत्यक्ष अवलोकन पर्याप्त है?

या गणितीय गणनाएँ भी स्वीकार की जानी चाहिए?

दो दृष्टिकोण

धार्मिक विद्वान (Jurists)

• प्रत्यक्ष दर्शन को प्राथमिकता देते थे।

खगोलविद (Astronomers)

• गणनाओं और Lunar Tables का समर्थन करते थे।

इस बहस ने इस्लामी खगोल विज्ञान को विशिष्ट दिशा प्रदान की।

VI. अल-बिरूनी

दार्शनिक और वैज्ञानिक

अल-बिरूनी (973–1048 ई.)

अल-बिरूनी इतिहास के सबसे बहुमुखी विद्वानों में से एक थे।

उन्होंने गणित, भूगोल, इतिहास और खगोल विज्ञान में महत्वपूर्ण कार्य किया।

चंद्रमा पर अध्ययन

उन्होंने विस्तार से वर्णन किया—

• चंद्र कलाएँ

• ग्रहण

• Parallax

• चंद्र दूरी

पृथ्वी का घूर्णन

उन्होंने यह संभावना व्यक्त की कि पृथ्वी अपनी धुरी पर घूमती है।

यह विचार उस समय अत्यंत साहसिक माना जाता था।

गैलीलियो से पहले

अल-बिरूनी ने यह भी संकेत दिया कि चंद्रमा पर पर्वत और घाटियाँ हो सकती हैं।

यह विचार गैलीलियो के दूरबीन अवलोकनों से कई शताब्दियों पहले प्रस्तुत किया गया था।

VII. नासिर अल-दीन अल-तुसी

Tusi Couple का आविष्कार

अल-तुसी (1201–1274 ई.)

उन्होंने 1259 में फारस के प्रसिद्ध **Maragha Observatory** की स्थापना की।

Tusi Couple

उन्होंने एक गणितीय युक्ति विकसित की जिसे आज **Tusi Couple** कहा जाता है।

यह वृत्तीय गति से रैखिक दोलन (Linear Oscillation) उत्पन्न करने की विधि थी।

महत्व

इससे टॉलेमी के चंद्र मॉडल की कई समस्याएँ हल हुईं।

बाद में कोपरनिकस ने भी इसी सिद्धांत का उपयोग किया।

VIII. उलुग बेग और समरकंद वेधशाला

उलुग बेग (1394–1449 ई.)

वे एक राजकुमार होने के साथ-साथ महान खगोलविद भी थे।

उन्होंने समरकंद में मध्यकालीन विश्व की सबसे बड़ी वेधशालाओं में से एक का निर्माण कराया।

Zij-i Sultani

उनकी प्रसिद्ध खगोलीय सारणी में—

• चंद्रमा

• ग्रहों

• तारों

की अत्यंत सटीक गणनाएँ शामिल थीं।

विशाल उपकरण

उन्होंने विशाल Sextants और Quadrants का उपयोग किया।

इनकी सहायता से चंद्रमा की गति का अत्यंत सूक्ष्म अध्ययन संभव हुआ।

IX. यूरोप पर प्रभाव

इस्लामी विद्वानों के कार्य बाद में स्पेन और सिसिली के माध्यम से यूरोप पहुँचे।

अनुवाद आंदोलन

यूरोपीय विद्वानों ने अरबी ग्रंथों का लैटिन में अनुवाद किया।

विशेष रूप से—

• Gerard of Cremona

• Michael Scot

जैसे अनुवादकों ने इस ज्ञान को पश्चिमी दुनिया तक पहुँचाया।

वैज्ञानिक क्रांति की नींव

कोपरनिकस, केप्लर और गैलीलियो जैसे वैज्ञानिकों ने प्रत्यक्ष या अप्रत्यक्ष रूप से इस्लामी खगोल विज्ञान से लाभ उठाया।

बगदाद में विकसित चंद्र मॉडल अंततः यूरोपीय Scientific Revolution का हिस्सा बन गए।

निष्कर्ष : चंद्रमा, आस्था और विज्ञान का संगम

"इस्लामी खगोलविदों ने केवल प्राचीन ज्ञान को संरक्षित नहीं किया, बल्कि उसे सुधारकर नई ऊँचाइयों तक पहुँचाया।"

उन्होंने—

- टॉलेमी की त्रुटियाँ सुधारीं
- चंद्रमा की गति को अधिक सटीक समझा
- गणितीय मॉडल विकसित किए
- वेधशालाओं की स्थापना की
- भविष्य की वैज्ञानिक क्रांति की नींव रखी

उनके लिए चंद्रमा केवल धार्मिक कैलेंडर का रक्षक नहीं था।

वह एक वैज्ञानिक चुनौती भी था, जिसे समझने के लिए उन्होंने गणित, अवलोकन और तर्क का सहारा लिया।

यदि इन विद्वानों का योगदान न होता, तो संभव है कि गैलीलियो और बाद के वैज्ञानिकों की यात्रा कहीं अधिक कठिन होती।

"चंद्रमा की ओर उठी उनकी दृष्टि केवल आस्था की नहीं थी—वह ज्ञान की खोज थी, जिसने दुनिया को बदल दिया।"

चित्र : महान गणितज्ञ एवं खगोलशास्त्री अल-ख़्वारिज़्मी की (अनुमानित) 1200वीं जयंती के सम्मान में 6 सितंबर 1983 को जारी सोवियत डाक टिकट।

उज़्बेक राष्ट्रीय संग्रहालय में उलुग बेग वेधशाला का मॉडल

अध्याय 34

यूरोपीय चंद्र मानचित्र और नौवहन

रहस्यमय चंद्रमा से मापे गए खगोलीय संसार तक

"कभी चंद्रमा मिथकों, देवताओं और कल्पनाओं का प्रतीक था। लेकिन यूरोप के खोज युग में वही चंद्रमा नाविकों, वैज्ञानिकों और मानचित्रकारों के लिए दिशा दिखाने वाला मार्गदर्शक बन गया।"

प्रस्तावना : खोजों का युग और चंद्रमा

16वीं और 17वीं शताब्दी में यूरोप **Age of Exploration** के दौर से गुजर रहा था।

समुद्री यात्री नए व्यापारिक मार्ग खोज रहे थे, जबकि खगोलविद आकाश की अधिक सटीक समझ विकसित कर रहे थे।

इस समय चंद्रमा को केवल एक रहस्यमय खगोलीय पिंड के रूप में नहीं, बल्कि एक वैज्ञानिक उपकरण के रूप में देखा जाने लगा।

सटीक **Lunar Maps**, खगोलीय गणनाएँ और चंद्रमा की स्थिति समुद्री यात्रा, समय मापन और नौवहन (Navigation) के लिए अत्यंत महत्वपूर्ण बन गईं।

यहीं से चंद्रमा की कहानी मिथकों से निकलकर विज्ञान और मानचित्रण की दुनिया में प्रवेश करती है।

I. प्रारंभिक यूरोपीय चंद्र मानचित्र

गैलीलियो से पहले

1600 ईस्वी से पहले यूरोप में चंद्रमा के चित्र मुख्यतः धार्मिक पांडुलिपियों और कलात्मक रचनाओं में मिलते थे।

इन चित्रों में चंद्रमा—

• समय का प्रतीक था

• स्त्रीत्व का प्रतीक था

• दिव्य व्यवस्था का प्रतीक था

लेकिन उसकी वास्तविक सतह के बारे में बहुत कम जानकारी थी।

गैलीलियो के बाद

1610 में गैलीलियो ने दूरबीन से चंद्रमा का अवलोकन किया।

उन्होंने पहली बार स्पष्ट रूप से देखा—

• पर्वत

• गड्ढे (Craters)

• मैदान

• घाटियाँ

अब कलाकारों और खगोलविदों ने चंद्रमा को व्यवस्थित रूप से चित्रित करना शुरू किया।

हालाँकि गैलीलियो के चित्र वैज्ञानिक दृष्टि से महत्वपूर्ण थे, फिर भी वे पूरी तरह मानचित्र (Map) नहीं थे।

II. प्रथम वास्तविक चंद्र मानचित्र

(i) माइकल वान लैंग्रेन

Langrenus Map (1645)

फ्लेमिश इंजीनियर और मानचित्रकार **Michael van Langren** ने 1645 में पहला नामांकित चंद्र मानचित्र प्रकाशित किया।

विशेषताएँ

उन्होंने चंद्रमा के गड्ढों और पर्वतों को नाम दिए।

अधिकांश नाम—

• कैथोलिक संतों

• राजाओं

• धार्मिक व्यक्तियों

के नाम पर रखे गए।

उदाहरण के लिए—

आज जिसे **Mare Crisium** कहा जाता है, उसे उन्होंने स्पेन के राजा फिलिप चतुर्थ के सम्मान में **Mare Philippicum** नाम दिया था।

राजनीति और खगोल विज्ञान

उनका मानचित्र केवल वैज्ञानिक दस्तावेज नहीं था।

यह कैथोलिक प्रभाव को आकाश तक पहुँचाने का एक राजनीतिक प्रयास भी माना जाता है।

(ii) जोहानेस हेवेलियस

Selenographia (1647)

पोलैंड के महान खगोलविद **Johannes Hevelius** को अक्सर

"Father of Lunar Cartography"

कहा जाता है।

विस्तृत मानचित्रण

उन्होंने अपनी दूरबीन की सहायता से चंद्रमा के अत्यंत विस्तृत नक्शे तैयार किए।

उनकी विशेषता थी कि उन्होंने पृथ्वी की भौगोलिक शैली का उपयोग किया।

नामकरण प्रणाली

उन्होंने चंद्र क्षेत्रों को नाम दिए जैसे—

• Montes Apenninus

• Mare Tranquillitatis

• Montes Alpes

उनके लिए चंद्रमा एक नए महाद्वीप जैसा था, जिसे खोजा और मापा जाना था।

Selenography

हेवेलियस ने चंद्रमा के मानचित्रण विज्ञान के लिए एक नया शब्द दिया—

Selenography

जिसका अर्थ है—

"चंद्रमा का वैज्ञानिक मानचित्रण"

(iii) जियोवानी बतिस्ता रिकिओली

Almagestum Novum (1651)

इटली के जेसुइट खगोलविद **Giovanni Battista Riccioli** ने एक नई नामकरण प्रणाली विकसित की।

आज भी उपयोग में

उन्होंने गड्ढों को वैज्ञानिकों और दार्शनिकों के नाम दिए।

उदाहरण—

• Plato

• Archimedes

• Copernicus

• Tycho

• Kepler

Mare प्रणाली

चंद्रमा के अंधकारमय क्षेत्रों को उन्होंने "Mare" (Sea) कहा।

जैसे—

• Mare Imbrium

• Mare Serenitatis

• Mare Tranquillitatis

आज भी NASA और वैज्ञानिक समुदाय यही प्रणाली उपयोग करते हैं।

III. नौवहन में चंद्रमा की भूमिका

17वीं और 18वीं शताब्दी में समुद्री यात्रियों के सामने सबसे बड़ी समस्या थी—

Longitude (देशांतर) ज्ञात करना

Latitude ज्ञात करना अपेक्षाकृत आसान था।

लेकिन समुद्र में Longitude मापना अत्यंत कठिन था।

समाधान : चंद्रमा

वैज्ञानिकों ने पाया कि चंद्रमा की स्थिति का उपयोग समय और स्थान निर्धारण के लिए किया जा सकता है।

Lunar Distance Method

यह तकनीक 16वीं शताब्दी में प्रस्तावित हुई और 18वीं शताब्दी में अत्यधिक विकसित हुई।

यह कैसे काम करती थी?

नाविक मापते थे—

• चंद्रमा और किसी तारे के बीच कोणीय दूरी

या

• चंद्रमा और किसी ग्रह के बीच दूरी

फिर Nautical Tables की सहायता से वे Greenwich Time निकालते थे।

इससे Longitude निर्धारित हो जाता था।

सटीक मानचित्रों की आवश्यकता

यह तकनीक तभी संभव थी जब—

• चंद्रमा के सटीक मानचित्र उपलब्ध हों

• उसकी गति का सही अनुमान लगाया जा सके

इसलिए Lunar Mapping और Navigation का गहरा संबंध था।

IV. प्रमुख यूरोपीय योगदान

टोबियास मेयर (1750s)

जर्मन खगोलविद **Tobias Mayer** ने अत्यंत सटीक Lunar Tables तैयार कीं।

उपलब्धि

उनकी गणनाओं की सहायता से नाविक Longitude को लगभग आधे डिग्री की सटीकता से निर्धारित कर सकते थे।

Longitude Prize
ब्रिटिश संसद ने उनकी उपलब्धियों को सम्मानित किया।

उन्हें प्रसिद्ध **Longitude Prize** से संबंधित पुरस्कार प्रदान किया गया।

रॉयल ग्रीनविच वेधशाला

स्थापना : 1675

इंग्लैंड के राजा चार्ल्स द्वितीय द्वारा स्थापित।

मुख्य उद्देश्य

चंद्रमा की गति की अधिक सटीक गणना विकसित करना।

यहाँ कार्य करने वाले प्रमुख वैज्ञानिकों में शामिल थे—

• John Flamsteed

• Nevil Maskelyne

Nautical Almanac

1767 से ब्रिटेन ने वार्षिक **Nautical Almanac** प्रकाशित करना शुरू किया।

इसमें क्या होता था?

• चंद्रमा की स्थिति

• तारों की स्थिति

• Lunar Distance Tables

• Navigation Data

लगभग एक शताब्दी तक यह विश्वभर के नाविकों का सबसे महत्वपूर्ण उपकरण बना रहा।

V. यूरोपीय कला और अन्वेषण में चंद्रमा

17वीं और 18वीं शताब्दी में चंद्रमा केवल वैज्ञानिक रुचि का विषय नहीं था।

वह कला और खोज अभियानों का भी प्रतीक बन गया।

Celestial Globes

खगोलीय गोलों और एटलसों में चंद्रमा को विस्तार से चित्रित किया जाने लगा।

अन्वेषण का प्रतीक

जैसे यूरोपीय शक्तियाँ नए महाद्वीपों का मानचित्रण कर रही थीं, वैसे ही वे आकाश का भी मानचित्रण करना चाहती थीं।

चंद्रमा उनके लिए अंतिम अज्ञात सीमांत (Frontier) जैसा था।

VI. मानचित्रण से चंद्र विज्ञान तक

इन प्रारंभिक मानचित्रों ने भविष्य के कई वैज्ञानिक क्षेत्रों की नींव रखी।

Planetary Geology

पहली बार चंद्रमा को एक वास्तविक भू-दृश्य माना गया।

इससे ग्रहों और उपग्रहों की सतहों के अध्ययन का जन्म हुआ।

आधुनिक अंतरिक्ष अन्वेषण

20वीं शताब्दी में Apollo मिशनों के दौरान अंतरिक्ष यात्रियों ने जिन चंद्र मानचित्रों का उपयोग किया, वे इन्हीं प्रारंभिक प्रयासों की उन्नत संतान थे।

मिथक से विज्ञान तक

Langrenus, Hevelius और Riccioli के कार्यों ने चंद्रमा को—

• मिथकों से बाहर निकाला

• कला से विज्ञान की ओर लाया

• कल्पना से मापन की दुनिया में प्रवेश कराया

निष्कर्ष : जब चंद्रमा एक मापा गया संसार बना

"कभी चंद्रमा केवल रात का रहस्यमय दीपक था। लेकिन यूरोपीय वैज्ञानिकों और मानचित्रकारों ने उसे एक वास्तविक, मापने योग्य और अध्ययन योग्य संसार में बदल दिया।"

चंद्र मानचित्रों ने—

• नौवहन को सुरक्षित बनाया

• वैज्ञानिक सटीकता बढ़ाई

• आधुनिक खगोल विज्ञान की नींव मजबूत की

• अंतरिक्ष अन्वेषण का मार्ग प्रशस्त किया

इन मानचित्रों की कहानी केवल चंद्रमा की कहानी नहीं है।

यह मानव जिज्ञासा, साहस और खोज की कहानी है।

वही जिज्ञासा जिसने समुद्रों को पार कराया...

और वही जिज्ञासा जिसने एक दिन मनुष्य को चंद्रमा तक पहुँचा दिया।

"पृथ्वी के महासागरों से लेकर चंद्रमा की घाटियों तक, मानवता की यात्रा हमेशा एक ही प्रश्न से प्रेरित रही है — आगे क्या है?"

चित्र : प्रसिद्ध खगोलशास्त्री योहानेस हेवेलियस का चित्र

चित्रकार : डैनियल शुल्त्स

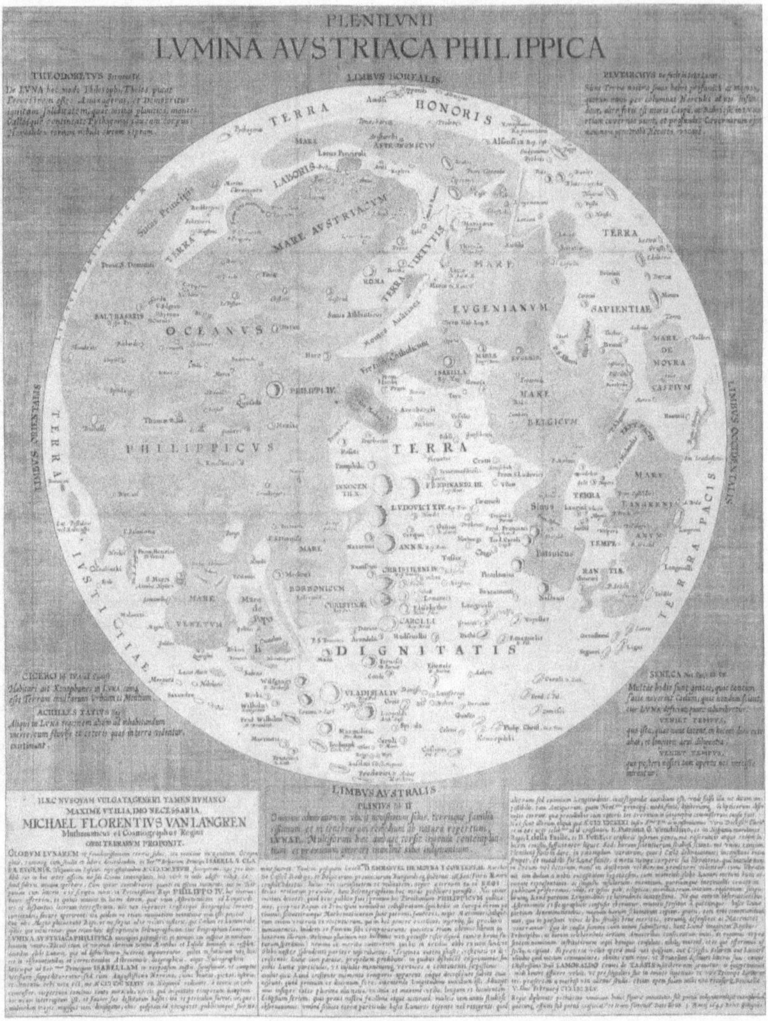

चित्र : 1645 ईस्वी में खगोलशास्त्री माइकल वान लैंग्रेन द्वारा अपने ग्रंथ *प्लेनिलूनी लुमिना ऑस्ट्रियाका फिलिपिका* में प्रकाशित चंद्रमा का मानचित्र। यह चंद्र सतह के नामकरण और मानचित्रण के प्रारम्भिक प्रयासों में से एक था।

अध्याय 35

ज्योतिष बनाम खगोल विज्ञान

मध्य युग का महान बौद्धिक विवाद

"तारे केवल आकाश में चमकते हुए प्रकाश बिंदु नहीं थे। कुछ लोगों के लिए वे भाग्य के संकेत थे, तो कुछ के लिए गणित और विज्ञान की पहेली। मध्य युग में इन्हीं दो दृष्टिकोणों के बीच एक लंबी बहस चली, जिसने आधुनिक विज्ञान की दिशा तय की।"

प्रस्तावना : एक ही जड़ से जन्मी दो परंपराएँ

आज के समय में **Astrology (ज्योतिष)** और **Astronomy (खगोल विज्ञान)** को दो अलग-अलग क्षेत्रों के रूप में देखा जाता है।

एक को अधिकांश वैज्ञानिक *Pseudoscience* मानते हैं, जबकि दूसरे को आधुनिक विज्ञान की महत्वपूर्ण शाखा माना जाता है।

लेकिन मध्य युग में स्थिति बिल्कुल अलग थी।

दोनों की उत्पत्ति एक ही स्रोत से हुई थी।

प्राचीन बेबीलोन, यूनान, भारत और फारस में लोग आकाश का अध्ययन कई कारणों से करते थे—

• समय मापने के लिए

• मौसम का अनुमान लगाने के लिए

• कृषि की योजना बनाने के लिए

• धार्मिक अनुष्ठानों के लिए

• और मानव भाग्य को समझने के लिए

इसलिए एक ही व्यक्ति अक्सर ज्योतिषी भी होता था और खगोलविद भी।

मध्य युग (लगभग 500–1500 ईस्वी) वह दौर था जब इन दोनों के बीच अंतर धीरे-धीरे स्पष्ट होने लगा।

I. मध्य युग से पहले की पृष्ठभूमि

बेबीलोनियन परंपरा

लगभग 2000 ईसा पूर्व से मेसोपोटामिया के पुजारी ग्रहों और तारों की स्थितियाँ दर्ज कर रहे थे।

वे ग्रहणों और ग्रहों की युतियों (Conjunctions) को राजाओं और साम्राज्यों के भविष्य से जोड़ते थे।

उनके लिए खगोल विज्ञान और ज्योतिष एक ही ज्ञान प्रणाली के दो पहलू थे।

यूनानी योगदान

यूनानी विद्वान **क्लॉडियस टॉलेमी (Ptolemy)** ने दो महत्वपूर्ण ग्रंथ लिखे—

- *Almagest* – खगोल विज्ञान
- *Tetrabiblos* – ज्योतिष

उनके अनुसार ज्योतिष कोई अंधविश्वास नहीं था, बल्कि खगोल विज्ञान का स्वाभाविक विस्तार था।

भारतीय और इस्लामी प्रभाव

भारत में **ज्योतिष शास्त्र** और **नक्षत्र आधारित खगोल विज्ञान** साथ-साथ विकसित हुए।

बाद में इस्लामी विद्वानों ने भारतीय और यूनानी ग्रंथों का अध्ययन किया और उन्नत खगोलीय सारणियाँ (Zij) तैयार कीं।

जब यह ज्ञान यूरोप पहुँचा, तब तक ज्योतिष और खगोल विज्ञान अभी भी एक-दूसरे से जुड़े हुए थे।

II. मध्य युग में ज्योतिष

आज की तरह मध्य युग में ज्योतिष को हाशिये का विषय नहीं माना जाता था।

बल्कि यह एक सम्मानित बौद्धिक अनुशासन था।

विश्वविद्यालयों में ज्योतिष

13वीं और 14वीं शताब्दी में यूरोप के कई विश्वविद्यालयों में ज्योतिष पढ़ाई जाती थी।

जैसे—

• पेरिस

• बोलोनिया

• ऑक्सफोर्ड

चिकित्सा और ज्योतिष

उस समय चिकित्सक ग्रहों की स्थिति देखकर रोगों का निदान करने का प्रयास करते थे।

वे मानते थे कि ग्रहों का प्रभाव शरीर के विभिन्न अंगों पर पड़ता है।

उपचार का समय भी कभी-कभी ग्रहों की स्थिति के अनुसार तय किया जाता था।

राजदरबारों में ज्योतिष

राजा और सामंत अक्सर दरबारी ज्योतिषी रखते थे।

वे उनसे सलाह लेते थे—

• युद्ध शुरू करने से पहले

• विवाह के लिए

• राज्याभिषेक के लिए

• राजनीतिक निर्णयों के लिए

सम्राट फ्रेडरिक द्वितीय

(1194–1250)

उन्होंने सिसिली में ज्योतिषीय अध्ययन को विशेष संरक्षण दिया।

III. मध्य युग में खगोल विज्ञान

ज्योतिष की तुलना में खगोल विज्ञान कम आकर्षक दिखाई देता था, लेकिन उसका विकास लगातार जारी रहा।

इस्लामी स्वर्ण युग

इस्लामी विद्वानों ने खगोल विज्ञान में महान योगदान दिया।

जैसे—

• अल-बत्तानी

• अल-सूफी

• अल-तुसी

उन्होंने तारों की सूची तैयार की, ग्रहों की गतियों का अध्ययन किया और टॉलेमी के मॉडल में सुधार किए।

यूरोप में ज्ञान का आगमन

12वीं शताब्दी में स्पेन के टोलेडो नगर में विशाल अनुवाद आंदोलन शुरू हुआ।

अरबी और यूनानी ग्रंथों का लैटिन में अनुवाद किया गया।

यहीं से यूरोप को नया खगोलीय ज्ञान प्राप्त हुआ।

धार्मिक उपयोग

मठों के विद्वान खगोल विज्ञान का उपयोग मुख्यतः—

• ईस्टर की तिथि निर्धारित करने

• धार्मिक कैलेंडर बनाने

• समय मापन

के लिए करते थे।

वैज्ञानिक उपकरण

इस काल में उपयोग होने वाले प्रमुख उपकरण थे—

• Astrolabe

• Quadrant

• Armillary Sphere

दिलचस्प बात यह है कि इनका उपयोग खगोलविद और ज्योतिषी दोनों करते थे।

IV. बहस का मूल प्रश्न

समस्या यह थी कि दोनों क्षेत्रों की कार्यप्रणाली समान थी, लेकिन उद्देश्य अलग थे।

Astronomy का लक्ष्य

• ग्रहों और तारों की गति को मापना

• सटीक गणना करना

• गणित और अवलोकन पर आधारित निष्कर्ष निकालना

Astrology का लक्ष्य

• ग्रहों की स्थिति का अर्थ निकालना

• मानव जीवन पर उनके प्रभाव की व्याख्या करना

• भविष्यवाणी करना

मुख्य विवाद

1. नियति बनाम स्वतंत्र इच्छा

ज्योतिषियों का मानना था कि ग्रह मानव जीवन को प्रभावित करते हैं।

धर्मशास्त्रियों ने प्रश्न उठाया—

यदि ग्रह सब कुछ निर्धारित करते हैं, तो मानव की स्वतंत्र इच्छा कहाँ रही?

2. प्रमाण बनाम प्रतीक

खगोल विज्ञान अवलोकन और गणित पर आधारित था।

ज्योतिष प्रतीकों और अर्थों पर आधारित था।

उदाहरण—

• मंगल = युद्ध

• शुक्र = प्रेम

• शनि = कठिनाइयाँ

3. उपयोगिता

खगोल विज्ञान ने—

• कैलेंडर

• नौवहन

• कृषि

में प्रत्यक्ष सहायता दी।

ज्योतिष ने—

• चिकित्सा

• राजनीति

• व्यक्तिगत जीवन

में मार्गदर्शन का दावा किया।
V. मध्य युग के प्रमुख विचारक
अल्बर्टस मैग्नस
(1200–1280)

उन्होंने ज्योतिष को प्राकृतिक विज्ञान का हिस्सा माना।

लेकिन भाग्यवाद (Fatalism) को स्वीकार नहीं किया।

रोजर बेकन

(1219–1292)

उन्होंने नौवहन और विज्ञान के लिए खगोल विज्ञान का समर्थन किया।

लेकिन बिना प्रमाण वाले ज्योतिषीय दावों की आलोचना की।

थॉमस एक्विनास

(1225–1274)

उन्होंने कहा—

ग्रह शरीर को प्रभावित कर सकते हैं, लेकिन आत्मा को नहीं।

मानव इच्छा ईश्वर के अधीन रहती है।

दांते अलीघियेरी

(1265–1321)

अपनी प्रसिद्ध रचना *Divine Comedy* में उन्होंने खगोलीय प्रतीकों का उपयोग किया।

लेकिन ज्योतिष पर अत्यधिक निर्भरता के प्रति चेतावनी भी दी।

VI. विद्वानों की बहस और जनता की आस्था

जहाँ विद्वान बहस कर रहे थे, वहीं आम जनता ज्योतिष में गहरी आस्था रखती थी।

लोकप्रिय पंचांग

ऐसे Almanacs बहुत लोकप्रिय थे जिनमें—

• मौसम

• फसल

• शुभ-अशुभ संकेत

• व्यक्तिगत भाग्य

की भविष्यवाणियाँ होती थीं।

महामारी और धूमकेतु

लोग अक्सर महामारी, अकाल और धूमकेतुओं को ग्रहों की स्थिति से जोड़ते थे।

आर्थिक वास्तविकता

कई खगोलविदों को जीविका चलाने के लिए ज्योतिषीय कुंडलियाँ बनानी पड़ती थीं।

VII. चर्च की भूमिका

कैथोलिक चर्च का दृष्टिकोण पूरी तरह विरोधी भी नहीं था और पूरी तरह समर्थक भी नहीं।

चर्च का विरोध

1277 की प्रसिद्ध **Condemnations of Paris** में नियतिवादी ज्योतिष की आलोचना की गई।

लेकिन विरोधाभास भी था

कई पोप स्वयं ज्योतिषियों की सलाह लेते थे।

उदाहरण—

Pope Sixtus IV

दरबारी ज्योतिषियों से परामर्श करते थे।

यह दिखाता है कि मध्य युग में समाज स्वयं भी इस विषय पर पूरी तरह एकमत नहीं था।

VIII. पुनर्जागरण और वैज्ञानिक क्रांति

15वीं और 16वीं शताब्दी में स्थिति बदलने लगी।

कोपरनिकस

(1473–1543)

उन्होंने सूर्य-केंद्रित (Heliocentric) मॉडल प्रस्तुत किया।

इससे पृथ्वी-केंद्रित ज्योतिषीय व्यवस्था को चुनौती मिली।

टाइको ब्राहे

(1546–1601)

वे ज्योतिष का अभ्यास करते थे, लेकिन सटीक मापन को अधिक महत्व देते थे।

जोहानेस केप्लर

(1571–1630)

उन्होंने जीविका के लिए कुंडलियाँ बनाईं।

लेकिन प्रतीकात्मक ज्योतिष को अस्वीकार कर दिया।

उनका ध्यान ग्रहों की वास्तविक गति के नियमों पर था।

परिणाम

धीरे-धीरे—

Astrology → सांस्कृतिक और व्यक्तिगत विश्वास प्रणाली

Astronomy → आधुनिक विज्ञान

में बदल गई।

IX. इस बहस की विरासत

मध्य युग का यह विवाद मानव इतिहास में अत्यंत महत्वपूर्ण साबित हुआ।

ज्योतिष की विरासत

- लोगों की आकाश में रुचि बनाए रखी
- सांस्कृतिक परंपराओं को संरक्षित किया
- आशा और अर्थ प्रदान किए

खगोल विज्ञान की विरासत

- वैज्ञानिक पद्धति को मजबूत किया
- अंतरिक्ष अन्वेषण की नींव रखी
- आधुनिक ब्रह्मांड विज्ञान को जन्म दिया

निष्कर्ष : संघर्ष नहीं, एक संवाद

"ज्योतिष और खगोल विज्ञान का संबंध केवल विज्ञान बनाम अंधविश्वास की कहानी नहीं है। यह मानवता की उस साझा खोज की कहानी है जिसमें लोग आकाश में अर्थ और व्यवस्था तलाश रहे थे।"

ज्योतिष ने तारों को अर्थ दिया।

खगोल विज्ञान ने तारों को मापा।

ज्योतिष ने आशा दी।

खगोल विज्ञान ने ज्ञान दिया।

दोनों ने मिलकर पुनर्जागरण और वैज्ञानिक क्रांति की नींव तैयार की।

आज भी राशिफल पढ़ने वाले लोग मौजूद हैं, और अंतरिक्ष यान भी चंद्रमा तथा ग्रहों तक पहुँच रहे हैं।

एक संस्कृति का हिस्सा बनकर जीवित है।

दूसरा आधुनिक विज्ञान का आधार बन चुका है।

लेकिन दोनों की जड़ें उसी आकाश में हैं, जिसे हजारों वर्षों से मानवता आश्चर्य और जिज्ञासा के साथ देखती आई है।

मध्य युग की प्रसिद्ध कहावत

"The stars incline, they do not compel."

"तारे दिशा दिखा सकते हैं, लेकिन वे हमें मजबूर नहीं करते।"

यही विचार मध्य युग की इस महान बहस का सबसे संतुलित निष्कर्ष माना जाता है।

चित्र : गुइदो नोवेलो के दरबार में दांते द्वारा 'डिवाइन कॉमेडी' का पाठ

चित्रकार : आंद्रेआ पिएरिनी (1850)

संग्रह : पाला९ज०ो पित्ती, फ्लोरेंस

अध्याय 36

स्पेस रेस – अपोलो मिशन और नील आर्मस्ट्रॉन्ग

चंद्रमा तक मानवता की ऐतिहासिक यात्रा

"मनुष्य ने सदियों तक चंद्रमा को केवल दूर से निहारा था। लेकिन 20वीं शताब्दी में उसने साहस, विज्ञान और कल्पना की शक्ति से उस पर अपने कदमों के निशान छोड़ दिए।"

शीत युद्ध और स्पेस रेस की शुरुआत

Space Race केवल रॉकेटों या विज्ञान की प्रतियोगिता नहीं थी। यह प्रतिष्ठा, विचारधारा और वैश्विक नेतृत्व की लड़ाई थी।

द्वितीय विश्व युद्ध (World War II) के बाद दुनिया दो महाशक्तियों में बँट गई—

- **संयुक्त राज्य अमेरिका (USA)** – लोकतंत्र और पूंजीवाद का समर्थक
- **सोवियत संघ (USSR)** – साम्यवाद और राज्य नियंत्रण का समर्थक

दोनों देशों के बीच यह प्रतिस्पर्धा केवल धरती तक सीमित नहीं रही। जल्द ही अंतरिक्ष (Space) भी इस संघर्ष का नया मैदान बन गया।

जो देश अंतरिक्ष में श्रेष्ठता सिद्ध करता, वही दुनिया की कल्पना और सम्मान पर कब्जा कर सकता था।

स्पुतनिक : जिसने दुनिया को चौंका दिया

4 अक्टूबर 1957 को सोवियत संघ ने **Sputnik-1** नामक दुनिया का पहला कृत्रिम उपग्रह (Artificial Satellite) अंतरिक्ष में भेजा।

यह घटना पूरे विश्व के लिए चौंकाने वाली थी।

अमेरिका को महसूस हुआ कि यदि सोवियत संघ अंतरिक्ष में इतनी तेजी से आगे बढ़ रहा है, तो वह सैन्य तकनीक में भी बढ़त हासिल कर सकता है।

यहीं से शुरू हुई इतिहास की सबसे प्रसिद्ध वैज्ञानिक प्रतिस्पर्धा—**Space Race**।

I. सोवियत संघ की शुरुआती सफलताएँ

स्पुतनिक-1 (1957)

दुनिया का पहला कृत्रिम उपग्रह।

इसने पृथ्वी की कक्षा में प्रवेश कर मानव इतिहास का नया अध्याय शुरू किया।

लाइका (1957)

सोवियत संघ ने **Laika** नामक कुत्ते को अंतरिक्ष में भेजा।

वह पृथ्वी की कक्षा में पहुँचने वाला पहला जीवित प्राणी बना।

यूरी गागरिन (1961)

12 अप्रैल 1961 को **Yuri Gagarin** अंतरिक्ष में जाने वाले पहले मानव बने।

उन्होंने **Vostok-1** यान से पृथ्वी की परिक्रमा की।

उनकी सफलता ने सोवियत संघ को विश्व मंच पर अत्यधिक प्रतिष्ठा दिलाई।

II. अमेरिका की प्रतिक्रिया – NASA और Apollo Program

सोवियत सफलता के जवाब में अमेरिका ने 1958 में **NASA (National Aeronautics and Space Administration)** की स्थापना की।

जल्द ही अमेरिकी राष्ट्रपति **John F. Kennedy** ने एक ऐतिहासिक घोषणा की।

1961 में उन्होंने कहा:

> "We choose to go to the Moon in this decade... not because it is easy, but because it is hard."

यानी—

"हम इस दशक में चंद्रमा पर जाने का लक्ष्य चुनते हैं, इसलिए नहीं कि यह आसान है, बल्कि इसलिए कि यह कठिन है।"

यहीं से शुरू हुआ **Apollo Program**।

III. अपोलो मिशन – चंद्रमा तक का सफर

Apollo 1 (1967) – एक दुखद शुरुआत

27 जनवरी 1967 को परीक्षण के दौरान यान में आग लग गई।

इस दुर्घटना में तीन अंतरिक्ष यात्री—

- Gus Grissom
- Ed White
- Roger B. Chaffee

की मृत्यु हो गई।

इस हादसे के बाद अंतरिक्ष यानों की सुरक्षा प्रणाली में बड़े सुधार किए गए।

Apollo 7 से Apollo 10

Apollo 7 (1968)

पृथ्वी की कक्षा में पहला सफल मानवयुक्त Apollo मिशन।

Apollo 8 (1968)

पहली बार इंसानों ने चंद्रमा की परिक्रमा की।

क्रिसमस की पूर्व संध्या पर अंतरिक्ष यात्रियों ने बाइबिल के *Genesis* अध्याय का पाठ किया, जिसे करोड़ों लोगों ने सुना।

Apollo 10 (1969)

यह चंद्रमा पर उतरने की अंतिम “Dress Rehearsal” थी।

इसमें Lunar Module का परीक्षण किया गया, लेकिन लैंडिंग नहीं की गई।

Apollo 11 – मानव इतिहास का स्वर्णिम क्षण

मिशन अवधि

16 जुलाई – 24 जुलाई 1969

दल

• Neil Armstrong – Commander

• Buzz Aldrin – Lunar Module Pilot

• Michael Collins – Command Module Pilot

20 जुलाई 1969 को **Eagle** नामक Lunar Module चंद्रमा के **Sea of Tranquility** क्षेत्र में उतरा।

कुछ घंटों बाद नील आर्मस्ट्रॉन्ग ने सीढ़ी से उतरकर चंद्रमा की सतह पर पहला कदम रखा।

उनके प्रसिद्ध शब्द थे—

> "That's one small step for man, one giant leap for mankind."

"यह एक व्यक्ति का छोटा कदम है, लेकिन मानवता के लिए एक विशाल छलांग है।"

पूरी दुनिया ने यह दृश्य लाइव देखा।
चंद्रमा पर बिताया गया समय
Armstrong और Aldrin ने लगभग 21 घंटे चंद्रमा की सतह पर बिताए।
उन्होंने—
• चंद्रमा की मिट्टी और चट्टानों के नमूने एकत्र किए

• वैज्ञानिक उपकरण स्थापित किए

• अमेरिकी ध्वज लगाया

• अनेक प्रयोग किए

बाद के Apollo मिशन

Apollo 12 (1969)

बेहद सटीक लैंडिंग।

Apollo 13 (1970)

ऑक्सीजन टैंक विस्फोट के कारण मिशन संकट में पड़ गया।

प्रसिद्ध संदेश:

> "Houston, we've had a problem."

हालाँकि दल सुरक्षित पृथ्वी पर लौट आया।

Apollo 15, 16 और 17

इन मिशनों में वैज्ञानिक अनुसंधान पर अधिक ध्यान दिया गया।

Lunar Rover का उपयोग कर अंतरिक्ष यात्रियों ने लंबी दूरी तक चंद्रमा की खोज की।

Apollo 17 (1972)

चंद्रमा पर जाने वाला अंतिम मानवयुक्त मिशन।

इसके बाद आज तक कोई मानव चंद्रमा पर नहीं गया।

IV. नील आर्मस्ट्रॉन्ग – पहला कदम रखने वाला व्यक्ति

Neil Armstrong का जन्म 1930 में Ohio, USA में हुआ।

बचपन से ही उन्हें उड़ान भरने का शौक था।

वे आगे चलकर—

- Naval Aviator बने
- Test Pilot बने
- और 1962 में NASA Astronaut चुने गए

Apollo 11 की लैंडिंग के दौरान कंप्यूटर ने चेतावनी संकेत देने शुरू कर दिए।

साथ ही लैंडिंग क्षेत्र में बड़े पत्थर मौजूद थे।

ऐसे समय में Armstrong ने स्वयं यान को नियंत्रित किया और सुरक्षित लैंडिंग कराई।

जब Eagle उतरा, तब उसमें केवल कुछ सेकंड का ईंधन शेष था।

उनकी शांत बुद्धि और साहस ने मिशन को सफल बनाया।

V. Apollo Program का प्रभाव

वैज्ञानिक खोजें

Apollo मिशनों ने लगभग **382 किलोग्राम** चंद्र शिलाएँ (Moon Rocks) पृथ्वी पर लाईं।

इनसे वैज्ञानिकों को पता चला—

- चंद्रमा की आयु
- ज्वालामुखीय इतिहास
- पृथ्वी और चंद्रमा का संबंध

तकनीकी प्रगति

Apollo Program ने अनेक नई तकनीकों को जन्म दिया—

- Integrated Circuits
- Miniature Computers
- Advanced Materials
- बेहतर Telecommunications

आज के Microchips की नींव भी काफी हद तक इसी कार्यक्रम से जुड़ी मानी जाती है।

सांस्कृतिक प्रभाव

Apollo 8 द्वारा ली गई प्रसिद्ध **Earthrise** तस्वीर ने पूरी मानवता को नया दृष्टिकोण दिया।

अंतरिक्ष से पृथ्वी एक छोटी, सुंदर और नाजुक दुनिया दिखाई दी।

इस तस्वीर ने पर्यावरण संरक्षण आंदोलन को भी प्रेरित किया।

VI. शीत युद्ध की प्रतीकात्मक जीत

चंद्रमा पर उतरना केवल वैज्ञानिक उपलब्धि नहीं था।

यह राजनीतिक जीत भी थी।

सोवियत संघ ने कई "पहली उपलब्धियाँ" हासिल कीं—

• पहला उपग्रह

• पहला जीव

• पहला अंतरिक्ष यात्री

लेकिन चंद्रमा पर मानव उतारने की उपलब्धि अमेरिका के हिस्से आई।

इस कारण Apollo 11 को Space Race की निर्णायक जीत माना जाता है।

VII. Apollo की विरासत

Apollo मिशनों ने सिद्ध कर दिया कि मानवता असंभव दिखने वाले लक्ष्य भी प्राप्त कर सकती है।

आज NASA का **Artemis Program**, निजी अंतरिक्ष कंपनियाँ, और भविष्य के Moon Bases उसी विरासत को आगे बढ़ा रहे हैं।

नील आर्मस्ट्रॉन्ग के पदचिह्न आज भी चंद्रमा की धूल पर मौजूद हैं, क्योंकि वहाँ उन्हें मिटाने के लिए न हवा है और न वर्षा।

निष्कर्ष : जब मानव ने चंद्रमा को छू लिया

"स्पेस रेस केवल अमेरिका और सोवियत संघ की प्रतिस्पर्धा नहीं थी। यह मानव जिज्ञासा, साहस और सपनों की जीत थी।"

Apollo मिशनों ने यह सिद्ध किया कि जब विज्ञान, तकनीक और दृढ़ संकल्प एक साथ आते हैं, तो असंभव भी संभव हो जाता है।

20 जुलाई 1969 को नील आर्मस्ट्रॉन्ग ने जो पहला कदम रखा, वह केवल चंद्रमा पर नहीं था—

वह कदम मानव सभ्यता को एक नए युग में ले जाने वाला कदम था।

आज भी जब हम रात के आकाश में चंद्रमा को देखते हैं, तो हमें याद आता है कि कभी मानव ने वहाँ पहुँचकर इतिहास रचा था।

नील आर्मस्ट्रॉन्ग का प्रसिद्ध कथन

> **"The important achievement of Apollo was demonstrating that humanity is not forever chained to this planet."**

"Apollo की सबसे बड़ी उपलब्धि यह थी कि उसने साबित कर दिया कि मानवता हमेशा के लिए इस ग्रह से बंधी नहीं है।"

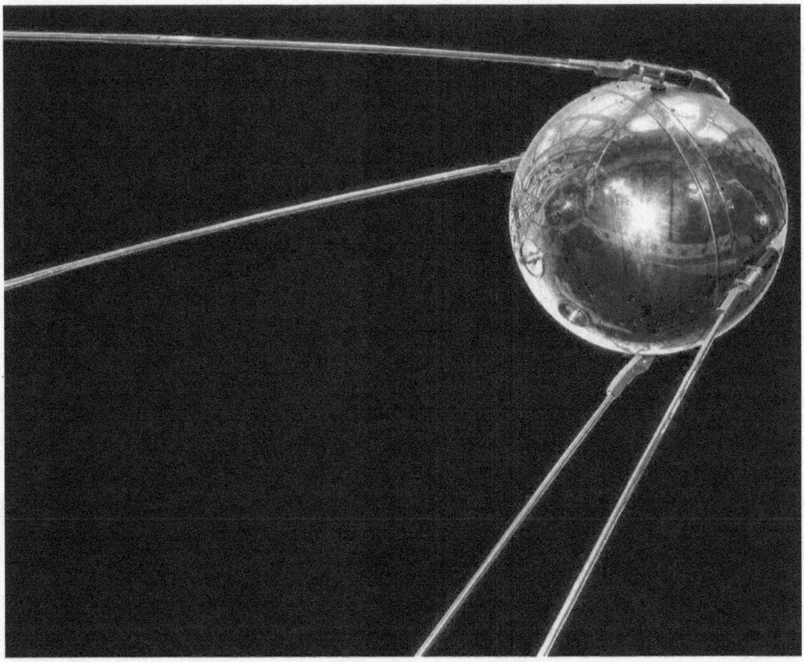

चित्र : स्पुतनिक-1 की प्रतिकृति

स्पुतनिक-1 विश्व का पहला कृत्रिम उपग्रह था, जिसे बाह्य अंतरिक्ष में स्थापित किया गया था। यह प्रतिकृति राष्ट्रीय वायु एवं अंतरिक्ष संग्रहालय में प्रदर्शित है।

चित्र : अपोलो 11 चंद्र अवतरण मिशन के कमांडर नील ए. आर्मस्ट्रॉन्ग अपने अंतरिक्ष सूट में। उनके पीछे चंद्र सतह का विशाल छायाचित्र तथा सामने मेज़ पर उनका हेलमेट रखा है।

स्रोत : नासा (NASA), फोटो आईडी S69-31741।

अध्याय 37

लूनर प्रोब्स – लूना, चंद्रयान और चांग'ए

इंसानों से रोबोट तक की चंद्र यात्रा

"मानव ने चंद्रमा पर अपने कदम अवश्य रखे, लेकिन उसके बाद चंद्रमा की सबसे लंबी और गहन खोज रोबोटिक यानों ने की।"

अपोलो के बाद चंद्र अन्वेषण का नया युग

Apollo Missions ने यह सिद्ध कर दिया था कि मानव चंद्रमा तक पहुँच सकता है। लेकिन मानव मिशन अत्यंत महंगे, जटिल और जोखिमपूर्ण थे।

इसलिए 1970 के दशक के बाद चंद्र अन्वेषण (Lunar Exploration) का केंद्र मानव यात्राओं से हटकर **Robotic Lunar Probes** पर आ गया।

इन यानों का उद्देश्य था—

• चंद्रमा की सतह का अध्ययन

• खनिजों और जल की खोज

• भविष्य के Moon Bases की संभावनाओं का आकलन

• नई अंतरिक्ष तकनीकों का परीक्षण

इस यात्रा में तीन कार्यक्रम विशेष रूप से महत्वपूर्ण रहे—

• सोवियत संघ का **Luna Program**

• भारत का **Chandrayaan Program**

• चीन का **Chang'e Program**

इन तीनों ने मिलकर चंद्रमा के बारे में हमारी समझ को नई ऊँचाइयों तक पहुँचाया।

I. सोवियत संघ का लूना कार्यक्रम (1959–1976)

चंद्रमा की ओर पहला कदम

सोवियत संघ ने चंद्रमा की खोज में दुनिया का नेतृत्व किया।

उसका **Luna Program** मानव इतिहास के सबसे महत्वाकांक्षी रोबोटिक अंतरिक्ष अभियानों में से एक था।

Luna 1 (1959)

यह पृथ्वी के गुरुत्वाकर्षण से बाहर निकलने वाला पहला अंतरिक्ष यान बना।

हालाँकि यह चंद्रमा पर नहीं उतर पाया, लेकिन इसने अंतरिक्ष अन्वेषण का नया अध्याय खोल दिया।

Luna 2 (1959)

यह चंद्रमा तक पहुँचने वाली पहली मानव निर्मित वस्तु थी।

यह चंद्रमा की सतह से टकराया और इतिहास बना दिया।

Luna 3 (1959)

इस मिशन ने पहली बार चंद्रमा के **Far Side** यानी उस भाग की तस्वीरें भेजीं जो पृथ्वी से कभी दिखाई नहीं देता।

पूरी दुनिया पहली बार चंद्रमा के “दूसरे चेहरे” को देख सकी।

प्रमुख उपलब्धियाँ

Luna 9 (1966)

चंद्रमा पर सफल **Soft Landing** करने वाला पहला यान।

इसने सिद्ध किया कि चंद्र सतह पर सुरक्षित उतरना संभव है।

Luna 10 (1966)

चंद्रमा की कक्षा में प्रवेश करने वाला पहला कृत्रिम उपग्रह।

Luna 16, 20 और 24

इन मिशनों ने चंद्र मिट्टी (Lunar Soil) के नमूने पृथ्वी पर वापस लाकर वैज्ञानिकों को अमूल्य जानकारी दी।

Lunokhod Rovers

1970 और 1973 के बीच सोवियत संघ ने **Lunokhod-1** और **Lunokhod-2** नामक रोवर भेजे।

इन रोबोटिक वाहनों ने कई किलोमीटर तक यात्रा की और सतह की तस्वीरें तथा वैज्ञानिक आँकड़े भेजे।

लूना कार्यक्रम की विरासत

यद्यपि Apollo Missions अधिक प्रसिद्ध हुए, लेकिन Luna Program ने अंतरिक्ष इतिहास में अनेक "Firsts" स्थापित किए।

इसने भविष्य की सभी रोबोटिक चंद्र यात्राओं की नींव रखी।

II. भारत का चंद्रयान कार्यक्रम (2008–वर्तमान)

"कम लागत, उच्च दक्षता और वैज्ञानिक उत्कृष्टता — यही है भारत की अंतरिक्ष पहचान।"

Chandrayaan-1 (2008)

भारतीय अंतरिक्ष अनुसंधान संगठन (**ISRO**) द्वारा प्रक्षेपित पहला चंद्र मिशन।

इसने चंद्रमा की विस्तृत 3D Mapping की।

ऐतिहासिक खोज

चंद्रयान-1 की सबसे बड़ी उपलब्धि थी—

चंद्र मिट्टी में जल अणुओं (Water Molecules) की खोज।

यह 21वीं सदी की सबसे महत्वपूर्ण अंतरिक्ष खोजों में से एक मानी जाती है।

Moon Impact Probe

इस यान ने भारतीय ध्वज को चंद्रमा तक पहुँचाया।

यह भारत की अंतरिक्ष यात्रा का प्रतीकात्मक और ऐतिहासिक क्षण था।

Chandrayaan-2 (2019)

इस मिशन में शामिल थे—

- Orbiter

• Vikram Lander

• Pragyan Rover

यद्यपि Vikram Lander की लैंडिंग सफल नहीं हो सकी, लेकिन Orbiter आज भी चंद्रमा का अध्ययन कर रहा है और उच्च गुणवत्ता वाले वैज्ञानिक आँकड़े भेज रहा है।

Chandrayaan-3 (2023)

यह मिशन भारत के अंतरिक्ष इतिहास का स्वर्णिम अध्याय बन गया।

भारत चंद्रमा के दक्षिणी ध्रुव (South Pole) के निकट सफलतापूर्वक उतरने वाला विश्व का पहला देश बना।

Pragyan Rover की खोजें

Pragyan Rover ने सतह पर कई महत्वपूर्ण तत्वों की पुष्टि की, जिनमें शामिल थे—

• सल्फर (Sulfur)

• एल्यूमिनियम

• कैल्शियम

• लौह तत्व

दक्षिणी ध्रुव का महत्व

South Pole क्षेत्र में स्थायी छाया वाले क्रेटर मौजूद हैं, जहाँ बर्फ (Ice) मिलने की संभावना है।

भविष्य के Moon Bases के लिए यह क्षेत्र अत्यंत महत्वपूर्ण माना जाता है।

भारत की भूमिका

चंद्रयान कार्यक्रम ने भारत को विश्व की प्रमुख अंतरिक्ष शक्तियों की श्रेणी में ला खड़ा किया।

इसने दिखाया कि सीमित संसाधनों के साथ भी विश्वस्तरीय विज्ञान किया जा सकता है।

III. चीन का चांग'ए कार्यक्रम (2007–वर्तमान)

चीन ने अपने चंद्र कार्यक्रम का नाम चंद्र देवी **Chang'e** के नाम पर रखा।

यह कार्यक्रम चीन की दीर्घकालिक अंतरिक्ष रणनीति का महत्वपूर्ण हिस्सा है।

Chang'e-1 (2007)

चंद्रमा की कक्षा में पहुँचकर विस्तृत मानचित्र तैयार किया।

Chang'e-2 (2010)

उच्च-रिज़ॉल्यूशन मैपिंग की और बाद में क्षुद्रग्रह Toutatis का भी अध्ययन किया।

Chang'e-3 (2013)

चंद्रमा पर सफल लैंडिंग।

इसके साथ **Yutu Rover** भी भेजा गया।

Chang'e-4 (2019)

यह मानव इतिहास की पहली ऐसी मिशन थी जिसने चंद्रमा के Far Side पर सफल लैंडिंग की।

यह उपलब्धि अंतरिक्ष विज्ञान की सबसे बड़ी सफलताओं में गिनी जाती है।

Chang'e-5 (2020)

इस मिशन ने लगभग 2 किलोग्राम चंद्र मिट्टी पृथ्वी पर वापस लाई।

यह आधुनिक युग की पहली सफल Lunar Sample Return Mission थी।

Chang'e-6 (2024)

इसने इतिहास रचते हुए पहली बार चंद्रमा के Far Side से नमूने पृथ्वी पर वापस लाए।

इससे वैज्ञानिकों को चंद्रमा के उस भाग के बारे में नई जानकारी प्राप्त हुई जो अब तक लगभग अज्ञात था।

भविष्य की योजनाएँ

Chang'e-7 और Chang'e-8

2026–2028 के बीच प्रस्तावित ये मिशन—

- South Pole का अध्ययन करेंगे
- Lunar Research Station की तकनीकों का परीक्षण करेंगे
- भविष्य के स्थायी चंद्र अड्डों की नींव रखेंगे

IV. तुलनात्मक विश्लेषण

कार्यक्रम	देश	प्रमुख उपलब्धियाँ
Luna	USSR	पहला प्रभाव, पहली कक्षा, पहली Soft Landing, पहला Rover
Chandrayaan	भारत	जल की खोज, South Pole Landing, कम लागत नवाचार
Chang'e	चीन	Far Side Landing, आधुनिक Sample Return, उन्नत रोवर

V. लूनर प्रोब्स का महत्व

वैज्ञानिक ज्ञान

इन मिशनों ने हमें चंद्रमा की—

- सतह
- खनिज संरचना
- जल की उपस्थिति
- भूवैज्ञानिक इतिहास

के बारे में महत्वपूर्ण जानकारी दी।

तकनीकी विकास

इन अभियानों ने विकसित की—

- Autonomous Landing Technology
- Advanced Rovers
- Sample Return Systems
- Deep Space Communication

रणनीतिक महत्व

भविष्य में चंद्रमा केवल वैज्ञानिक प्रयोगशाला नहीं रहेगा।

यह बन सकता है—

• ईंधन उत्पादन केंद्र

• अंतरिक्ष स्टेशन

• मंगल अभियानों का लॉन्च-पैड

मानवता का भविष्य

चंद्रमा पर मौजूद बर्फ भविष्य में प्रदान कर सकती है—

• पीने का पानी

• ऑक्सीजन

• रॉकेट ईंधन

इसी कारण चंद्रमा को मानव सभ्यता के अगले विस्तार का द्वार माना जा रहा है।

निष्कर्ष : चंद्रमा की ओर बढ़ते कदम

"लूना ने रास्ता दिखाया, चंद्रयान ने नए रहस्य उजागर किए, और चांग'ए ने आधुनिक तकनीक की शक्ति साबित की।"

चंद्र अन्वेषण की कहानी केवल देशों की प्रतिस्पर्धा नहीं है।

यह मानव जिज्ञासा, वैज्ञानिक साहस और भविष्य की तैयारी की कहानी है।

सोवियत संघ ने अनेक प्रथम उपलब्धियाँ हासिल कीं।

भारत ने चंद्रमा पर जल और ध्रुवीय रहस्यों का पर्दाफाश किया।

चीन ने आधुनिक रोबोटिक तकनीकों से नई सीमाएँ स्थापित कीं।

इन सभी प्रयासों का अंतिम उद्देश्य एक ही है—

मानवता को पृथ्वी से आगे ले जाना और तारों तक पहुँचने का मार्ग तैयार करना।

"आज हम रोबोट भेज रहे हैं। कल शायद चंद्रमा पर शहर बसाएँगे। और एक दिन, यही चंद्रमा हमें अन्य ग्रहो तक पहुँचने का पहला पड़ाव देगा।"

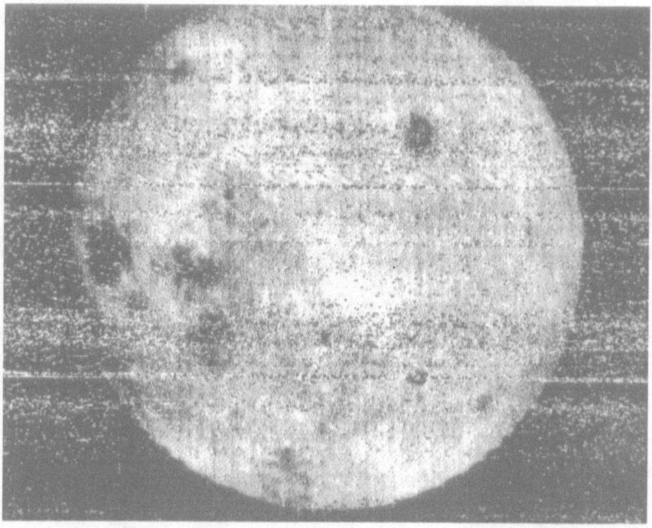

चित्र : लूना-3 द्वारा प्राप्त चंद्रमा के दूरस्थ भाग का प्रथम दृश्य। इस चित्र ने दर्शाया कि चंद्रमा का दूरस्थ भाग उसके पृथ्वीमुखी भाग से काफी अलग है, विशेषकर वहाँ चंद्र सागरों (लूनर मारिया) के अभाव के कारण।

चित्र : चंद्रमा के दूरस्थ भाग पर कार्यरत चांग-ए 4 मिशन का लैंडर तथा युतु-2 रोवर।

स्रोत : सीएनएसए (CNSA), सियू झांग एवं केविन एम. गिल

चंद्रयान-3 : विक्रम लैंडर का चित्र

© इसरो / भारत सरकार (GODL – India)

लूना-9 स्वचालित अंतरग्रहीय स्टेशन का मॉडल (1:1)

अध्याय 38

चंद्र शिलाएँ और वैज्ञानिक खोजें

Moon Rocks – अरबों वर्षों के इतिहास की कहानी

"चंद्रमा से लाई गई प्रत्येक चट्टान केवल एक पत्थर नहीं है, बल्कि सौर मंडल के प्रारंभिक इतिहास का एक जीवित दस्तावेज़ है।"

Moon Rocks इतने महत्वपूर्ण क्यों हैं?

चंद्रमा से पृथ्वी पर लाई गई चट्टानें और मिट्टी (Lunar Rocks & Soil) मानव इतिहास के सबसे मूल्यवान वैज्ञानिक नमूनों में गिनी जाती हैं।

इनसे हमें केवल चंद्रमा की भूवैज्ञानिक (Geological) संरचना के बारे में ही जानकारी नहीं मिली, बल्कि पृथ्वी और चंद्रमा की उत्पत्ति से जुड़े कई बड़े रहस्यों का भी समाधान हुआ।

Apollo Missions, Soviet Luna Program और हाल के Chinese Chang'e Missions द्वारा लाए गए नमूने आज भी वैज्ञानिकों के लिए अनमोल खजाना हैं।

इनमें अरबों वर्षों का इतिहास छिपा हुआ है।

I. चंद्र शिलाओं का संग्रह

Apollo Missions (1969–1972)

1969 से 1972 के बीच NASA के छह Apollo Missions चंद्रमा से कुल लगभग **382 किलोग्राम** चट्टानें और मिट्टी लेकर पृथ्वी पर लौटे।

Apollo 11

जुलाई 1969 में नील आर्मस्ट्रॉन्ग और बज़ एल्ड्रिन ने चंद्रमा से पहली बार लगभग **21.5 किलोग्राम** नमूने एकत्र किए।

यह मानव इतिहास का पहला अवसर था जब किसी अन्य खगोलीय पिंड की मिट्टी पृथ्वी पर लाई गई।

संरक्षण और अध्ययन

आज ये नमूने NASA के **Johnson Space Center (Houston, Texas)** में अत्यंत सुरक्षित वातावरण में संरक्षित हैं।

इनमें से कई नमूनों को अभी तक नहीं खोला गया है, ताकि भविष्य की उन्नत तकनीकों से उनका अध्ययन किया जा सके।

Soviet Luna Missions

सोवियत संघ ने मानव रहित (Robotic) मिशनों द्वारा भी महत्वपूर्ण उपलब्धियाँ हासिल कीं।

Luna 16, Luna 20 और Luna 24

इन मिशनों ने लगभग **326 ग्राम** चंद्र मिट्टी पृथ्वी पर वापस लाई।

ये इतिहास के पहले सफल **Automated Sample Return Missions** थे।

आधुनिक योगदान

Chang'e-5 (China, 2020)

चीन ने लगभग **1.7 किलोग्राम** चंद्र नमूने सफलतापूर्वक पृथ्वी पर वापस लाए।

Chang'e-6 (2024)

यह पहला मिशन था जिसने चंद्रमा के **Far Side** से नमूने पृथ्वी तक पहुँचाए।

इससे वैज्ञानिकों को चंद्रमा के कम ज्ञात भाग के बारे में नई जानकारियाँ मिलीं।

भविष्य के मिशन

भारत का प्रस्तावित **Chandrayaan-4** तथा अन्य अंतरराष्ट्रीय मिशन भविष्य में और अधिक नमूने पृथ्वी पर लाने का प्रयास करेंगे।

II. Moon Rocks की संरचना

वैज्ञानिक अध्ययन से पता चला कि चंद्रमा की चट्टानें कई प्रकार की होती हैं।

1. Basalt

यह गहरे रंग की ज्वालामुखीय चट्टान है।

इसमें लौह (Iron) और मैग्नीशियम (Magnesium) की मात्रा अधिक होती है।

यह चंद्रमा पर प्राचीन लावा प्रवाहों का प्रमाण है।

2. Anorthosite

यह हल्के रंग की चट्टान है जो मुख्यतः Lunar Highlands में पाई जाती है।

इसका मुख्य घटक **Plagioclase Feldspar** है।

यह चंद्रमा की सबसे पुरानी सतहों में से एक का प्रतिनिधित्व करती है।

3. Breccia

यह ऐसी चट्टान है जो उल्कापिंडों (Meteorites) के प्रभाव से टूटे हुए टुकड़ों के आपस में जुड़ने से बनती है।

चंद्रमा पर अरबों वर्षों तक हुई टक्करों का प्रमाण Breccia में सुरक्षित है।

4. Regolith

चंद्रमा की सतह पर फैली महीन धूल और मिट्टी को Regolith कहा जाता है।

यह अरबों वर्षों तक हुए सूक्ष्म उल्कापिंडों के प्रहारों से बनी है।

यही धूल अंतरिक्ष यात्रियों के जूतों और उपकरणों से चिपक जाती थी।

III. प्रमुख वैज्ञानिक खोजें

1. चंद्रमा की आयु

Moon Rocks के अध्ययन से पता चला कि चंद्रमा की सबसे पुरानी चट्टानें लगभग **4.5 अरब वर्ष** पुरानी हैं।

इसका अर्थ है कि चंद्रमा का निर्माण पृथ्वी के बनने के कुछ ही समय बाद हुआ था।

2. Giant Impact Hypothesis की पुष्टि

Moon Rocks की रासायनिक संरचना पृथ्वी की चट्टानों से अत्यंत मिलती-जुलती है।

इससे वैज्ञानिकों को यह निष्कर्ष निकालने में सहायता मिली कि—

लगभग 4.5 अरब वर्ष पहले मंगल ग्रह के आकार का एक पिंड **(Theia)** प्रारंभिक पृथ्वी से टकराया।

उस टक्कर से निकले पदार्थों से चंद्रमा का निर्माण हुआ।

इसे **Giant Impact Hypothesis** कहा जाता है।

3. चंद्रमा पर जल की खोज

शुरुआत में वैज्ञानिकों का मानना था कि चंद्रमा पूरी तरह सूखा है।

Apollo नमूनों को भी “Bone Dry” माना गया।

लेकिन 2008 के बाद नई तकनीकों से विश्लेषण करने पर चट्टानों में जल अणुओं (H_2O) और Hydroxyl (OH) के प्रमाण मिले।

इसका महत्व

यदि चंद्रमा पर जल उपलब्ध है, तो भविष्य में वहाँ—

• पीने का पानी

• ऑक्सीजन

• रॉकेट ईंधन

उत्पन्न किया जा सकता है।

यही कारण है कि Moon Bases की योजनाओं को नई ऊर्जा मिली।

4. ज्वालामुखीय इतिहास

Basalt चट्टानों ने यह सिद्ध किया कि चंद्रमा पर कभी व्यापक ज्वालामुखीय गतिविधि होती थी।

लगभग 3 से 4 अरब वर्ष पहले चंद्रमा के अंदर लावा बहता था।

समय के साथ उसका आंतरिक ताप कम हो गया और ज्वालामुखीय गतिविधियाँ समाप्त हो गईं।

5. Solar Wind का रिकॉर्ड

चंद्र Regolith में सूर्य से आने वाले आवेशित कण (Solar Wind Particles) फँसे हुए पाए गए।

इनसे वैज्ञानिकों को अरबों वर्षों के सौर इतिहास का अध्ययन करने का अवसर मिला।

यह जानकारी पृथ्वी पर उपलब्ध नहीं हो सकती थी क्योंकि हमारा वायुमंडल ऐसे कणों को रोक देता है।

IV. अध्ययन और वितरण

NASA के पास Moon Rocks का सबसे बड़ा संग्रह है।

लेकिन वैज्ञानिक सहयोग को बढ़ावा देने के लिए इन नमूनों के छोटे भाग दुनिया भर की प्रयोगशालाओं और विश्वविद्यालयों को दिए गए।

Goodwill Moon Rocks

Apollo मिशनों के बाद अमेरिका ने कई देशों को Moon Rocks के छोटे नमूने उपहार स्वरूप प्रदान किए।

इन्हें "Goodwill Moon Rocks" कहा जाता है।

इनका उद्देश्य अंतरराष्ट्रीय मित्रता और वैज्ञानिक सहयोग को बढ़ावा देना था।

अध्ययन की प्रमुख तकनीकें

Moon Rocks के अध्ययन में आधुनिक वैज्ञानिक तकनीकों का उपयोग किया जाता है—

- Mass Spectrometry
- X-Ray Diffraction
- Electron Microscopy
- Isotope Analysis

इनसे वैज्ञानिक उनकी आयु, संरचना और उत्पत्ति का निर्धारण करते हैं।

V. भविष्य के लिए महत्व

संसाधनों का उपयोग

Moon Rocks से पता चलता है कि चंद्रमा पर कई उपयोगी तत्व मौजूद हैं—

- ऑक्सीजन
- धातुएँ
- जल-बर्फ

इनका उपयोग भविष्य की मानव बस्तियों के लिए किया जा सकता है।

Planetary Science

इन नमूनों से हमें केवल चंद्रमा ही नहीं, बल्कि पृथ्वी और पूरे सौर मंडल के प्रारंभिक इतिहास को समझने में सहायता मिलती है।

मानव उपनिवेश

भविष्य में यदि चंद्रमा पर स्थायी मानव बस्तियाँ स्थापित होती हैं, तो स्थानीय संसाधनों का उपयोग अत्यंत आवश्यक होगा।

Moon Rocks इस दिशा में मार्गदर्शन प्रदान करते हैं।

Space Economy

आने वाले दशकों में Lunar Mining एक विशाल उद्योग बन सकता है।

चंद्रमा पर मौजूद संसाधन अंतरिक्ष अर्थव्यवस्था (Space Economy) का महत्वपूर्ण हिस्सा बन सकते हैं।

निष्कर्ष : समय के कैप्सूल

"चंद्र शिलाएँ केवल पत्थर नहीं हैं। वे सौर मंडल के जन्मकाल से आए हुए समय-के-कैप्सूल हैं।"

इन नमूनों ने उस पुराने विश्वास को तोड़ दिया कि चंद्रमा एक पूर्ण और अपरिवर्तनीय दुनिया है।

उन्होंने हमें दिखाया कि चंद्रमा भी एक सक्रिय, विकसित और परिवर्तनशील खगोलीय पिंड रहा है।

उसकी प्रत्येक चट्टान अरबों वर्षों की कहानी सुनाती है—

विशाल टक्करों की कहानी,

ज्वालामुखियों की कहानी,

सौर हवाओं की कहानी,

और अंततः पृथ्वी तथा चंद्रमा की साझा उत्पत्ति की कहानी।

शायद भविष्य में यही चट्टानें मानवता को चंद्रमा पर स्थायी रूप से बसने का मार्ग भी दिखाएँगी।

"जब हम किसी Moon Rock को देखते हैं, तो हम केवल एक पत्थर नहीं देखते—हम सौर मंडल के बचपन की झलक देखते हैं।"

अपोलो 17 अवतरण स्थल का पैनोरमिक दृश्य

स्रोत : नासा

अध्याय 39

चंद्रमा का जल, ज्वालामुखीय इतिहास और क्रेटर

Moon's Water, Volcanic History, and Craters

"जो चंद्रमा कभी एक सूखा, निर्जीव रेगिस्तान माना जाता था, आज वही हमें अपने भीतर जल, आग और अरबों वर्षों के ब्रह्मांडीय इतिहास के प्रमाण दिखाता है।"

एक सूखी दुनिया से जटिल ग्रह-पिंड तक

कई दशकों तक वैज्ञानिकों का मानना था कि चंद्रमा एक सूखा और निष्क्रिय खगोलीय पिंड है, जिसकी सतह केवल उल्कापिंडों की टक्करों से बनी है।

Apollo Missions द्वारा लाए गए प्रारंभिक नमूनों के अध्ययन ने भी यही संकेत दिया कि चंद्रमा पर पानी नहीं है।

लेकिन पिछले दो दशकों में आधुनिक Space Missions और उन्नत वैज्ञानिक तकनीकों ने इस धारणा को पूरी तरह बदल दिया।

आज हम जानते हैं कि चंद्रमा पर जल-बर्फ (Water Ice) मौजूद है, उसका एक सक्रिय ज्वालामुखीय अतीत रहा है, और उसकी सतह अरबों वर्षों की ब्रह्मांडीय टक्करों के निशानों से भरी हुई है।

I. चंद्रमा का जल – छिपा हुआ खजाना

1. प्रारंभिक धारणा : एक सूखा चंद्रमा

1969 से 1972 के बीच Apollo Missions द्वारा लाए गए नमूनों के अध्ययन से वैज्ञानिकों ने निष्कर्ष निकाला कि चंद्रमा पूरी तरह सूखा है।

इसके पीछे मुख्य कारण थे—

- चंद्रमा पर वायुमंडल का अभाव

- अत्यधिक तापमान

- अंतरिक्ष का निर्वात (Vacuum)

इन परिस्थितियों में पानी का टिके रहना असंभव माना जाता था।

2. जल की खोज

Chandrayaan-1 की ऐतिहासिक खोज

2008 में भारत के Chandrayaan-1 मिशन ने पहली बार चंद्र सतह पर जल अणुओं (H_2O और OH) के प्रमाण खोजे।

यह आधुनिक चंद्र-अनुसंधान की सबसे महत्वपूर्ण खोजों में से एक थी।

NASA का LCROSS मिशन

2009 में NASA के LCROSS Mission ने चंद्र ध्रुवों के स्थायी रूप से छायादार (Permanently Shadowed) क्रेटरों में बड़ी मात्रा में Water Ice की पुष्टि की।

इस खोज ने भविष्य की मानव बस्तियों की संभावनाओं को नई दिशा दी।

3. चंद्रमा पर जल कहाँ से आया?

वैज्ञानिकों के अनुसार इसके कई संभावित स्रोत हैं—

धूमकेतु और क्षुद्रग्रह

अरबों वर्षों से चंद्रमा पर गिरते धूमकेतु और क्षुद्रग्रह अपने साथ जल लेकर आए।

Solar Wind

सूर्य से आने वाले Hydrogen Ions चंद्र मिट्टी में मौजूद ऑक्सीजन के साथ मिलकर जल अणुओं का निर्माण कर सकते हैं।

आंतरिक स्रोत

कुछ वैज्ञानिक मानते हैं कि प्राचीन ज्वालामुखीय विस्फोटों के दौरान चंद्रमा के भीतर से भी जल बाहर आया होगा।

4. जल का महत्व

यदि चंद्रमा पर पर्याप्त मात्रा में जल उपलब्ध है, तो भविष्य में—

- पीने का पानी
- ऑक्सीजन उत्पादन

• रॉकेट ईंधन

• कृषि प्रयोग

संभव हो सकते हैं।

यही कारण है कि चंद्रमा को भविष्य के अंतरिक्ष अभियानों का प्रमुख आधार माना जा रहा है।

II. चंद्रमा का ज्वालामुखीय इतिहास

1. Lunar Maria – प्राचीन लावा के महासागर

पृथ्वी से दिखाई देने वाले चंद्रमा के गहरे रंग के क्षेत्र "Maria" कहलाते हैं।

Maria लैटिन भाषा का शब्द है, जिसका अर्थ है "समुद्र"।

हालाँकि ये वास्तव में समुद्र नहीं हैं, बल्कि विशाल Basaltic Plains हैं, जो अरबों वर्ष पहले बहते हुए लावा से बने थे।

प्रमुख तथ्य

• चंद्र सतह का लगभग 16% भाग Maria से ढका है।

• ये मुख्यतः Near Side पर पाए जाते हैं।

• इन्हीं क्षेत्रों को प्राचीन लोग समुद्र समझते थे।

2. ज्वालामुखीय गतिविधि का काल

वैज्ञानिक प्रमाण बताते हैं कि चंद्रमा पर ज्वालामुखीय गतिविधियाँ लगभग—

3 से 4 अरब वर्ष पहले

बहुत सक्रिय थीं।

कुछ शोध यह भी संकेत देते हैं कि कुछ लावा प्रवाह केवल लगभग 10 करोड़ वर्ष पुराने हो सकते हैं।

यह दर्शाता है कि चंद्रमा हमारी अपेक्षा से अधिक समय तक भूगर्भीय रूप से सक्रिय रहा।

3. ज्वालामुखीय संरचनाएँ

Shield Volcanoes

कम गाढ़े लावा से बने विस्तृत और ढलानदार ज्वालामुखी।

Rilles

लावा के बहाव से बनी लंबी और घुमावदार घाटियाँ।

Domes

गाढ़े लावा के धीरे-धीरे ऊपर उठने से बने गोलाकार उभार।

Volcanic Glass Beads

ठंडे होकर जम चुके लावा की सूक्ष्म कांच जैसी गोलिकाएँ।

इनमें जल अणुओं के प्रमाण भी मिले हैं।

4. ज्वालामुखीय गतिविधि क्यों रुकी?

चंद्रमा पृथ्वी की तुलना में बहुत छोटा है।

छोटे आकार के कारण उसने अपनी आंतरिक ऊष्मा (Internal Heat) अपेक्षाकृत जल्दी खो दी।

जब आंतरिक ताप समाप्त हो गया, तब ज्वालामुखीय गतिविधियाँ भी समाप्त हो गईं।

III. क्रेटर – ब्रह्मांडीय टक्करों के निशान

"चंद्रमा का चेहरा उसके घावों की कहानी कहता है।"

1. क्रेटर कैसे बनते हैं?

चंद्रमा पर वायुमंडल नहीं है।

इसलिए उल्कापिंड (Meteorites) और क्षुद्रग्रह सीधे उसकी सतह से टकराते हैं।

इन टक्करों से विशाल गड्ढे बनते हैं जिन्हें Craters कहा जाता है।

अरबों वर्षों से यह प्रक्रिया लगातार चलती रही है।

2. प्रमुख क्रेटर और बेसिन

Tycho Crater

लगभग 85 किलोमीटर चौड़ा।

अपने चमकीले Ray System के लिए प्रसिद्ध।

Copernicus Crater

लगभग 93 किलोमीटर चौड़ा।

सबसे सुंदर और स्पष्ट Impact Craters में से एक।

South Pole–Aitken Basin

लगभग 2500 किलोमीटर चौड़ा।

यह पूरे सौर मंडल की सबसे विशाल Impact Structures में से एक है।

3. क्रेटरों की विशेषताएँ

Central Peaks

बड़ी टक्कर के बाद सतह उछलकर ऊपर आती है और मध्य में पर्वत जैसी संरचना बनती है।

Ejecta Blanket

टक्कर के दौरान बाहर उछली चट्टानें और धूल।

Ray Systems

नवीन क्रेटरों से निकलती चमकीली धारियाँ।

Tycho इसका प्रसिद्ध उदाहरण है।

4. वैज्ञानिक महत्व

क्रेटर वैज्ञानिकों के लिए समय की पुस्तक हैं।

इनके अध्ययन से—

• चंद्र सतह की आयु ज्ञात होती है।

• सौर मंडल के टक्कर इतिहास का अध्ययन किया जाता है।

• जल-बर्फ वाले Cold Traps की पहचान होती है।

IV. वैज्ञानिक और दार्शनिक महत्व

सूखी चट्टान से संसाधनयुक्त दुनिया तक

जल की खोज ने चंद्रमा को केवल अध्ययन की वस्तु नहीं, बल्कि भविष्य की मानव बस्तियों के संभावित घर के रूप में प्रस्तुत किया।

ग्रहों के विकास को समझना

चंद्रमा के ज्वालामुखीय इतिहास से वैज्ञानिक यह समझते हैं कि छोटे ग्रह और उपग्रह समय के साथ कैसे ठंडे होते हैं और विकसित होते हैं।

ब्रह्मांड का इतिहास

पृथ्वी पर मौसम, हवा और प्लेट टेक्टॉनिक्स पुराने निशानों को मिटा देते हैं।

लेकिन चंद्रमा पर अरबों वर्ष पुराने क्रेटर आज भी सुरक्षित हैं।

इसलिए चंद्रमा हमारे सौर मंडल का प्राकृतिक अभिलेखागार (Natural Archive) है।

निष्कर्ष : एक जीवंत इतिहास

"चंद्रमा एक मृत दुनिया नहीं, बल्कि एक इतिहास से भरी हुई दुनिया है।"

उसकी बर्फ भविष्य की मानव सभ्यता की आशा हो सकती है।

उसके ज्वालामुखीय मैदान उसके उग्र अतीत की कहानी सुनाते हैं।

उसके क्रेटर अरबों वर्षों की ब्रह्मांडीय टक्करों के मौन साक्षी हैं।

जल, आग और टक्करों की ये कहानियाँ मिलकर हमें बताती हैं कि चंद्रमा केवल पृथ्वी का उपग्रह नहीं है—

वह ग्रहों के विकास, सौर मंडल के इतिहास और मानव भविष्य को समझने की एक महत्वपूर्ण कुंजी है।

"जब हम चंद्रमा को देखते हैं, तो हम केवल रात का चमकता हुआ गोला नहीं देखते—हम अरबों वर्षों का जीवित इतिहास देखते हैं।"

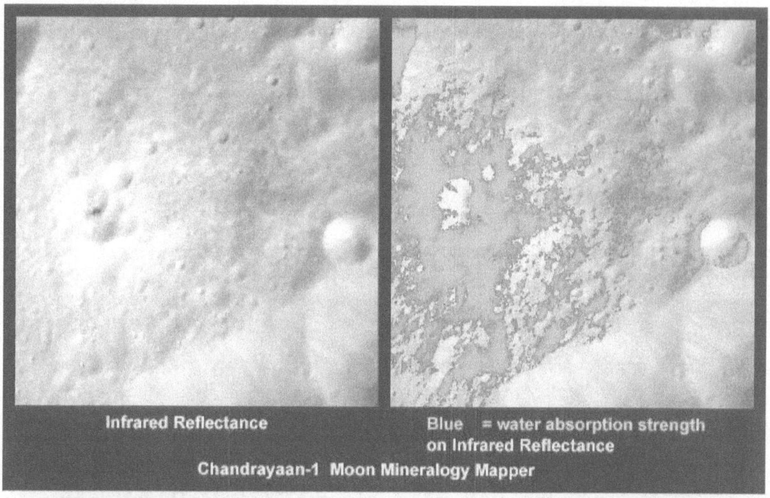

इम्ब्रियम बेसिन का स्थान

अध्याय 40

अंतरराष्ट्रीय चंद्र मिशन और सहयोग

International Lunar Missions and Collaborations

प्रतिस्पर्धा से साझेदारी तक

"एक समय था जब चंद्रमा पर पहुँचने की दौड़ दो महाशक्तियों के बीच प्रतिष्ठा की लड़ाई थी। आज वही चंद्रमा पूरी मानवता के सहयोग का मंच बनता जा रहा है।"

20वीं सदी का प्रसिद्ध **Space Race** मुख्य रूप से अमेरिका और सोवियत संघ के बीच प्रतिस्पर्धा का प्रतीक था। दोनों देश विज्ञान, तकनीक और राजनीतिक प्रभाव में श्रेष्ठता साबित करना चाहते थे।

लेकिन 21वीं सदी में अंतरिक्ष अन्वेषण की दिशा बदल चुकी है।

चंद्रमा अब केवल राष्ट्रीय गौरव का प्रतीक नहीं रहा, बल्कि वैज्ञानिक सहयोग, संसाधनों के साझा उपयोग और भविष्य की मानव बस्तियों का संभावित केंद्र बन चुका है।

चंद्रमा पर जल-बर्फ की खोज, स्थायी मानव उपस्थिति की योजनाएँ और भविष्य के Lunar Bases के सपनों ने दुनिया के अनेक देशों को एक साथ काम करने के लिए प्रेरित किया है।

आज चंद्र अन्वेषण केवल NASA या Roscosmos तक सीमित नहीं है। इसमें यूरोप, भारत, चीन, जापान, दक्षिण कोरिया, इज़राइल, यूएई तथा SpaceX, Blue Origin और Astrobotic जैसी निजी कंपनियाँ भी महत्वपूर्ण भूमिका निभा रही हैं।

यह मानव इतिहास में चंद्रमा की ओर बढ़ते हुए एक नए वैश्विक युग की शुरुआत है।

I. यूरोप और ESA (European Space Agency)

European Space Agency (ESA), जिसके 22 सदस्य देश हैं, आधुनिक चंद्र अन्वेषण में महत्वपूर्ण योगदान दे रही है।

SMART-1 (2003–2006)

यह यूरोप का पहला चंद्र मिशन था।

इस मिशन ने—

• Solar-Electric Propulsion का परीक्षण किया

• चंद्र सतह का खनिजीय अध्ययन किया

• भविष्य के मिशनों के लिए तकनीकी आधार तैयार किया

Artemis कार्यक्रम में सहयोग

ESA, NASA के Artemis Program की प्रमुख साझेदार है।

यह Orion Spacecraft के लिए **European Service Module (ESM)** प्रदान करती है, जो भविष्य के मानव मिशनों के लिए अत्यंत महत्वपूर्ण है।

भविष्य की योजनाएँ

HERACLES Mission

2028 के आसपास प्रस्तावित यह मिशन मानव और रोबोट के संयुक्त कार्यों का परीक्षण करेगा तथा चंद्र नमूनों को कक्षा से पृथ्वी तक लाने का प्रयास करेगा।

Argonaut Program

यूरोप के नए रोबोटिक लैंडर कार्यक्रम का लक्ष्य 2030 के आसपास दक्षिणी ध्रुव क्षेत्र में उतरना है।

Moonlight Project

यह चंद्रमा के चारों ओर संचार और नेविगेशन उपग्रहों का नेटवर्क स्थापित करने की योजना है, जो पृथ्वी के GPS की तरह कार्य करेगा।

ESA का दीर्घकालिक सपना है—

"Moon Village"

जहाँ विभिन्न देश मिलकर वैज्ञानिक अनुसंधान, संसाधन उपयोग और व्यावसायिक गतिविधियाँ संचालित कर सकें।

II. चीन का Chang'e कार्यक्रम

चीन का **Chang'e Program** आधुनिक युग के सबसे सफल चंद्र कार्यक्रमों में से एक है।

इसका नाम चीनी चंद्र देवी "Chang'e" के नाम पर रखा गया है।

प्रमुख उपलब्धियाँ

Chang'e-3 (2013)

- Yutu Rover को सफलतापूर्वक उतारा

- चीन का पहला चंद्र रोवर

Chang'e-4 (2019)

- चंद्रमा के दूरस्थ भाग (Far Side) पर उतरने वाला पहला मिशन

- अंतरिक्ष इतिहास की एक ऐतिहासिक उपलब्धि

Chang'e-5 (2020)

- लगभग 2 किलोग्राम चंद्र नमूने पृथ्वी पर लाया

- 1970 के दशक के बाद पहला Sample Return Mission

Chang'e-6 (2024)

- पहली बार चंद्रमा के Far Side से नमूने लाने में सफल

- वैज्ञानिक दृष्टि से अत्यंत महत्वपूर्ण मिशन

भविष्य की योजनाएँ

- Chang'e-7 और Chang'e-8

- चंद्र आधार निर्माण तकनीकों का परीक्षण

- 2030 के दशक में मानवयुक्त चंद्र मिशन

चीन और रूस मिलकर **International Lunar Research Station (ILRS)** विकसित करने की योजना बना रहे हैं।

III. भारत का Chandrayaan कार्यक्रम

भारत ने ISRO के माध्यम से चंद्र अनुसंधान में उल्लेखनीय सफलता प्राप्त की है।

Chandrayaan-1 (2008)

यह मिशन भारतीय अंतरिक्ष इतिहास का मील का पत्थर सिद्ध हुआ।

इसकी सबसे बड़ी उपलब्धि थी—

चंद्रमा पर जल अणुओं की खोज।

इस खोज ने पूरी दुनिया की चंद्र रणनीतियों को बदल दिया।

Chandrayaan-2 (2019)

इस मिशन में Orbiter, Vikram Lander और Pragyan Rover शामिल थे।

हालाँकि लैंडर सफलतापूर्वक नहीं उतर सका, लेकिन Orbiter आज भी महत्वपूर्ण वैज्ञानिक आँकड़े भेज रहा है।

Chandrayaan-3 (2023)

यह भारत की ऐतिहासिक सफलता थी।

भारत—

- चंद्रमा पर Soft Landing करने वाला चौथा देश बना
- दक्षिणी ध्रुव क्षेत्र में उतरने वाला पहला राष्ट्र बना

Pragyan Rover ने सल्फर सहित कई महत्वपूर्ण तत्वों की पुष्टि की।

भारत भविष्य के चंद्र अभियानों में NASA और अन्य देशों के साथ सहयोग बढ़ा रहा है।

IV. जापान और JAXA

जापान की अंतरिक्ष एजेंसी **JAXA** लंबे समय से चंद्र अनुसंधान में सक्रिय है।

SELENE / Kaguya (2007–2009)

इस मिशन ने—

- चंद्र गुरुत्वाकर्षण
- स्थलाकृति
- खनिज संरचना

का विस्तृत मानचित्र तैयार किया।

SLIM Mission (2024)

इसे “Moon Sniper” कहा जाता है।

इसका उद्देश्य चंद्र सतह पर अत्यधिक सटीक Landing करना था।

जापान NASA के Artemis Program तथा Lunar Gateway परियोजना में भी सहयोग कर रहा है।

V. दक्षिण कोरिया – Danuri Mission

2022 में दक्षिण कोरिया ने अपना पहला चंद्र मिशन **Danuri** लॉन्च किया।

इस मिशन का उद्देश्य था—

- चंद्र संसाधनों का अध्ययन
- चुंबकीय क्षेत्रों की जाँच
- भविष्य के Landing Sites की पहचान

NASA और SpaceX ने इस मिशन में सहयोग प्रदान किया।

VI. रूस – Luna कार्यक्रम की वापसी

सोवियत युग का प्रसिद्ध Luna Program अब पुनः सक्रिय किया जा रहा है।

Luna-25 (2023)

दक्षिणी ध्रुव क्षेत्र में उतरने का प्रयास किया गया, लेकिन मिशन असफल रहा।

भविष्य की योजनाएँ

- Luna-26
- Luna-27
- चीन के साथ ILRS सहयोग

VII. अमेरिका – Apollo से Artemis तक

Apollo कार्यक्रम के बाद अमेरिका ने लंबे समय तक चंद्रमा पर मानव मिशन नहीं भेजे।

लेकिन अब NASA ने पुनः चंद्रमा पर लौटने की महत्वाकांक्षी योजना बनाई है।

Artemis Program

Artemis I (2022)

मानवरहित Orion परीक्षण मिशन।

Artemis II (2026)

चंद्र कक्षा में मानवयुक्त उड़ान की योजना।

Artemis III (2027)

दक्षिणी ध्रुव क्षेत्र में मानव लैंडिंग का लक्ष्य।

Commercial Lunar Payload Services (CLPS)

NASA निजी कंपनियों जैसे—

- Astrobotic
- Intuitive Machines

के साथ मिलकर रोबोटिक मिशन संचालित कर रहा है।

VIII. अंतरराष्ट्रीय सहयोग

1. Artemis Accords

यह अमेरिका के नेतृत्व में बनाया गया अंतरराष्ट्रीय ढाँचा है।

इसमें 30 से अधिक देश शामिल हो चुके हैं, जिनमें भारत, जापान, कनाडा और कई यूरोपीय राष्ट्र शामिल हैं।

इसके प्रमुख उद्देश्य हैं—

- पारदर्शिता
- शांतिपूर्ण उपयोग

• वैज्ञानिक डेटा का साझा आदान-प्रदान

2. International Lunar Research Station (ILRS)

चीन और रूस द्वारा प्रस्तावित यह परियोजना 2030 के दशक में एक साझा चंद्र अनुसंधान केंद्र स्थापित करने का लक्ष्य रखती है।

3. निजी कंपनियों की भूमिका

आज SpaceX, Blue Origin, ispace और अन्य कंपनियाँ भी चंद्र अभियानों में महत्वपूर्ण भूमिका निभा रही हैं।

यूएई, लक्ज़मबर्ग और कई अन्य देश निजी Lunar Startups में निवेश कर रहे हैं।

IX. भविष्य – चंद्रमा पर स्थायी मानव उपस्थिति

2030 और 2040 के दशक तक हम संभवतः देखेंगे—

• स्थायी Moon Bases

• Lunar Gateway Space Station

• चंद्र जल से रॉकेट ईंधन उत्पादन

• वैज्ञानिक Moon Villages

• अंतरिक्ष पर्यटन

• व्यावसायिक केंद्र

• मंगल ग्रह अभियानों के लिए चंद्रमा को Launch Hub के रूप में उपयोग

चंद्रमा भविष्य की Space Economy का केंद्र बन सकता है।

निष्कर्ष : पूरी मानवता का चंद्रमा

"चंद्रमा अब किसी एक देश का लक्ष्य नहीं, बल्कि पूरी मानवता का साझा भविष्य है।"

अमेरिका Artemis के माध्यम से नेतृत्व कर रहा है।

चीन और रूस ILRS के माध्यम से एक वैकल्पिक मार्ग बना रहे हैं।

भारत, जापान, यूरोप, दक्षिण कोरिया और अन्य देश अपनी-अपनी विशेषज्ञता से इस वैश्विक प्रयास को मजबूत कर रहे हैं।

निजी कंपनियाँ भी अंतरिक्ष अन्वेषण को नई गति दे रही हैं।

आज चंद्रमा पर पहुँचने की कहानी किसी एक झंडे या एक राष्ट्र की नहीं रही।

यह पूरी मानव जाति की कहानी बन चुकी है—एक ऐसी यात्रा, जिसमें हम पृथ्वी की सीमाओं से आगे बढ़कर तारों की ओर अपने अगले कदम की तैयारी कर रहे हैं।

"एक समय हम चंद्रमा को देखते थे। अब हम वहाँ रहने की योजना बना रहे हैं।"

आर्टेमिस बेस कैंप का परिकल्पित रेंडर चित्र

स्रोत : नासा

चित्र : अंतरराष्ट्रीय चंद्र अनुसंधान स्टेशन (ILRS) की प्रस्तावित संरचना का अवधारणात्मक (Conceptual) रेंडर

स्रोत : आईएलआरएस मिशन

अध्याय 41

ज्वारीय ऊर्जा और महासागरीय पारिस्थितिकी

Tidal Energy and Ocean Ecology

"चंद्रमा का आकर्षण केवल समुद्र की लहरों को नहीं उठाता, बल्कि पृथ्वी पर जीवन, जलवायु और मानव सभ्यता की धड़कनों को भी प्रभावित करता है।"

चंद्रमा और महासागर की शक्ति

हजारों वर्षों से मनुष्य यह देखता आया है कि चंद्रमा समुद्र की ज्वार-भाटा (Tides) को नियंत्रित करता है। समुद्र का नियमित रूप से ऊपर उठना और नीचे गिरना चंद्रमा के गुरुत्वाकर्षण तथा आंशिक रूप से सूर्य के प्रभाव का परिणाम है।

इन्हीं ज्वारों ने तटीय जीवन, मछली पकड़ने की परंपराओं, समुद्री व्यापार, नौवहन (Navigation) और अनेक सांस्कृतिक मान्यताओं को आकार दिया।

आधुनिक युग में ज्वार-भाटा केवल प्राकृतिक घटना नहीं रह गया है। अब इसे स्वच्छ और नवीकरणीय ऊर्जा (Renewable Energy) के एक महत्वपूर्ण स्रोत के रूप में देखा जा रहा है।

साथ ही, ज्वारीय गतिविधियाँ समुद्री पारिस्थितिकी (Ocean Ecology), जैव-विविधता और जलवायु संतुलन में भी महत्वपूर्ण भूमिका निभाती हैं।

यह अध्याय ज्वारीय ऊर्जा की संभावनाओं, महासागरीय जीवन में उसकी भूमिका तथा विकास और पर्यावरण के बीच संतुलन की आवश्यकता को समझने का प्रयास है।

I. ज्वार-भाटा का विज्ञान

ज्वार-भाटा पृथ्वी, चंद्रमा और सूर्य के बीच गुरुत्वाकर्षणीय अंतःक्रिया का परिणाम है।

उच्च ज्वार (High Tide)

जब समुद्र का जल चंद्रमा की ओर उभरता है, तब उच्च ज्वार उत्पन्न होता है।

निम्न ज्वार (Low Tide)

उच्च ज्वार वाले क्षेत्रों के बीच स्थित स्थानों पर जल स्तर कम हो जाता है, जिससे निम्न ज्वार बनता है।

सूर्य की भूमिका

सूर्य भी ज्वारों को प्रभावित करता है।

Spring Tides

अमावस्या (New Moon) और पूर्णिमा (Full Moon) के समय सूर्य और चंद्रमा एक सीध में होते हैं।

इस स्थिति में ज्वार अधिक शक्तिशाली होते हैं।

Neap Tides

चंद्रमा के प्रथम और अंतिम चरण (Quarter Moon) में सूर्य और चंद्रमा का प्रभाव एक-दूसरे को आंशिक रूप से कम कर देता है।

इससे ज्वार अपेक्षाकृत कमजोर हो जाते हैं।

ज्वारों की सबसे बड़ी विशेषता उनकी पूर्वानुमेयता (Predictability) है, जो उन्हें ऊर्जा उत्पादन के लिए अत्यंत आकर्षक बनाती है।

II. ज्वारीय ऊर्जा – चंद्र शक्ति का उपयोग

ज्वारीय ऊर्जा पृथ्वी पर उपलब्ध सबसे विश्वसनीय Renewable Energy स्रोतों में से एक मानी जाती है।

क्योंकि ज्वार खगोलीय नियमों के अनुसार नियमित रूप से उत्पन्न होते हैं, इसलिए इनके समय और तीव्रता का सटीक अनुमान लगाया जा सकता है।

1. Tidal Range System (Barrage Method)

इस विधि में नदी और समुद्र के संगम क्षेत्रों (Estuaries) पर बड़े बांध बनाए जाते हैं।

उच्च ज्वार के समय पानी बांध के भीतर प्रवेश करता है और निम्न ज्वार के समय टर्बाइनों से होकर बाहर निकलता है।

इस प्रक्रिया से विद्युत ऊर्जा उत्पन्न होती है।

उदाहरण

La Rance Tidal Power Station (फ्रांस)

1966 से संचालित यह विश्व की सबसे प्रसिद्ध ज्वारीय ऊर्जा परियोजनाओं में से एक है।

2. Tidal Stream System

इस प्रणाली में समुद्र के भीतर शक्तिशाली ज्वारीय धाराओं में टर्बाइन लगाए जाते हैं।

इनका कार्य सिद्धांत पवन चक्कियों जैसा होता है, अंतर केवल इतना है कि ये पानी के भीतर कार्य करती हैं।

उदाहरण

MeyGen Project (स्कॉटलैंड)

विश्व की सबसे बड़ी Tidal Stream परियोजना।

3. Dynamic Tidal Power

यह अभी प्रस्तावित तकनीक है।

इसमें समुद्र के भीतर लंबे बांध बनाकर विभिन्न ज्वारीय चरणों के बीच ऊर्जा अंतर का उपयोग किया जाता है।

4. ज्वारीय ऊर्जा के लाभ

- ऊर्जा का अत्यंत विश्वसनीय स्रोत
- संचालन के दौरान लगभग शून्य Carbon Emissions
- लंबी कार्यकाल अवधि
- मौसम पर कम निर्भरता

5. चुनौतियाँ

- निर्माण लागत बहुत अधिक
- समुद्री पारिस्थितिकी पर प्रभाव
- मछलियों के प्रवास में बाधा
- विश्व में सीमित उपयुक्त स्थान

III. महासागरीय जीवन में ज्वारों की भूमिका

ज्वार केवल ऊर्जा का स्रोत नहीं हैं, बल्कि समुद्री जीवन की नींव भी हैं।

1. पोषक तत्वों का चक्र (Nutrient Cycling)

ज्वारीय धाराएँ गहरे जल से पोषक तत्वों को उथले क्षेत्रों तक पहुँचाती हैं।

इसी कारण Estuaries अत्यधिक उत्पादक और जैविक रूप से समृद्ध क्षेत्र होते हैं।

यहाँ अनेक मछलियाँ, झींगे और अन्य समुद्री जीव अपने प्रारंभिक जीवन चरण बिताते हैं।

2. तटीय आवास (Coastal Habitats)

मैंग्रोव वन, नमक दलदल (Salt Marshes) और कीचड़ वाले तटीय क्षेत्र ज्वारों पर निर्भर रहते हैं।

ये क्षेत्र अनेक पक्षियों, केकड़ों और छोटी मछलियों को आश्रय प्रदान करते हैं।

3. समुद्री जैव-विविधता

High Tide और Low Tide के बीच का क्षेत्र Intertidal Zone कहलाता है।

यह पृथ्वी के सबसे अधिक जैव-विविध क्षेत्रों में से एक है।

यहाँ पाए जाने वाले जीव—

- Barnacles
- Mussels
- Starfish
- Crabs

बार-बार गीले और सूखे वातावरण के अनुरूप विकसित हुए हैं।

4. महासागरीय परिसंचरण

ज्वारीय गतिविधियाँ समुद्री जल को लगातार मिश्रित करती रहती हैं।

इससे—

- तापमान संतुलित रहता है
- ऑक्सीजन वितरण बेहतर होता है
- लवणता नियंत्रित रहती है
- मत्स्य संसाधन समृद्ध होते हैं

IV. मानव सभ्यता और ज्वार

मानव इतिहास में ज्वारों का अत्यंत महत्वपूर्ण स्थान रहा है।

मछली पकड़ना

आज भी अनेक मछुआरे ज्वारों के अनुसार अपनी गतिविधियाँ निर्धारित करते हैं।

नौवहन और व्यापार

प्राचीन नाविक ज्वारों के समय के आधार पर समुद्री यात्राओं की योजना बनाते थे।

सांस्कृतिक परंपराएँ

कई तटीय संस्कृतियों में पूर्णिमा के उच्च ज्वार के समय विशेष उत्सव और धार्मिक अनुष्ठान आयोजित किए जाते हैं।

V. ज्वारीय ऊर्जा से पर्यावरणीय चिंताएँ

यद्यपि ज्वारीय ऊर्जा स्वच्छ मानी जाती है, फिर भी इसके कुछ पर्यावरणीय प्रभाव हो सकते हैं।

मछलियों के प्रवास पर प्रभाव

बांध आधारित परियोजनाएँ मछलियों के प्राकृतिक मार्गों को बाधित कर सकती हैं।

तलछट प्रवाह में परिवर्तन

Sediment Flow बदलने से तटीय कटाव और समुद्री तटों की संरचना प्रभावित हो सकती है।

समुद्री स्तनधारियों पर प्रभाव

डॉल्फिन और व्हेल जैसे जीव पानी के भीतर ध्वनि का उपयोग करते हैं।

टर्बाइन और अन्य संरचनाएँ उनकी संचार प्रणाली को प्रभावित कर सकती हैं।

आधुनिक समाधान

आज की परियोजनाओं में—

- Fish-Friendly Turbines
- Open Barrage Designs

• पर्यावरणीय निगरानी

जैसी तकनीकों का उपयोग किया जा रहा है।

VI. विश्व के प्रमुख उदाहरण

फ्रांस – La Rance Barrage

• क्षमता: 240 MW

• शुरुआती पर्यावरणीय चुनौतियों के बाद नया संतुलित पारिस्थितिक तंत्र विकसित हुआ।

दक्षिण कोरिया – Sihwa Lake Tidal Power Station

• विश्व का सबसे बड़ा ज्वारीय ऊर्जा संयंत्र

• क्षमता: 254 MW

• जल गुणवत्ता सुधारने में भी सहायक

यूनाइटेड किंगडम – MeyGen Project

• संभावित क्षमता: 400 MW

• न्यूनतम पर्यावरणीय प्रभाव के साथ विकसित

भारत – कच्छ और खंभात की खाड़ियाँ

भारत के गुजरात क्षेत्र में स्थित—

• Gulf of Kutch

• Gulf of Khambhat

ज्वारीय ऊर्जा की विशाल संभावनाएँ रखते हैं।

भविष्य में ये भारत की Renewable Energy आवश्यकताओं में महत्वपूर्ण भूमिका निभा सकते हैं।

VII. भविष्य – ऊर्जा और पारिस्थितिकी का संतुलन

भविष्य की ज्वारीय ऊर्जा तकनीकें अधिक उन्नत और पर्यावरण-अनुकूल होंगी।

संभावित विकास:

• Tidal + Solar + Wind Hybrid Systems

• Floating Tidal Turbines

• Marine Conservation आधारित परियोजनाएँ

• अंतरराष्ट्रीय पर्यावरणीय सहयोग

साथ ही, Climate Change के कारण समुद्र स्तर बढ़ रहा है और ज्वारीय पैटर्न बदल रहे हैं।

ऐसी स्थिति में ज्वारों तथा चंद्रमा के प्रभाव को समझना पहले से अधिक महत्वपूर्ण हो गया है।

निष्कर्ष

"चंद्रमा का आकर्षण केवल जल को नहीं हिलाता, बल्कि जीवन को भी दिशा देता है।"

ज्वारीय ऊर्जा मानवता को स्वच्छ और टिकाऊ ऊर्जा प्रदान करने की क्षमता रखती है।

वहीं महासागरीय पारिस्थितिकी यह दर्शाती है कि ज्वार समुद्री जीवन, जैव-विविधता और जलवायु संतुलन के लिए कितने आवश्यक हैं।

हमारे सामने सबसे बड़ी चुनौती यह है कि तकनीकी प्रगति और पर्यावरण संरक्षण के बीच संतुलन बनाए रखा जाए।

जैसे-जैसे मानवता एक हरित और टिकाऊ भविष्य की ओर बढ़ रही है, चंद्रमा द्वारा संचालित ज्वार हमारे सबसे शक्तिशाली सहयोगियों में से एक बन सकते हैं।

"समुद्र की हर उठती लहर में चंद्रमा का स्पर्श छिपा है, और उसी स्पर्श में पृथ्वी के भविष्य की ऊर्जा भी।"

अध्याय 42

चंद्र चरणों के दौरान पशुओं का व्यवहार

Animal Behavior During Lunar Phases

"आकाश में चमकता चंद्रमा केवल मनुष्यों के लिए ही समय का संकेतक नहीं है। पृथ्वी पर असंख्य जीव-जंतु भी उसकी रोशनी और लय के साथ अपना जीवन जीते हैं।"

प्रकृति की घड़ी : चंद्रमा

हजारों वर्षों से चंद्रमा पृथ्वी के जीव-जगत के लिए एक प्राकृतिक समय-सूचक (Natural Timekeeper) की भूमिका निभाता आया है।

गहरे महासागरों से लेकर घने जंगलों और खुले घास के मैदानों तक, अनेक प्रजातियाँ अपने व्यवहार को चंद्र चरणों (Lunar Phases) के अनुसार समायोजित करती हैं।

वैज्ञानिक इस क्षेत्र को **Lunar Biology** या **Moonlight Ecology** कहते हैं।

जहाँ सूर्य हमारे दैनिक जैविक चक्रों (Circadian Rhythms) को नियंत्रित करता है, वहीं चंद्रमा मासिक जैविक चक्रों (Circalunar Rhythms) को प्रभावित करता है।

यह अध्याय बताता है कि किस प्रकार मछलियाँ, पक्षी, कीट और स्तनधारी जीव बढ़ते और घटते चंद्रमा के साथ अपने व्यवहार में परिवर्तन करते हैं।

I. चंद्र प्रभाव का विज्ञान

चंद्रमा जीव-जंतुओं को कई तरीकों से प्रभावित करता है।

चंद्र प्रकाश (Moonlight)

पूर्णिमा की रातें अपेक्षाकृत अधिक उज्ज्वल होती हैं, जिससे रात्रिचर जीवों की गतिविधियाँ बदल जाती हैं।

ज्वार और गुरुत्वाकर्षण

समुद्री जीव भोजन, प्रवास और प्रजनन के लिए ज्वारीय चक्रों पर निर्भर रहते हैं।

शिकारी और शिकार का संबंध

अधिक रोशनी शिकारी और शिकार दोनों के व्यवहार को प्रभावित करती है।

प्रजनन चक्र

कई जीव विशेष चंद्र चरणों के दौरान ही प्रजनन करते हैं ताकि उनकी संतानों के जीवित रहने की संभावना बढ़ सके।

II. समुद्री जीवन और चंद्र चक्र

समुद्री जीवों पर चंद्रमा का प्रभाव सबसे स्पष्ट रूप से दिखाई देता है।

1. Coral Spawning

उष्णकटिबंधीय क्षेत्रों की Coral Reefs पूर्णिमा के आसपास एक साथ अंडे और शुक्राणु छोड़ती हैं।

यह एक अद्भुत प्राकृतिक घटना है जिसमें सैकड़ों Coral Species एक ही समय पर प्रजनन करती हैं।

उदाहरण

Great Barrier Reef (ऑस्ट्रेलिया)

यहाँ पूर्णिमा के कुछ दिनों के भीतर विशाल स्तर पर Coral Spawning होती है।

2. मछलियों का व्यवहार

Grunion Fish

कैलिफ़ोर्निया की Grunion Fish केवल Full Moon के आसपास आने वाले Spring Tides के समय समुद्र तटों पर अंडे देती है।

Reef Fish

कई Reef Fish चंद्र प्रकाश के अनुसार अपने प्रजनन और अंडे देने का समय निर्धारित करती हैं।

इससे उनकी संतानों के जीवित रहने की संभावना बढ़ जाती है।

3. Crustaceans और Mollusks

• कई केकड़े (Crabs) विशेष चंद्र चरणों में तटों की ओर प्रवास करते हैं।

• Squid जैसी प्रजातियाँ भी चंद्र प्रकाश के अनुसार अपने शिकार व्यवहार को बदलती हैं।

III. पक्षी और चंद्र मार्गदर्शन

कई पक्षी अपनी लंबी यात्राओं में चंद्रमा और तारों का उपयोग दिशा निर्धारण के लिए करते हैं।

रात्रिचर पक्षी

उल्लू और अन्य Night Birds पूर्णिमा की उजली रातों में शिकार की रणनीति बदल लेते हैं।

समुद्री पक्षी

Petrels जैसे पक्षी अमावस्या (New Moon) की अंधेरी रातों में अधिक सक्रिय रूप से अपने घोंसलों में लौटते हैं।

इससे वे शिकारियों से बच पाते हैं।

IV. कीट और चंद्र संकेत

कीटों की दुनिया में भी चंद्रमा का महत्वपूर्ण प्रभाव देखा जाता है।

पतंगे (Moths)

पतंगे दिशा निर्धारित करने के लिए चंद्रमा की रोशनी का उपयोग करते हैं।

Artificial Lights उनके प्राकृतिक नेविगेशन को भ्रमित कर देती हैं।

इसे Light Pollution की समस्या कहा जाता है।

Fireflies

जुगनू पूर्णिमा की रातों में अपनी चमकने की गतिविधि कम कर सकते हैं ताकि वे शिकारियों का ध्यान आकर्षित न करें।

मच्छर

कई क्षेत्रों में मच्छरों की सक्रियता अमावस्या के आसपास बढ़ जाती है क्योंकि अंधेरी रातें उन्हें अधिक सुरक्षा प्रदान करती हैं।

V. स्तनधारी जीव और पूर्णिमा प्रभाव

1. शिकारी जीव

सिंह (Lions)

अध्ययनों से पता चला है कि पूर्णिमा की रातों में शिकार अधिक सतर्क रहता है।

इस कारण सिंह अपेक्षाकृत कम शिकार करते हैं।

भेड़िए (Wolves)

लोककथाओं में भेड़ियों को चंद्रमा से जोड़ा जाता है।

हालाँकि वैज्ञानिक प्रमाण यह नहीं बताते कि वे पूर्णिमा में अधिक हुआँ-हुआँ करते हैं, लेकिन चांदनी रातों में वे समूह बनाकर अधिक प्रभावी शिकार कर सकते हैं।

2. शिकार बनने वाले जीव

हिरण, खरगोश और कृंतक

पूर्णिमा की उजली रातों में ये जीव अपनी गतिविधियाँ कम कर देते हैं।

इससे वे शिकारियों की नजरों से बच सकते हैं।

अध्ययनों में पाया गया है कि छोटे स्तनधारियों की हृदय गति और सतर्कता चांदनी रातों में बढ़ जाती है।

3. मनुष्य और लोकविश्वास

इतिहास में लोगों ने पूर्णिमा को—

• अनिद्रा

• मानसिक अस्थिरता

• अपराध

जैसी घटनाओं से जोड़ा है।

कुछ वैज्ञानिक अध्ययनों में नींद के पैटर्न और चंद्र चरणों के बीच हल्का संबंध पाया गया है, लेकिन व्यवहार संबंधी निष्कर्ष अभी भी मिश्रित हैं।

VI. प्रमुख उदाहरण

1. समुद्री कछुए (Sea Turtles)

मादा कछुए अक्सर New Moon के आसपास ऊँचे ज्वारों के समय तट पर आकर अंडे देती हैं।

अंधेरी रातें उन्हें शिकारियों से सुरक्षा प्रदान करती हैं।

जब बच्चे अंडों से निकलते हैं, तो वे भी अक्सर अंधेरी रातों में समुद्र की ओर बढ़ते हैं।

2. Horseshoe Crabs

अमेरिका के पूर्वी तटों पर Horseshoe Crabs पूर्णिमा और अमावस्या के ज्वारों के दौरान बड़ी संख्या में अंडे देते हैं।

इन अंडों पर हजारों प्रवासी पक्षी भोजन के लिए निर्भर रहते हैं।

इस प्रकार एक संपूर्ण पारिस्थितिक श्रृंखला (Ecological Chain) चंद्र चक्रों पर आधारित होती है।

3. चमगादड़ (Bats)

कई चमगादड़ प्रजातियाँ पूर्णिमा के दौरान अपनी गतिविधियाँ कम कर देती हैं।

इसे वैज्ञानिक **Lunar Phobia** कहते हैं।

इसका मुख्य कारण शिकारियों से बचना है।

VII. पारिस्थितिक संतुलन

चंद्र चरण केवल व्यक्तिगत जीवों को प्रभावित नहीं करते, बल्कि पूरे Ecosystem को संतुलित रखते हैं।

शिकारी और शिकार संतुलन

Moonlight दृश्यता को बदलकर प्राकृतिक संतुलन बनाए रखती है।

प्रजनन सफलता

सही चंद्र समय पर प्रजनन करने से संतानों के जीवित रहने की संभावना बढ़ जाती है।

पारिस्थितिक समन्वय

कई खाद्य श्रृंखलाएँ पूरी तरह Lunar Cycles पर निर्भर करती हैं।

उदाहरण के लिए—

Horseshoe Crab → Eggs → Migratory Birds

यह संबंध चंद्रमा के बिना संभव नहीं होता।

VIII. भविष्य का शोध – बदलती दुनिया में चंद्र जीवविज्ञान

आधुनिक दुनिया में कई नई चुनौतियाँ उभर रही हैं।

Light Pollution

कृत्रिम रोशनी कई जीवों के प्राकृतिक चंद्र संकेतों को बाधित कर रही है।

Climate Change

समुद्र स्तर में वृद्धि ज्वार-आधारित प्रजनन स्थलों को प्रभावित कर सकती है।

अंतरिक्ष अनुसंधान

Lunar Biology का अध्ययन भविष्य में अन्य ग्रहों और उपग्रहों पर जीवन की संभावनाओं को समझने में मदद कर सकता है।

निष्कर्ष

"चंद्रमा मौन है, लेकिन उसका प्रभाव जीवन के हर स्तर पर सुनाई देता है।"

Coral Reefs के सामूहिक प्रजनन से लेकर समुद्री कछुओं के अंडे देने तक, प्रवासी पक्षियों के मार्गदर्शन से लेकर हिरणों की सतर्क चाल तक—चंद्र चरण प्रकृति की एक अदृश्य लय का निर्माण करते हैं।

पशुओं के व्यवहार का यह अध्ययन हमें एक गहरा सत्य बताता है—

पृथ्वी पर जीवन केवल पृथ्वी तक सीमित नहीं है।

वह ब्रह्मांडीय शक्तियों से जुड़ा हुआ है।

चंद्रमा केवल आकाश में चमकता हुआ पिंड नहीं, बल्कि एक जीवित प्राकृतिक घड़ी है, जो करोड़ों वर्षों से विकास, व्यवहार और जीवन-चक्रों को दिशा देती आ रही है।

"जब हम चंद्रमा को देखते हैं, तो हम केवल उसकी रोशनी नहीं देखते—हम प्रकृति की उस अदृश्य लय को देखते हैं, जिस पर अनगिनत जीवन धड़कते हैं।"

चित्र : डेलावेयर खाड़ी के स्लॉटर बीच पर उच्च ज्वार की लहरों के बीच प्रजनन हेतु तट पर एकत्रित हॉर्सशू क्रैब (अश्वनाल केकड़े)।

स्रोत : NOAA, सार्वजनिक डोमेन।

अध्याय 43

मानव नींद, मनोविज्ञान और चंद्रमा

(Human Sleep, Psychology, and the Moon)

"चंद्रमा केवल समुद्र की लहरों को ही नहीं, बल्कि मानव मन की गहराइयों को भी स्पर्श करता है।"

मन और चंद्रमा का अनन्त संबंध

मानव सभ्यता के आरंभ से ही चंद्रमा केवल आकाश में चमकने वाला एक खगोलीय पिंड नहीं रहा है। वह रहस्य, भावनाओं, कल्पनाओं और मानसिक अवस्थाओं का प्रतीक रहा है।

प्राचीन संस्कृतियों में यह विश्वास था कि चंद्रमा मनुष्य के व्यवहार, सपनों और मानसिक स्वास्थ्य को प्रभावित करता है। आज आधुनिक विज्ञान मुख्यतः सूर्य-आधारित **Circadian Rhythm** (दैनिक जैविक घड़ी) पर ध्यान देता है, लेकिन अनेक शोध यह संकेत देते हैं कि चंद्रमा और उसके चरण भी हमारी नींद, भावनाओं और मनोवैज्ञानिक स्थिति पर सूक्ष्म प्रभाव डाल सकते हैं।

पूर्णिमा को कभी पागलपन, बेचैनी और असामान्य व्यवहार से जोड़ा गया, जबकि आधुनिक अध्ययनों में नींद की अवधि, सपनों की तीव्रता और भावनात्मक बदलावों पर चंद्र प्रभावों की जांच की जा रही है।

I. जैविक लय : केवल सूर्य ही नहीं

1. Circadian और Circalunar Rhythms

मानव शरीर अनेक जैविक घड़ियों द्वारा संचालित होता है।

Circadian Rhythm (24 घंटे)

यह सूर्य के प्रकाश और अंधकार से नियंत्रित होती है तथा Melatonin हार्मोन द्वारा संचालित होती है।

Circalunar Rhythm (लगभग 29.5 दिन)

यह चंद्रमा के चरणों से संबंधित जैविक चक्र है।

कुछ अध्ययनों से संकेत मिलता है कि प्राकृतिक प्रकाश से पूरी तरह अलग वातावरण में रहने पर भी मनुष्यों में चंद्र चक्रों जैसी जैविक प्रतिक्रियाएँ देखी जा सकती हैं।

2. विकासवादी आधार

आदिम मानवों का जीवन प्रकृति के साथ गहराई से जुड़ा हुआ था।

- पूर्णिमा की उजली रातें शिकार, यात्रा और सामाजिक गतिविधियों के लिए अनुकूल थीं।

- अमावस्या की अंधेरी रातें सुरक्षा और विश्राम से जुड़ी थीं।

संभव है कि इन परिस्थितियों ने मानव मस्तिष्क में कुछ गहरे जैविक पैटर्न विकसित किए हों, जिनके प्रभाव आज भी दिखाई देते हैं।

II. नींद और चंद्रमा

1. वैज्ञानिक प्रमाण

कई नियंत्रित अध्ययनों में पाया गया है कि पूर्णिमा के दौरान:

- लोग औसतन 20–30 मिनट कम सोते हैं।

- नींद अपेक्षाकृत हल्की होती है।

- Melatonin का स्तर कुछ कम हो सकता है।

Basel University अध्ययन (2013)

स्विट्ज़रलैंड की University of Basel के शोधकर्ताओं ने पाया कि पूर्णिमा के दौरान प्रतिभागियों की नींद की गुणवत्ता कम हुई और उन्हें कम आरामदायक नींद महसूस हुई।

2. संभावित कारण

चंद्र प्रकाश

पूर्णिमा की अधिक रोशनी Melatonin उत्पादन को प्रभावित कर सकती है।

गुरुत्वाकर्षण प्रभाव

कुछ वैज्ञानिकों का अनुमान है कि जैविक तरल पदार्थों पर सूक्ष्म गुरुत्वीय प्रभाव पड़ सकते हैं, हालांकि यह अभी विवादास्पद विषय है।

मनोवैज्ञानिक अपेक्षाएँ

यदि कोई व्यक्ति पहले से मानता है कि पूर्णिमा उसकी नींद प्रभावित करेगी, तो यह विश्वास स्वयं भी प्रभाव उत्पन्न कर सकता है।

3. सांस्कृतिक प्रभाव

ग्रामीण क्षेत्रों में, जहाँ कृत्रिम रोशनी कम होती है, पूर्णिमा की रातें अक्सर देर तक जागने, सामुदायिक गतिविधियों और धार्मिक अनुष्ठानों से जुड़ी होती हैं।

III. चंद्रमा और मनोवैज्ञानिक प्रभाव

1. भावनात्मक अवस्थाएँ

कुछ लोग पूर्णिमा के दौरान:

- अधिक ऊर्जा
- बेचैनी
- चिड़चिड़ापन
- भावनात्मक संवेदनशीलता

महसूस करने की रिपोर्ट देते हैं।

इसके विपरीत, अमावस्या आत्मचिंतन और शांति से जुड़ी मानी जाती है।

2. "Lunacy" की ऐतिहासिक अवधारणा

"Lunatic" शब्द लैटिन शब्द *Lunaticus* से आया है, जिसका अर्थ है "चंद्रमा से प्रभावित व्यक्ति"।

मध्यकालीन यूरोप में माना जाता था कि पूर्णिमा पागलपन, हिंसा और मिर्गी को बढ़ाती है।

3. आधुनिक मनोचिकित्सा

कुछ अध्ययनों में पाया गया है कि:

- Bipolar Disorder के रोगियों में मूड परिवर्तन चंद्र चरणों से जुड़े हो सकते हैं।

• Sleepwalking की घटनाएँ कभी-कभी पूर्णिमा के दौरान अधिक देखी गई हैं।

हालाँकि इस विषय पर अभी भी निर्णायक वैज्ञानिक सहमति नहीं है।

IV. सपने और चंद्रमा

1. सपनों की तीव्रता

कई लोग पूर्णिमा के दौरान अधिक जीवंत (Vivid) और यादगार सपनों की रिपोर्ट करते हैं।

कम REM Sleep कभी-कभी सपनों की स्मृति को और अधिक स्पष्ट बना सकती है।

2. Jungian Psychology

प्रसिद्ध मनोवैज्ञानिक कार्ल युंग के अनुसार चंद्रमा अवचेतन मन, रहस्य और आंतरिक परिवर्तन का सार्वभौमिक प्रतीक है।

चंद्रमा से जुड़े सपनों में अक्सर दिखाई देते हैं:

• जल

• समुद्र

• ज्वार

• परिवर्तन

• छिपे हुए भय

3. सांस्कृतिक उदाहरण

कई आदिवासी संस्कृतियों में पूर्णिमा के सपनों को भविष्यसूचक (Prophetic) माना जाता था।

V. रचनात्मकता और चंद्र प्रेरणा

1. प्रेरणा का स्रोत

चंद्रमा सदियों से कलाकारों, कवियों और संगीतकारों की प्रेरणा रहा है।

शेक्सपियर, रवीन्द्रनाथ टैगोर, शेली, कीट्स और बीथोवन जैसे अनेक महान रचनाकारों ने चंद्रमा को अपनी कृतियों में अमर कर दिया।

2. मनोवैज्ञानिक आधार

पूर्णिमा के दौरान अधिक जागरूकता और देर तक जागना कभी-कभी रचनात्मक सोच को प्रोत्साहित कर सकता है।

3. कला और साहित्य

Vincent van Gogh की प्रसिद्ध पेंटिंग *Starry Night* तथा Beethoven की *Moonlight Sonata* चंद्र प्रेरणा के उत्कृष्ट उदाहरण हैं।

VI. मिथक बनाम विज्ञान

1. लोकविश्वास

पूर्णिमा को अक्सर जोड़ा गया है:

- Werewolves
- Witches
- Vampires
- रहस्यमय घटनाओं

से।

2. वैज्ञानिक निष्कर्ष

बड़े पैमाने पर किए गए अध्ययनों में अपराध दर या अस्पतालों में भर्ती होने की घटनाओं में लगातार वृद्धि का प्रमाण नहीं मिला।

हालाँकि कुछ शोधों में आपातकालीन सेवाओं की गतिविधियों में मामूली वृद्धि देखी गई है।

3. Confirmation Bias

मनोवैज्ञानिकों का मानना है कि लोग पूर्णिमा के दौरान असामान्य घटनाओं को अधिक याद रखते हैं और सामान्य घटनाओं को अनदेखा कर देते हैं।

VII. महिलाएँ, प्रजनन और चंद्रमा

औसत मासिक चक्र लगभग 29.5 दिनों का होता है, जो चंद्र मास के बहुत निकट है।

इसी कारण प्राचीन संस्कृतियों ने स्त्री प्रजनन और चंद्रमा के बीच गहरा संबंध माना।

प्राचीन मान्यताएँ

ग्रीक संस्कृति में चंद्र देवी **Artemis** को प्रसव और मातृत्व की संरक्षिका माना जाता था।

आधुनिक अध्ययन

कुछ महिलाओं में मासिक चक्र और चंद्र चरणों के बीच संबंध देखा गया है, लेकिन यह सभी पर लागू नहीं होता।

VIII. Neuroscience और चंद्रमा

Melatonin और मस्तिष्क

Pineal Gland अंधकार में Melatonin उत्पन्न करती है।

चंद्र प्रकाश इस प्रक्रिया को सूक्ष्म रूप से प्रभावित कर सकता है।

Magnetoreception की परिकल्पना

कुछ वैज्ञानिक यह संभावना व्यक्त करते हैं कि जीवों में पृथ्वी और चंद्रमा से जुड़े सूक्ष्म चुंबकीय प्रभावों को महसूस करने की क्षमता हो सकती है।

हालाँकि इस पर अभी शोध जारी है।

IX. विश्वभर के उदाहरण

भारत

पूर्णिमा और अमावस्या पर उपवास, ध्यान और पूजा का विशेष महत्व है।

जापान

Tsukimi (Moon Viewing Festival) लोगों को चंद्रमा के सौंदर्य और आत्मचिंतन से जोड़ता है।

अफ्रीका

कई शिकारी समुदाय पूर्णिमा की रातों का उपयोग रात्रि शिकार के लिए करते हैं।

पश्चिमी देश

कई अस्पतालों और पुलिस विभागों में आज भी “Full Moon Effect” की चर्चाएँ सुनने को मिलती हैं।

X. आधुनिक उपयोग

Sleep Research

चंद्र प्रभावों का अध्ययन बेहतर नींद उपचार विकसित करने में सहायक हो सकता है।

Psychiatry

Mood Tracking में Lunar Cycles का उपयोग भविष्य में मानसिक स्वास्थ्य प्रबंधन में उपयोगी हो सकता है।

Space Exploration

भविष्य के चंद्र अभियानों में अंतरिक्ष यात्रियों की नींद और मानसिक स्वास्थ्य को समझने के लिए Lunar Light का अध्ययन महत्वपूर्ण होगा।

निष्कर्ष : मन का दर्पण

चंद्रमा पृथ्वी के महासागरों में ज्वार उत्पन्न करता है, लेकिन उसका प्रभाव मानव मन की लहरों में भी महसूस किया जा सकता है।

यद्यपि हर लोककथा वैज्ञानिक रूप से सत्य नहीं है, फिर भी बढ़ते प्रमाण यह संकेत देते हैं कि चंद्रमा हमारी नींद, सपनों और भावनात्मक संतुलन पर सूक्ष्म प्रभाव डाल सकता है।

इस प्रकार चंद्रमा केवल एक खगोलीय पिंड नहीं, बल्कि मानव मन का एक शक्तिशाली प्रतीक भी है।

"चंद्रमा हमारी रातों को प्रकाशित करता है, लेकिन उससे भी अधिक वह हमारी कल्पनाओं, सपनों और भावनाओं को रोशन करता है।"

"जैसे समुद्र की लहरें चंद्रमा के आकर्षण से उठती हैं, वैसे ही मन की अनेक तरंगें भी उसकी मौन उपस्थिति से प्रभावित होती प्रतीत होती हैं।"

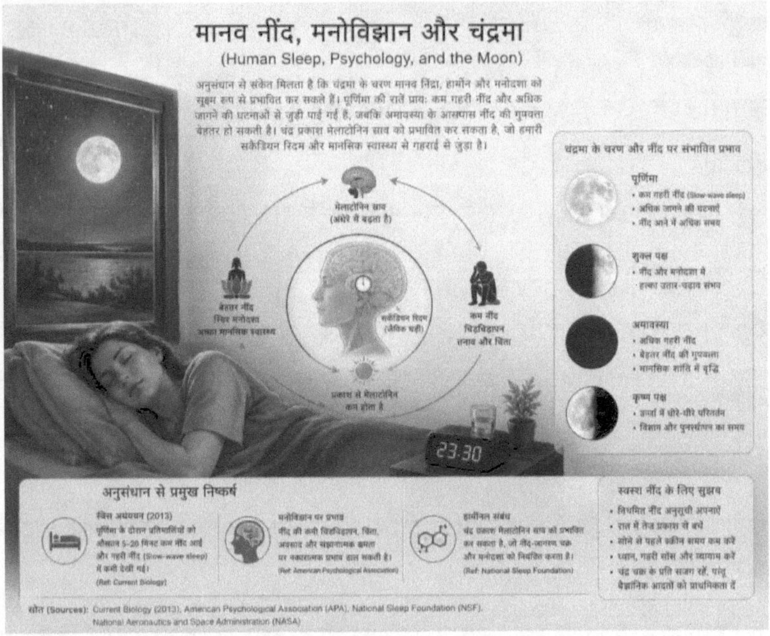
मानव नींद, मनोविज्ञान और चंद्रमा
(Human Sleep, Psychology, and the Moon)
अनुसंधान से संकेत मिलता है कि चंद्रमा के चरण मानव निद्रा, हार्मोन और मनोदशा को सूक्ष्म रूप से प्रभावित कर सकते हैं। पूर्णिमा की रातें प्रायः कम गहरी नींद और अधिक जागने की घटनाओं से जुड़ी पाई गई हैं, जबकि अमावस्या के आसपास नींद की गुणवत्ता बेहतर हो सकती है। चंद्र प्रकाश मेलाटोनिन स्राव को प्रभावित कर सकता है, जो हमारी सर्केडियन रिदम और मानसिक स्वास्थ्य से गहराई से जुड़ा है।
मेलाटोनिन स्राव
(अंधेरे में बढ़ता है)
प्रकाश से मेलाटोनिन
कम होता है
23:30
चंद्रमा के चरण और नींद पर संभावित प्रभाव
पूर्णिमा
शुक्ल पक्ष
अमावस्या
कृष्ण पक्ष
अनुसंधान से प्रमुख निष्कर्ष
(Ref: Current Biology)
(Ref: American Psychological Association)
(Ref: National Sleep Foundation)
स्वस्थ नींद के लिए सुझाव
स्रोत (Sources): Current Biology (2013), American Psychological Association (APA), National Sleep Foundation (NSF),
National Aeronautics and Space Administration (NASA)

अध्याय 44

भूकंप और मौसम संबंधी सिद्धांतों में चंद्रमा की भूमिका

(Moon's Role in Earthquake and Weather Theories)

"आकाश में चमकता चंद्रमा केवल ज्वार-भाटा ही नहीं बनाता, बल्कि सदियों से मानव कल्पना को यह सोचने पर भी मजबूर करता रहा है कि क्या वह पृथ्वी की गहराइयों और मौसम के रहस्यों को भी प्रभावित करता है?"

पृथ्वी पर प्रभाव डालने वाला एक खगोलीय साथी

प्राचीन काल से ही मनुष्य यह सोचता रहा है कि क्या चंद्रमा केवल समुद्र की लहरों को नियंत्रित करता है या फिर उसका प्रभाव भूकंप, तूफान, वर्षा और मौसम पर भी पड़ता है।

किसान चंद्र चक्रों के अनुसार बुआई और कटाई करते थे।

नाविक पूर्णिमा के ऊँचे ज्वारों का उपयोग समुद्री यात्राओं के लिए करते थे।

पुरोहित और ज्योतिषी चंद्र स्थितियों को सूखा, बाढ़ और प्राकृतिक आपदाओं से जोड़ते थे।

आज आधुनिक विज्ञान इन प्रश्नों की पुनः जाँच कर रहा है। यद्यपि सभी दावों के पक्ष में ठोस प्रमाण नहीं हैं, फिर भी यह सत्य है कि चंद्रमा का गुरुत्वाकर्षण पृथ्वी के महासागरों, वायुमंडल और भू-पर्पटी पर वास्तविक प्रभाव डालता है।

I. चंद्रमा का गुरुत्वाकर्षण प्रभाव

1. ज्वार-भाटा और महासागरीय गतिशीलता

चंद्रमा का गुरुत्वाकर्षण पृथ्वी के महासागरों के जल को अपनी ओर खींचता है, जिससे ज्वार-भाटा उत्पन्न होते हैं।

Spring Tides (पूर्णिमा और अमावस्या)

जब सूर्य, पृथ्वी और चंद्रमा लगभग एक सीध में होते हैं, तब ज्वार सामान्य से अधिक ऊँचे होते हैं।

Neap Tides (अष्टमी के आसपास)

जब सूर्य और चंद्रमा पृथ्वी के सापेक्ष समकोण पर होते हैं, तब ज्वार अपेक्षाकृत कमज़ोर होते हैं।

ये ज्वारीय बल केवल समुद्र तक सीमित नहीं रहते, बल्कि पृथ्वी की सतह पर भी सूक्ष्म दबाव उत्पन्न करते हैं।

2. Earth Tides – पृथ्वी का सूक्ष्म उतार-चढ़ाव

जैसे समुद्र में ज्वार आते हैं, वैसे ही पृथ्वी की ठोस सतह भी चंद्रमा के आकर्षण के कारण कुछ सेंटीमीटर ऊपर-नीचे होती रहती है।

इन्हें **Earth Tides** कहा जाता है।

हालाँकि ये परिवर्तन बहुत छोटे होते हैं, लेकिन कुछ वैज्ञानिक मानते हैं कि ये पहले से तनावग्रस्त भ्रंश रेखाओं (Fault Lines) को प्रभावित कर सकते हैं।

II. चंद्रमा और भूकंप

1. प्राचीन मान्यताएँ

चीन

प्राचीन चीनी सभ्यता में कुछ भूकंपों को "स्वर्गीय संकेतों" और चंद्र चरणों से जोड़ा जाता था।

जापान

लोककथाओं में माना जाता था कि समुद्र के देवता पूर्णिमा के समय क्रोधित होकर सुनामी और भूकंप उत्पन्न करते हैं।

भारत

कुछ पारंपरिक मान्यताओं में अमावस्या और पूर्णिमा को प्राकृतिक विपत्तियों से जोड़ा गया है।

2. आधुनिक वैज्ञानिक अध्ययन

आधुनिक Seismology (भूकंप विज्ञान) के अनुसार अधिकांश भूकंप पृथ्वी की टेक्टोनिक प्लेटों की गति के कारण होते हैं।

फिर भी कुछ अध्ययनों में यह पाया गया है कि:

- पूर्णिमा और अमावस्या के दौरान बड़े भूकंपों की संभावना में हल्की वृद्धि देखी जा सकती है।
- इसका कारण Spring Tides के समय बढ़ा हुआ गुरुत्वीय तनाव माना जाता है।

Nature Geoscience Study (2016)

इस अध्ययन में सुझाव दिया गया कि कुछ बड़े Subduction Zone Earthquakes (जैसे जापान और चिली के भूकंप) Spring Tides के दौरान अपेक्षाकृत अधिक हो सकते हैं।

3. वैज्ञानिक बहस

मुख्यधारा का दृष्टिकोण

चंद्रमा स्वयं भूकंप उत्पन्न नहीं करता।

वैकल्पिक दृष्टिकोण

यदि कोई Fault Line पहले से टूटने के कगार पर हो, तो चंद्रमा का अतिरिक्त गुरुत्वीय तनाव उसे ट्रिगर कर सकता है।

III. चंद्रमा और मौसम

1. कृषि संबंधी परंपराएँ

भारत, यूरोप और अनेक संस्कृतियों में किसानों का विश्वास था कि:

- बढ़ते चंद्रमा (Waxing Moon) के दौरान बोवाई लाभदायक होती है।
- घटते चंद्रमा (Waning Moon) के दौरान कटाई बेहतर होती है।

2. वर्षा और चंद्र चक्र

कुछ अध्ययनों ने संकेत दिया है कि पूर्णिमा के आसपास वर्षा में मामूली परिवर्तन हो सकते हैं।

संभावित कारण

चंद्रमा के कारण उत्पन्न Atmospheric Tides (वायुमंडलीय ज्वार) बादलों के निर्माण को प्रभावित कर सकते हैं।

हालाँकि इस विषय पर अभी अंतिम वैज्ञानिक सहमति नहीं है।

3. तूफान और चक्रवात

लोकविश्वास कहता है:

"पूर्णिमा के दौरान तूफान अधिक शक्तिशाली होते हैं।"

वैज्ञानिक दृष्टि से चक्रवात मुख्यतः समुद्री तापमान और वायुमंडलीय परिस्थितियों द्वारा नियंत्रित होते हैं।

फिर भी कुछ शोध यह संकेत देते हैं कि ज्वारीय प्रभाव समुद्र-वायुमंडल की पारस्परिक क्रियाओं को थोड़ा प्रभावित कर सकते हैं।

IV. मध्यकालीन सिद्धांतों से आधुनिक विज्ञान तक

1. मध्यकालीन मान्यताएँ

मध्ययुगीन ज्योतिषियों का विश्वास था कि:

- चंद्र ग्रहण बाढ़ का संकेत हो सकता है।
- पूर्णिमा महामारी और प्राकृतिक आपदाओं का पूर्वसूचक हो सकती है।

2. 19वीं और 20वीं सदी

प्रारंभिक मौसम वैज्ञानिकों ने चंद्र चरणों और वर्षा के बीच संबंध खोजने का प्रयास किया।

कुछ पैटर्न मिले, लेकिन परिणाम एकसमान नहीं रहे।

3. आधुनिक उपग्रह अध्ययन

Satellite Observations ने पुष्टि की है कि चंद्रमा वायुमंडलीय दबाव तरंगों को प्रभावित करता है।

लेकिन दैनिक मौसम पर उसका प्रभाव सूर्य की तुलना में बहुत कम है।

V. कुछ महत्वपूर्ण उदाहरण

1. 2004 हिंद महासागर भूकंप और सुनामी

यह घटना पूर्णिमा के आसपास हुई थी।

कुछ लोगों ने इसे चंद्र प्रभाव से जोड़ा, लेकिन बाद के वैज्ञानिक विश्लेषणों ने स्पष्ट किया कि इसका मुख्य कारण टेक्टोनिक प्लेटों की गतिविधि थी।

2. अटलांटिक महासागर के Hurricanes

कुछ बड़े Hurricanes पूर्णिमा के समय चरम पर पहुँचे।

लेकिन वैज्ञानिक इसे प्रत्यक्ष कारण नहीं मानते।

3. ज्वालामुखी विस्फोट

हवाई और आइसलैंड के कुछ ज्वालामुखीय अध्ययनों में पाया गया कि Spring Tides के दौरान Magma Pressure पर प्रभाव पड़ सकता है।

संभव है कि चंद्र तनाव किसी पहले से अस्थिर ज्वालामुखी को अंतिम धक्का दे दे।

VI. वर्तमान शोध की दिशाएँ

Seismology

वैज्ञानिक Lunar Cycles का उपयोग उच्च जोखिम वाले क्षेत्रों में भूकंपीय तनाव को समझने के लिए कर रहे हैं।

Climate Science

शोधकर्ता Atmospheric Tides और Monsoon Patterns के बीच संभावित संबंधों का अध्ययन कर रहे हैं।

Space Science

पृथ्वी-चंद्रमा प्रणाली का अध्ययन अन्य ग्रहों और Exoplanets की जलवायु समझने में भी मदद कर रहा है।

VII. मिथक बनाम वास्तविकता

✅ वास्तविकता

चंद्रमा ज्वार-भाटा उत्पन्न करता है।

✅ वास्तविकता

वह वायुमंडलीय ज्वार और पृथ्वी की सतह पर सूक्ष्म तनाव पैदा करता है।

✅ वास्तविकता

कुछ स्थितियों में वह पहले से तनावग्रस्त Faults को प्रभावित कर सकता है।

❌ मिथक

चंद्रमा अकेले भूकंप उत्पन्न करता है।

❌ मिथक

हर पूर्णिमा प्राकृतिक आपदा लेकर आती है।

❌ मिथक

मौसम पूरी तरह चंद्र चरणों से नियंत्रित होता है।

निष्कर्ष : पृथ्वी को सूक्ष्म रूप से आकार देने वाला साथी

चंद्रमा केवल रात का दीपक या ज्वारों का निर्माता नहीं है।

वह पृथ्वी की भूगर्भीय और वायुमंडलीय प्रणालियों में एक सूक्ष्म लेकिन वास्तविक भूमिका निभाता है।

वह महासागरों को गति देता है।

वह पृथ्वी की सतह पर तनाव उत्पन्न करता है।

वह वायुमंडलीय ज्वारों को प्रभावित करता है।

और वह आज भी वैज्ञानिकों के लिए एक रोचक रहस्य बना हुआ है।

संभव है कि चंद्रमा तूफानों और भूकंपों का प्रत्यक्ष नियंत्रक न हो, लेकिन वह निश्चित रूप से पृथ्वी के जटिल तंत्र का एक महत्वपूर्ण सहभागी है।

"पृथ्वी और चंद्रमा अरबों वर्षों से एक साथ नृत्य कर रहे हैं। कभी यह नृत्य महासागरों की लहरों में दिखाई देता है, कभी मौसम की सूक्ष्म लयों में, और कभी उन रहस्यों में जिन्हें विज्ञान अभी पूरी तरह समझ नहीं पाया है।"

अध्याय 45

चंद्र कृषि और कृषि परंपराएँ

(Lunar Farming and Agricultural Practices)

"जब घड़ियाँ नहीं थीं, मौसम की भविष्यवाणी नहीं थी और आधुनिक तकनीक का अस्तित्व नहीं था, तब किसान आकाश की ओर देखते थे। वहाँ उन्हें एक ऐसा साथी दिखाई देता था जो हर महीने बदलता था, लेकिन कभी धोखा नहीं देता था— चंद्रमा।"

किसान का प्राकृतिक कैलेंडर : चंद्रमा

हजारों वर्षों से दुनिया भर के किसान चंद्रमा को केवल रात का प्रकाश स्रोत नहीं, बल्कि खेती का मार्गदर्शक मानते आए हैं। बीज कब बोना है, फसल कब काटनी है, पशुओं की देखभाल कब करनी है—इन सब निर्णयों में चंद्रमा की अवस्थाओं का महत्वपूर्ण स्थान रहा है।

प्राचीन मिस्र, मेसोपोटामिया और माया सभ्यताओं में खेती के कार्य चंद्र चरणों के अनुसार निर्धारित किए जाते थे।

भारत में वैदिक परंपरा और पंचांग कृषि कार्यों को तिथि, नक्षत्र और चंद्रमा की स्थिति से जोड़ते हैं।

यूरोप में सदियों तक "Farmer's Almanac" किसानों को चंद्र-आधारित खेती की सलाह देता रहा।

आज भी दुनिया के अनेक ग्रामीण और आदिवासी समुदाय चंद्र कैलेंडर के अनुसार खेती करते हैं।

I. चंद्र कृषि के पीछे विज्ञान और विश्वास

1. गुरुत्वाकर्षण का प्रभाव

जैसे चंद्रमा महासागरों में ज्वार-भाटा उत्पन्न करता है, वैसे ही कुछ लोगों का मानना है कि वह मिट्टी की नमी को भी प्रभावित कर सकता है।

परंपरागत किसानों के अनुसार:

• कुछ चंद्र चरणों में बोए गए बीज तेजी से अंकुरित होते हैं।

• मिट्टी में जल धारण क्षमता अधिक प्रभावी होती है।

• पौधों की प्रारंभिक वृद्धि बेहतर दिखाई देती है।

हालाँकि इन प्रभावों को लेकर वैज्ञानिक समुदाय में अभी भी बहस जारी है।

2. चंद्र प्रकाश का प्रभाव

पूर्णिमा की रातों में अधिक प्रकाश उपलब्ध होता है।

इससे:

• कुछ कीटों की गतिविधियाँ बदलती हैं।

• परागण (Pollination) प्रभावित हो सकता है।

• कुछ पौधों की वृद्धि प्रक्रिया में सूक्ष्म परिवर्तन देखे गए हैं।

3. विज्ञान बनाम परंपरा

आधुनिक वैज्ञानिक प्रयोगों के परिणाम मिश्रित रहे हैं।

कुछ अध्ययनों में चंद्र चरणों के अनुसार बेहतर अंकुरण पाया गया, जबकि अन्य प्रयोगों में कोई विशेष अंतर नहीं मिला।

फिर भी विश्वभर के लाखों किसान आज भी Lunar Calendar पर भरोसा करते हैं।

II. चंद्रमा के चरण और खेती

नीचे पारंपरिक कृषि मान्यताओं के अनुसार चंद्र चरणों का उपयोग बताया गया है:

अमावस्या (New Moon)

जब चंद्रमा दिखाई नहीं देता।

पारंपरिक मान्यता:

• बीज जल को अधिक ग्रहण करते हैं।

• अंकुरण के लिए अनुकूल समय।

उपयुक्त फसलें:

• गेहूँ

• धान

• हरी पत्तेदार सब्जियाँ

शुक्ल पक्ष (Waxing Moon)

जब चंद्रमा धीरे-धीरे बढ़ता है।

मान्यता:

• पौधों की ऊर्जा ऊपर की ओर बढ़ती है।

• तनों और पत्तियों का विकास तेज होता है।

उपयुक्त फसलें:

• टमाटर

• पालक

• धनिया

• तुलसी

पूर्णिमा (Full Moon)

चंद्रमा अपने पूर्ण आकार में दिखाई देता है।

मान्यता:

• मिट्टी और पौधों में जल प्रवाह अधिक सक्रिय होता है।

• फूल और फल बनने की प्रक्रिया मजबूत होती है।

उपयुक्त फसलें:

• खीरा

• तरबूज

• खरबूजा

• सेम

कृष्ण पक्ष (Waning Moon)

जब चंद्रमा घटने लगता है।

मान्यता:

• ऊर्जा जड़ों की ओर केंद्रित होती है।

• भूमिगत फसलों का विकास बेहतर होता है।

उपयुक्त फसलें:

• आलू

• गाजर

• प्याज

• मूली

III. Biodynamic Farming और चंद्र चक्र

20वीं शताब्दी में ऑस्ट्रियाई दार्शनिक **Rudolf Steiner** ने Biodynamic Agriculture की अवधारणा प्रस्तुत की।

यह खेती केवल Organic Farming तक सीमित नहीं है, बल्कि चंद्रमा और ब्रह्मांडीय चक्रों को भी महत्व देती है।

इस पद्धति में:

• Lunar Sowing Calendar का उपयोग किया जाता है।

• फसलों को चार तत्वों में वर्गीकृत किया जाता है।

Root Crops (पृथ्वी तत्व)

जैसे गाजर, मूली

बोवाई – कृष्ण पक्ष में

Leaf Crops (जल तत्व)

जैसे पालक, पत्तागोभी

बोवाई – शुक्ल पक्ष में

Flower Crops (वायु तत्व)

जैसे फूलों वाली फसलें

पूर्णिमा के आसपास

Fruit Crops (अग्नि तत्व)

जैसे टमाटर, कद्दू

पूर्णिमा से पहले

कई Biodynamic किसान विशेष Compost भी तैयार करते हैं, जिन्हें चंद्र चरणों के अनुसार उपयोग किया जाता है।

IV. विभिन्न संस्कृतियों में चंद्र कृषि

1. भारत

भारतीय कृषि परंपरा में चंद्रमा का गहरा प्रभाव माना जाता है।

• पूर्णिमा और अमावस्या पर विशेष कृषि अनुष्ठान किए जाते हैं।

• धान की बुआई अक्सर बढ़ते चंद्रमा के दौरान की जाती है।

• पंचांग और नक्षत्रों का उपयोग कृषि कार्यों में होता है।

2. चीन

चीनी Lunar Calendar कृषि जीवन का महत्वपूर्ण भाग रहा है।

• वसंत ऋतु के Lunar Festivals के बाद कई प्रमुख फसलों की बुआई की जाती है।

• खेती को Yin-Yang संतुलन से भी जोड़ा जाता है।

3. यूरोप

मध्यकालीन यूरोप में किसान Lunar Almanacs का उपयोग करते थे।

एक प्रसिद्ध कहावत थी:

"Waning Moon में आलू बोओ, बेहतर फसल पाओ।"

4. माया सभ्यता

माया लोगों ने अत्यंत सटीक चंद्र कैलेंडर विकसित किया था।

वे मक्का (Maize) की खेती और धार्मिक उत्सवों का समय चंद्र चक्रों के अनुसार निर्धारित करते थे।

V. पशुपालन और चंद्रमा

केवल फसलें ही नहीं, पशुओं को भी चंद्र चरणों से जोड़ा गया।

किसानों के अनुसार:

• पूर्णिमा की रातों में पशु अधिक सक्रिय रहते हैं।

• भेड़ों की ऊन काटने का समय चंद्र चरणों के अनुसार चुना जाता था।

• दुग्ध उत्पादन से संबंधित कुछ लोकमान्यताएँ भी प्रचलित थीं।

लोकविश्वास

"बढ़ते चंद्रमा में फूटे अंडों से निकले चूजे अधिक स्वस्थ होते हैं।"

वैज्ञानिक रूप से यह सिद्ध नहीं है, लेकिन यह मान्यता कई ग्रामीण क्षेत्रों में आज भी प्रचलित है।

VI. आधुनिक अध्ययन और प्रासंगिकता

Swiss Research (2013)

कुछ पौधों में Waxing Moon के दौरान तेज अंकुरण देखा गया।

Brazilian Coffee Farms

कुछ किसानों ने Lunar Calendar के अनुसार रोपण करने पर बेहतर उत्पादन की रिपोर्ट दी।

NASA और नियंत्रित प्रयोग

Greenhouse प्रयोगों में अभी तक कोई निर्णायक प्रमाण नहीं मिला कि चंद्रमा सीधे पौधों की वृद्धि को नियंत्रित करता है।

आधुनिक उपयोग

आज कई Organic Farmers और Ecological Farmers चंद्र कैलेंडर को अतिरिक्त मार्गदर्शक के रूप में उपयोग करते हैं।

भले ही इसका प्रभाव आंशिक रूप से प्रतीकात्मक हो, यह किसानों को प्रकृति के चक्रों के प्रति अधिक सजग बनाता है।

VII. विज्ञान, परंपरा और प्रकृति का संतुलन

चंद्र कृषि हमें यह याद दिलाती है कि खेती केवल तकनीक नहीं, बल्कि प्रकृति के साथ संवाद भी है।

आज आधुनिक कृषि:

- उपग्रहों का उपयोग करती है।
- मौसम पूर्वानुमान पर निर्भर है।
- Artificial Intelligence तक का उपयोग कर रही है।

फिर भी अनेक किसान आज भी आकाश में चंद्रमा को देखकर निर्णय लेते हैं।

यह परंपरा केवल खेती की तकनीक नहीं, बल्कि मानव और प्रकृति के बीच हजारों वर्षों पुराने संबंध का प्रतीक है।

निष्कर्ष : प्रकृति का मौन साथी

चंद्रमा सदियों से किसानों का साथी रहा है।

चाहे उसका प्रभाव गुरुत्वाकर्षण के माध्यम से हो, चंद्र प्रकाश के द्वारा हो, या केवल सांस्कृतिक स्मृति के रूप में—उसने कृषि पर गहरा प्रभाव छोड़ा है।

कुछ लोगों के लिए Lunar Farming विज्ञान और परंपरा का संगम है।

कुछ के लिए यह प्रकृति के साथ सामंजस्य का माध्यम है।

लेकिन एक बात निश्चित है—

चंद्रमा ने मानव सभ्यता को केवल समय नहीं बताया, उसने भोजन उगाने की कला को भी आकार दिया।

"दिन के कामों में सूर्य हमारा मार्गदर्शक है, लेकिन ऋतुओं की लय और खेती की धड़कनों में चंद्रमा सदैव एक मौन सलाहकार बना रहता है।"

"सूर्य खेतों को जीवन देता है, पर चंद्रमा उन्हें लय देता है।"

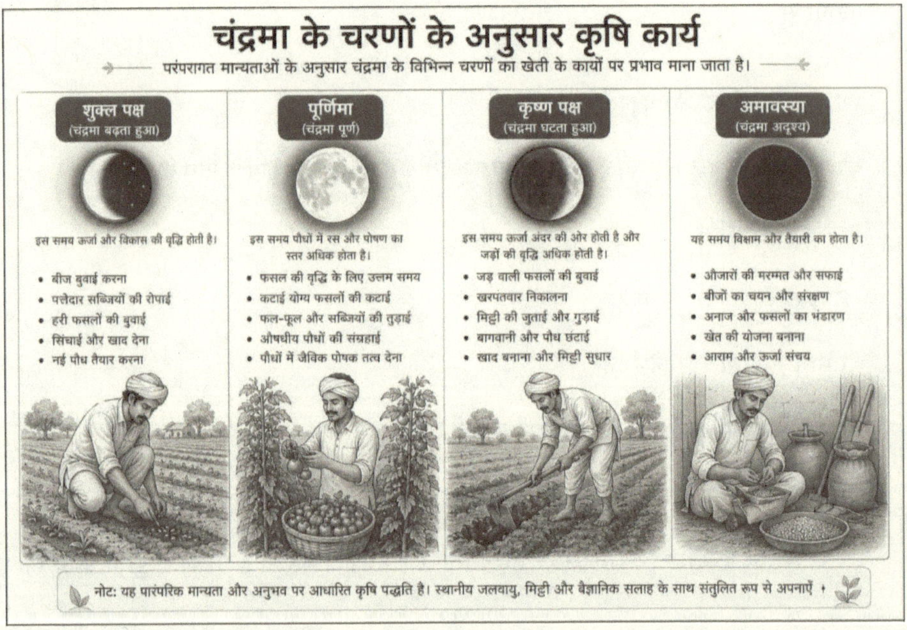

अध्याय 46

चंद्र आवास केंद्र और चंद्र पर्यटन

(Moon Bases and Lunar Tourism)

"जो कभी कवियों की कल्पना, वैज्ञानिकों का सपना और विज्ञान-कथा की कहानी था, वह आज धीरे-धीरे वास्तविकता का रूप ले रहा है। मानव अब केवल चंद्रमा को देखने तक सीमित नहीं रहना चाहता—वह वहाँ रहना भी चाहता है।"

कल्पना से वास्तविकता तक

सदियों से मनुष्य ने रात के आकाश में चमकते चंद्रमा को देखकर यह सपना देखा है कि एक दिन वह वहाँ पहुँचेगा और शायद बस भी जाएगा।

एक समय था जब चंद्रमा पर रहने की बातें केवल Science Fiction उपन्यासों और फिल्मों में दिखाई देती थीं। लेकिन आज विश्व की प्रमुख Space Agencies, वैज्ञानिक संस्थाएँ और निजी कंपनियाँ चंद्रमा पर स्थायी मानव उपस्थिति स्थापित करने की योजनाएँ बना रही हैं।

Moon Bases अर्थात चंद्र आधार अब केवल कल्पना नहीं रहे। आधुनिक Space Technology, Robotics, Artificial Intelligence, 3D Printing और Life-Support Systems ने इस सपने को पहले से कहीं अधिक संभव बना दिया है।

इसी के साथ एक नया उद्योग भी जन्म ले रहा है—**Lunar Tourism**, यानी चंद्र पर्यटन।

आने वाले दशकों में कुछ लोग केवल चंद्रमा की यात्रा ही नहीं करेंगे, बल्कि वहाँ कुछ दिन बिताने का अनुभव भी प्राप्त कर सकेंगे।

I. चंद्र बसावट के विचारों का इतिहास

प्रारंभिक कल्पनाएँ

17वीं और 18वीं शताब्दी में वैज्ञानिक और दार्शनिक यह कल्पना करने लगे थे कि चंद्रमा पर जीवन या बस्तियाँ हो सकती हैं।

1865 – जूल्स वर्न

प्रसिद्ध लेखक **Jules Verne** ने अपनी पुस्तक *From the Earth to the Moon* में पहली काल्पनिक चंद्र यात्रा का वर्णन किया।

1902 – A Trip to the Moon

फ्रांसीसी फिल्मकार **Georges Méliès** ने दुनिया की पहली Science Fiction फिल्मों में से एक बनाई, जिसमें मनुष्य चंद्रमा की यात्रा करता है।

Space Race का दौर

Apollo Missions की सफलता के बाद NASA ने 1980 के दशक तक चंद्र आधार बनाने की संभावना पर विचार किया था।

सोवियत संघ ने भी स्थायी Lunar Stations की योजनाएँ तैयार की थीं।

लेकिन राजनीतिक परिस्थितियों, आर्थिक लागत और Cold War के समाप्त होने के कारण ये योजनाएँ आगे नहीं बढ़ सकीं।

आधुनिक पुनर्जागरण

21वीं सदी में चंद्रमा के प्रति रुचि फिर बढ़ने लगी।

इसके प्रमुख कारण थे:

• NASA का Artemis Program

• ESA का Moon Village Concept

• चीन का Chang'e Program

• निजी कंपनियों की बढ़ती भागीदारी

• चंद्र ध्रुवों पर जल-बर्फ की खोज

II. चंद्र आधार – जीवित रहने की वास्तुकला

यदि मनुष्य को चंद्रमा पर रहना है, तो तीन प्रमुख चुनौतियों का समाधान करना होगा:

1. सुरक्षित आश्रय (Shelter)

2. संसाधन (Resources)

3. दीर्घकालिक स्थिरता (Sustainability)

1. चंद्र आवास (Lunar Habitats)

प्रारंभिक चंद्र आधार संभवतः फुलाए जा सकने वाले मॉड्यूल या भूमिगत संरचनाओं के रूप में होंगे।

इनका निर्माण इस प्रकार करना होगा कि वे सुरक्षा प्रदान कर सकें:

- -173°C से +127°C तक के तापमान परिवर्तन से
- Micrometeorites से
- Cosmic Radiation से
- Solar Storms से

संभावित समाधान

चंद्र मिट्टी (Regolith) से ढकना

चंद्र मिट्टी की मोटी परत विकिरण से सुरक्षा प्रदान कर सकती है।

3D Printing

वैज्ञानिक ऐसी तकनीकों पर काम कर रहे हैं जिनसे Moon Dust को ईंटों और निर्माण सामग्री में बदला जा सके।

Lava Tubes

प्राचीन ज्वालामुखीय सुरंगें प्राकृतिक आश्रय का काम कर सकती हैं।

2. ऊर्जा स्रोत

चंद्र आधार को निरंतर ऊर्जा की आवश्यकता होगी।

Solar Energy

चंद्र दक्षिणी ध्रुव पर कुछ क्षेत्र लगभग लगातार सूर्य प्रकाश प्राप्त करते हैं।

इसलिए वहाँ विशाल Solar Farms स्थापित की जा सकती हैं।

Nuclear Power

लंबी चंद्र रात्रियों और आपात स्थितियों के लिए छोटे Nuclear Reactors उपयोगी हो सकते हैं।

3. जल और संसाधन

चंद्र ध्रुवों पर मिली Water Ice ने Lunar Colonization की संभावनाओं को पूरी तरह बदल दिया है।

जल का उपयोग:

• पीने के लिए

• ऑक्सीजन उत्पादन के लिए

• खेती के लिए

• Rocket Fuel बनाने के लिए

Hydrogen और Oxygen को अलग करके अंतरिक्ष यानों के लिए ईंधन बनाया जा सकता है।

इस कारण भविष्य में चंद्रमा अंतरिक्ष का एक "Fuel Station" बन सकता है।

4. भोजन उत्पादन

शुरुआती मिशनों में भोजन पृथ्वी से भेजा जाएगा।

लेकिन दीर्घकाल में आत्मनिर्भरता आवश्यक होगी।

संभावित तकनीकें:

• Hydroponic Farming

• Lunar Greenhouses

• Algae Bioreactors

• Controlled Environment Agriculture

III. अंतरराष्ट्रीय सहयोग और प्रतिस्पर्धा

NASA और Artemis Program

NASA का लक्ष्य चंद्रमा पर स्थायी मानव उपस्थिति स्थापित करना है।

प्रमुख उद्देश्य

- Artemis III के माध्यम से पुनः मानव लैंडिंग
- Artemis Base Camp की स्थापना
- दक्षिणी ध्रुव का अन्वेषण

इस कार्यक्रम में ESA, JAXA और Canadian Space Agency भी भागीदार हैं।

चीन की योजनाएँ

चीन का Chang'e Program आधुनिक Lunar Exploration का प्रमुख उदाहरण है।

लक्ष्य

- 2030 के दशक तक मानव लैंडिंग
- स्थायी Lunar Base
- रूस के साथ International Lunar Research Station (ILRS)

ESA का Moon Village

यूरोपीय अंतरिक्ष एजेंसी एक ऐसे "Moon Village" की कल्पना करती है जहाँ विभिन्न देश मिलकर साझा आधार बनाएँ।

यह अंतरराष्ट्रीय सहयोग का प्रतीक होगा।

निजी कंपनियाँ

SpaceX

Starship के माध्यम से भारी माल और यात्रियों को चंद्रमा तक पहुँचाने की योजना।

Blue Origin

Blue Moon Lander विकसित कर रही है।

Astrobotic, Axiom और ispace

विभिन्न परिवहन और संसाधन तकनीकों पर कार्यरत हैं।

IV. Lunar Tourism – अंतरिक्ष पर्यटन का नया युग

प्रारंभिक शुरुआत

2001 में **Dennis Tito** अंतरिक्ष यात्रा करने वाले पहले Space Tourist बने।

यह केवल शुरुआत थी।

भविष्य के संभावित अनुभव

चंद्र कक्षा की यात्रा

पर्यटक चंद्रमा की परिक्रमा कर सकेंगे।

Lunar Habitats में रहना

कुछ दिनों तक सुरक्षित चंद्र आवासों में ठहरना।

Moonwalk

कम गुरुत्वाकर्षण में चलना और उछलना।

Rover Excursions

विशेष वाहनों से चंद्र सतह का भ्रमण।

Earthrise देखना
चंद्रमा से पृथ्वी को उदित होते देखना संभवतः मानव जीवन का सबसे अद्भुत दृश्य होगा।
V. चुनौतियाँ और जोखिम
लागत

आज भी चंद्रमा तक एक किलोग्राम सामग्री पहुँचाने में हजारों डॉलर खर्च होते हैं।

सुरक्षा

चंद्रमा पर:

- वायुमंडल नहीं है
- विकिरण अधिक है
- Micrometeorites का खतरा है

स्वास्थ्य संबंधी समस्याएँ

चंद्र गुरुत्वाकर्षण पृथ्वी का केवल लगभग 1/6 है।

लंबे समय तक वहाँ रहने से:

- हड्डियाँ कमजोर हो सकती हैं
- मांसपेशियाँ क्षीण हो सकती हैं
- शरीर की जैविक प्रक्रियाएँ प्रभावित हो सकती हैं

कानूनी प्रश्न

Outer Space Treaty (1967)

यह संधि किसी भी देश को चंद्रमा पर स्वामित्व का दावा करने से रोकती है।

लेकिन प्रश्न अभी भी बना हुआ है:

"यदि कोई कंपनी चंद्रमा से संसाधन निकाले, तो उनका मालिक कौन होगा?"

नैतिक प्रश्न

क्या चंद्रमा के ऐतिहासिक स्थलों को संरक्षित किया जाना चाहिए?

क्या Apollo 11 Landing Site को एक वैश्विक विरासत स्थल माना जाना चाहिए?

ये प्रश्न भविष्य में और महत्वपूर्ण होंगे।

VI. भविष्य – चंद्रमा एक प्रवेश द्वार

वैज्ञानिकों का मानना है कि चंद्रमा भविष्य के गहरे अंतरिक्ष अभियानों का आधार बन सकता है।

संभावित उपयोग

विज्ञान केंद्र

खगोल विज्ञान और ग्रह विज्ञान अनुसंधान।

खनन केंद्र

Helium-3 तथा अन्य संसाधनों का दोहन।

पर्यटन केंद्र

अंतरिक्ष पर्यटन और मनोरंजन गतिविधियाँ।

मंगल मिशनों का पड़ाव

Mars Missions के लिए ईंधन और सामग्री की आपूर्ति।

निष्कर्ष

चंद्र आधार और चंद्र पर्यटन मानव सभ्यता की अगली बड़ी छलांग का प्रतिनिधित्व करते हैं।

जो कभी केवल सपनों और कहानियों का हिस्सा था, वह अब इंजीनियरों और वैज्ञानिकों की योजनाओं में बदल चुका है।

भविष्य के पहले निवासी शायद वैज्ञानिक और अंतरिक्ष यात्री होंगे।

उनके बाद उद्यमी, पर्यटक और संभवतः सामान्य परिवार भी चंद्रमा की यात्रा करेंगे।

एक दिन ऐसा भी आ सकता है जब बच्चे स्कूल में यह पढ़ें कि मानव सभ्यता केवल पृथ्वी तक सीमित नहीं रही।

तब चंद्रमा रात के आकाश में चमकने वाला एक दूरस्थ पिंड नहीं होगा—

वह मानवता का दूसरा घर बन चुका होगा।

"आज हम चंद्रमा को देखते हैं। कल हम वहाँ जाएंगे। और शायद एक दिन, हम उसे अपना घर कहेंगे।"

अध्याय 47

हीलियम-3 खनन और चंद्र अर्थव्यवस्था

(Helium-3 Mining and the Lunar Economy)

"चंद्रमा केवल रात के आकाश की सुंदरता नहीं है; वह भविष्य की ऊर्जा क्रांति का स्रोत भी बन सकता है।"

हीलियम-3 का वादा

चंद्रमा केवल एक खगोलीय पिंड या भविष्य की मानव बस्तियों का संभावित स्थान नहीं है। वह एक विशाल प्राकृतिक खजाना भी है, जिसके भीतर ऐसे संसाधन छिपे हैं जो मानव सभ्यता का भविष्य बदल सकते हैं।

इन संसाधनों में सबसे अधिक चर्चा **हीलियम-3 (Helium-3)** की होती है।

पृथ्वी पर यह अत्यंत दुर्लभ है, लेकिन चंद्रमा की सतह पर अपेक्षाकृत अधिक मात्रा में पाया जाता है।

प्रश्न यह है कि हीलियम-3 इतना महत्वपूर्ण क्यों माना जाता है?

क्योंकि इसे भविष्य की **Clean Fusion Energy** का संभावित ईंधन माना जाता है।

यदि वैज्ञानिक इसे सफलतापूर्वक उपयोग में लाने में सफल हो जाते हैं, तो यह ऊर्जा उत्पादन, वैश्विक अर्थव्यवस्था, भू-राजनीति और अंतरिक्ष विकास की दिशा बदल सकता है।

I. हीलियम-3 क्या है?

1. एक विशेष समस्थानिक (Isotope)

हीलियम-3, हीलियम गैस का एक दुर्लभ समस्थानिक है।

सामान्य हीलियम में दो प्रोटॉन और दो न्यूट्रॉन होते हैं, जबकि हीलियम-3 में:

- 2 प्रोटॉन
- 1 न्यूट्रॉन

होता है।

यह रेडियोधर्मी नहीं है और अपेक्षाकृत सुरक्षित माना जाता है।

2. Fusion Reaction

वैज्ञानिकों के अनुसार:

Helium-3 + Deuterium

के संलयन (Fusion) से अत्यधिक ऊर्जा उत्पन्न हो सकती है।

इस प्रक्रिया की सबसे बड़ी विशेषता यह है कि इसमें वर्तमान परमाणु ऊर्जा संयंत्रों की तरह खतरनाक रेडियोधर्मी कचरा बहुत कम उत्पन्न होता है। इसी कारण इसे भविष्य की "स्वच्छ ऊर्जा" (Clean Energy) का महत्वपूर्ण स्रोत माना जाता है।

3. पृथ्वी पर दुर्लभता

पृथ्वी पर उपयोग योग्य हीलियम-3 की मात्रा अत्यंत सीमित है।

यह मुख्यतः:

• परमाणु हथियार कार्यक्रमों

• ट्रिटियम के क्षय (Decay)

से प्राप्त होता है।

अनुमान है कि इसका मूल्य लगभग 40,000 डॉलर प्रति ग्राम तक हो सकता है।

4. चंद्रमा पर प्रचुरता

अरबों वर्षों से सूर्य से आने वाली **Solar Wind** चंद्रमा की सतह पर हीलियम-3 जमा करती रही है। क्योंकि चंद्रमा के पास पृथ्वी जैसा चुंबकीय क्षेत्र (Magnetic Field) नहीं है, इसलिए यह कण सीधे उसकी मिट्टी में समाहित होते गए।

वैज्ञानिकों का अनुमान है कि चंद्रमा पर लगभग:

10 लाख मीट्रिक टन (1 Million Metric Tons)

हीलियम-3 मौजूद हो सकता है।

II. चंद्रमा पर हीलियम-3 का वितरण

1. Solar Wind का प्रभाव

पृथ्वी का चुंबकीय क्षेत्र अधिकांश सौर कणों को रोक देता है।

लेकिन चंद्रमा की सतह सीधे Solar Wind के संपर्क में रहती है।

इस कारण अरबों वर्षों में चंद्र मिट्टी (Regolith) में हीलियम-3 जमा होता गया।

2. अधिक मात्रा वाले क्षेत्र

वैज्ञानिकों के अनुसार:

• Lunar Maria (चंद्र मैदान)

• ध्रुवीय क्षेत्र
• प्राचीन और कम प्रभावित सतहें
हीलियम-3 से अधिक समृद्ध हो सकती हैं।

3. चुनौती

एक टन हीलियम-3 प्राप्त करने के लिए लगभग:

15 करोड़ टन चंद्र मिट्टी

को संसाधित करना पड़ सकता है।

यही इस परियोजना की सबसे बड़ी तकनीकी चुनौती है।

III. खनन और निष्कर्षण तकनीक

1. Regolith Processing

चंद्र मिट्टी को लगभग 700°C तक गर्म किया जाता है।

गर्मी मिलने पर उसमें फंसी गैसें बाहर निकलती हैं।

इन गैसों में हीलियम-3 भी शामिल होता है।

2. रोबोटिक खनन

भविष्य में स्वायत्त (Autonomous) रोबोट:

• खुदाई करेंगे

• मिट्टी एकत्र करेंगे

• प्रसंस्करण संयंत्रों तक पहुँचाएँगे

3. Microwave Technology

कुछ वैज्ञानिक Microwave Heating तकनीक पर काम कर रहे हैं।

इससे ऊर्जा की बचत हो सकती है और बड़े पैमाने पर मिट्टी को गर्म करना संभव होगा।

4. पृथ्वी तक परिवहन

निकाले गए हीलियम-3 को विशेष कंटेनरों में संग्रहित करके:

- Lunar Landers
- Reusable Rockets
- Starship जैसी प्रणालियों

के माध्यम से पृथ्वी तक लाया जा सकता है।

IV. हीलियम-3 और भविष्य की ऊर्जा

1. प्रमुख लाभ

रेडियोधर्मी कचरा लगभग नहीं

पारंपरिक परमाणु संयंत्रों की तुलना में यह कहीं अधिक सुरक्षित माना जाता है।

अत्यधिक ऊर्जा उत्पादन

बहुत कम मात्रा में ईंधन से विशाल ऊर्जा प्राप्त हो सकती है।

सुरक्षा

इसमें अनियंत्रित श्रृंखला अभिक्रिया (Chain Reaction) का खतरा नहीं होता।

2. ऊर्जा तुलना

ईंधन	ऊर्जा उत्पादन	अपशिष्ट
Uranium-235	बहुत अधिक	रेडियोधर्मी
Deuterium-Tritium Fusion	बहुत अधिक	न्यूट्रॉन एवं कचरा
Deuterium-Helium-3 Fusion	बहुत अधिक	न्यूनतम रेडियोधर्मी अपशिष्ट

3. वैश्विक प्रभाव

कुछ अध्ययनों के अनुसार:

• लगभग 25 टन हीलियम-3 अमेरिका की एक वर्ष की ऊर्जा आवश्यकता पूरी कर सकता है।

• लगभग 100 टन प्रतिवर्ष विश्व की ऊर्जा मांग का बड़ा भाग पूरा कर सकता है।

हालाँकि यह अभी सैद्धांतिक अनुमान हैं।

V. चंद्र अर्थव्यवस्था (Lunar Economy)

यदि हीलियम-3 खनन सफल होता है, तो एक नई **Lunar Economy** जन्म ले सकती है।

संभावित उद्योग

चंद्र खनन

Mining Stations

लूनर बेस

वैज्ञानिक और औद्योगिक केंद्र
अंतरिक्ष पर्यटन
Lunar Tourism

अंतरिक्ष ईंधन केंद्र

Deep-Space Fuel Depots

निर्माण उद्योग

Lunar Construction

आर्थिक मूल्य

कुछ विशेषज्ञों का अनुमान है कि हीलियम-3 का कुल संभावित मूल्य:

खरबों डॉलर (Trillions of Dollars)

हो सकता है।

VI. भू-राजनीति और संसाधन प्रतिस्पर्धा

अंतरराष्ट्रीय संधियाँ

Outer Space Treaty (1967)

कोई भी राष्ट्र चंद्रमा पर स्वामित्व का दावा नहीं कर सकता।

Artemis Accords

संसाधनों के शांतिपूर्ण और जिम्मेदार उपयोग के लिए अंतरराष्ट्रीय ढाँचा।

संभावित प्रतिस्पर्धा

आज कई देश चंद्रमा पर सक्रिय हैं:

- अमेरिका
- चीन
- भारत
- रूस
- यूरोप

यदि हीलियम-3 आर्थिक रूप से उपयोगी सिद्ध होता है, तो संसाधनों को लेकर प्रतिस्पर्धा बढ़ सकती है।

कुछ विशेषज्ञ इसे भविष्य का:

"Energy Cold War"

भी कहते हैं।

VII. चुनौतियाँ और आलोचनाएँ

1. Fusion अभी सफल नहीं

सबसे बड़ी समस्या यह है कि आज तक व्यावसायिक स्तर पर Helium-3 Fusion सफल नहीं हुआ है।

तकनीक विकसित होने में कई दशक लग सकते हैं।

2. अत्यधिक लागत

चंद्रमा पर खनन करना:

- कठिन
- महँगा
- तकनीकी रूप से जटिल

है।

3. पर्यावरणीय प्रश्न

क्या मानव को चंद्रमा के प्राकृतिक स्वरूप को बदलने का अधिकार है?

क्या बड़े पैमाने पर खनन चंद्र परिदृश्य को नुकसान पहुँचाएगा?

ये प्रश्न भविष्य में और महत्वपूर्ण होंगे।

VIII. संभावित भविष्य

आशावादी परिदृश्य

21वीं सदी के मध्य तक:

- Fusion Reactors सफल हो जाएँ
- हीलियम-3 ऊर्जा क्रांति लाए
- चंद्रमा अंतरिक्ष अर्थव्यवस्था का केंद्र बन जाए

यथार्थवादी परिदृश्य

- छोटे स्तर पर खनन शुरू हो
- ऊर्जा उत्पादन सीमित रहे
- वैज्ञानिक अनुसंधान जारी रहे

निराशावादी परिदृश्य

- Fusion तकनीक व्यावहारिक न बन पाए

• हीलियम-3 का उत्साह कम हो जाए

• चंद्र बुनियादी ढाँचा पर्यटन और विज्ञान तक सीमित रह जाए

निष्कर्ष – क्या चंद्रमा भविष्य का ऊर्जा केंद्र बनेगा?

हीलियम-3 मानव इतिहास की सबसे आकर्षक ऊर्जा संभावनाओं में से एक है।

यदि यह सफल होता है, तो यह:

• ऊर्जा संकट को कम कर सकता है

• प्रदूषण घटा सकता है

• अंतरिक्ष अर्थव्यवस्था को जन्म दे सकता है

• मानव सभ्यता को बहुग्रहीय (Multi-Planetary) भविष्य की ओर ले जा सकता है

लेकिन इसके सामने वैज्ञानिक, आर्थिक, राजनीतिक और नैतिक चुनौतियाँ भी उतनी ही बड़ी हैं।

अंततः चंद्रमा केवल संसाधनों का भंडार नहीं है।

वह एक परीक्षा भी है—

यह देखने की कि मानवता अंतरिक्ष में वही गलतियाँ दोहराएगी जो उसने पृथ्वी पर कीं, या एक अधिक जिम्मेदार और सहयोगी भविष्य का निर्माण करेगी।

"चंद्रमा भविष्य की ऊर्जा का स्रोत बन सकता है, लेकिन उससे भी अधिक महत्वपूर्ण यह है कि वह मानवता की दूरदृष्टि और जिम्मेदारी की परीक्षा बनेगा।"

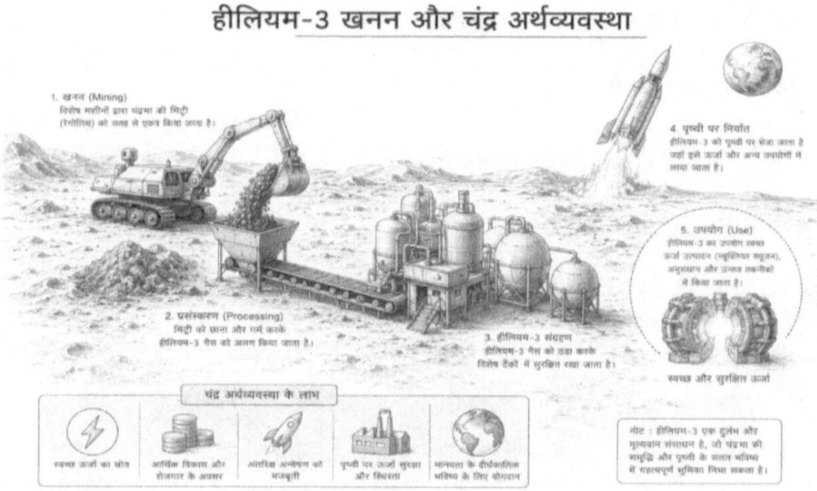

अध्याय 48

विज्ञान की दृष्टि से चंद्रमा का भविष्य

(Predictions of the Moon's Future in Science)

"हजारों वर्षों से मानव ने चंद्रमा को एक शाश्वत और अपरिवर्तनीय साथी के रूप में देखा है। लेकिन विज्ञान हमें बताता है कि चंद्रमा भी बदल रहा है—धीरे-धीरे, निरंतर, और ब्रह्मांडीय समय-मान पर।"

भविष्य की ओर एक दृष्टि

मानव सभ्यता के प्रारंभ से ही चंद्रमा आश्चर्य, प्रेरणा और रहस्य का स्रोत रहा है। प्राचीन लोगों ने उसे देवता माना, कवियों ने उसे प्रेम और विरह का प्रतीक बनाया, और वैज्ञानिकों ने उसे अध्ययन का विषय।

लेकिन चंद्रमा कोई स्थिर वस्तु नहीं है।

वह लगातार बदल रहा है।

उसकी कक्षा (Orbit), आंतरिक संरचना, सतह और पृथ्वी के साथ उसका संबंध समय के साथ विकसित हो रहा है।

आज विज्ञान हमें यह अनुमान लगाने की अनुमति देता है कि आने वाले लाखों, करोड़ों और अरबों वर्षों में चंद्रमा का भविष्य कैसा हो सकता है।

I. चंद्रमा की कक्षीय यात्रा (Orbital Evolution)

1. पृथ्वी से दूर जाता चंद्रमा

वैज्ञानिकों ने पाया है कि चंद्रमा हर वर्ष लगभग:

3.8 सेंटीमीटर

पृथ्वी से दूर जा रहा है।

यह तथ्य Apollo Missions द्वारा स्थापित Laser Reflectors की सहायता से सिद्ध किया गया।

इसका प्रभाव

आज चंद्रमा सूर्य को पूरी तरह ढक सकता है और पूर्ण सूर्यग्रहण (Total Solar Eclipse) उत्पन्न होता है।

लेकिन लगभग:

60 करोड़ वर्षों बाद

चंद्रमा इतना दूर हो जाएगा कि वह सूर्य को पूरी तरह नहीं ढक पाएगा।

तब केवल Annular Solar Eclipse (वलयाकार सूर्यग्रहण) ही दिखाई देंगे।

2. Tidal Lock की स्थिरता

वर्तमान में चंद्रमा पृथ्वी की ओर हमेशा अपना एक ही भाग दिखाता है।

इसे **Tidal Locking** कहा जाता है।

वैज्ञानिकों का अनुमान है कि यह स्थिति अरबों वर्षों तक बनी रहेगी।

3. पृथ्वी और चंद्रमा का भविष्य

जैसे-जैसे चंद्रमा दूर जाएगा, पृथ्वी का घूर्णन (Rotation) भी धीरे-धीरे धीमा होता जाएगा।

आज पृथ्वी का एक दिन:

24 घंटे

का है।

लेकिन लगभग 5 अरब वर्षों बाद पृथ्वी का दिन:

47 घंटे

तक लंबा हो सकता है।

II. चंद्रमा का भूवैज्ञानिक भविष्य

1. ठंडा होता आंतरिक भाग

वैज्ञानिक मानते हैं कि चंद्रमा के भीतर अभी भी कुछ भाग आंशिक रूप से पिघले हुए हैं।

लेकिन समय के साथ उसका आंतरिक भाग लगातार ठंडा हो रहा है।

Moonquakes में कमी

भविष्य में:

• चंद्र भूकंप (Moonquakes) कम होते जाएंगे।

• आंतरिक गतिविधि लगभग समाप्त हो जाएगी।

• चंद्रमा और अधिक भूवैज्ञानिक रूप से निष्क्रिय हो जाएगा।

2. Space Weathering

चंद्रमा के पास वायुमंडल नहीं है।
इसलिए उसकी सतह लगातार प्रभावित होती रहती है:
• Solar Wind द्वारा

• Micrometeorites द्वारा

• Cosmic Radiation द्वारा

समय के साथ:

• मिट्टी और अधिक महीन होगी।

• सतह अधिक धूलयुक्त बनेगी।

• रंग और अधिक गहरा हो सकता है।

3. नए क्रेटरों का निर्माण

चंद्रमा पर वायुमंडल नहीं होने के कारण उल्काएँ सीधे सतह से टकराती हैं।

इसलिए:

- नए Craters लगातार बनते रहेंगे।
- अरबों वर्षों बाद चंद्रमा की सतह और अधिक गड्ढों से भर जाएगी।

III. चंद्र जल और बर्फ का भविष्य

1. ध्रुवीय बर्फ की स्थिरता

चंद्र ध्रुवों पर स्थित स्थायी छाया वाले क्षेत्रों में Water Ice अरबों वर्षों तक सुरक्षित रह सकती है।

2. मानव उपयोग

यदि भविष्य में Lunar Bases स्थापित होते हैं, तो:

- पीने का पानी
- ऑक्सीजन
- Rocket Fuel

बनाने के लिए इस बर्फ का उपयोग किया जा सकता है।

3. जल का पुनर्वितरण

भविष्य के धूमकेतु टकराव और सौर गतिविधियाँ चंद्र जल के वितरण को बदल सकती हैं।
कुछ वैज्ञानिकों का अनुमान है कि बड़े प्रभावों के बाद अस्थायी जल-वाष्पीय Exosphere भी बन सकती है।
IV. मानवता का प्रभाव

1. चंद्र उपनिवेश

21वीं और 22वीं सदी में स्थायी Lunar Settlements बनने की संभावना है।

संभावित विकास:

- वैज्ञानिक केंद्र

• खनन स्टेशन

• कृषि गुंबद (Agricultural Domes)

• आवासीय कॉलोनियाँ

2. औद्योगिक गतिविधियाँ

Helium-3, जल और दुर्लभ धातुओं का खनन चंद्रमा की सतह को बदल सकता है।

संभावित परिणाम

• नए कृत्रिम ढाँचे

• खनन क्षेत्र

• परिवहन मार्ग

• ऊर्जा संयंत्र

3. Terraforming की अवधारणाएँ

कुछ वैज्ञानिकों ने सुझाव दिया है:

• कृत्रिम Magnetic Shield

• विशाल Solar Reflectors

• नियंत्रित वातावरण निर्माण

हालाँकि ये विचार अभी पूरी तरह सैद्धांतिक हैं।

V. विभिन्न समय अवधियों के अनुमान

अगले 1,000 वर्ष

• Lunar Bases स्थापित हो सकते हैं।

• खनन और पर्यटन शुरू हो सकता है।

• Far Side पर विशाल Radio Telescopes लगाए जा सकते हैं।

अगले 10 लाख वर्ष

• चंद्रमा लगभग 38 किलोमीटर और दूर चला जाएगा।

• नई क्रेटर संरचनाएँ बनेंगी।

• पूर्ण सूर्यग्रहण दुर्लभ होते जाएंगे।

अगले 1 अरब वर्ष

• पृथ्वी के दिन 30 घंटे से अधिक लंबे हो सकते हैं।

• चंद्रमा लगभग 40,000 किलोमीटर और दूर जा सकता है।

• मानव सभ्यता के अवशेष हों या न हों, प्राकृतिक प्रक्रियाएँ जारी रहेंगी।

अगले 5 अरब वर्ष

सूर्य Red Giant चरण में प्रवेश करेगा।

संभावित परिणाम

परिदृश्य 1

पृथ्वी और चंद्रमा दोनों सूर्य द्वारा निगल लिए जाएँ।

परिदृश्य 2

चंद्रमा पृथ्वी से अलग होकर सूर्य की स्वतंत्र परिक्रमा करने लगे।

परिदृश्य 3

पूरा Earth-Moon System अस्थिर हो जाए।

इनमें से कौन-सा परिणाम होगा, यह अभी निश्चित नहीं है।

VI. सांस्कृतिक और मनोवैज्ञानिक भविष्य

चाहे चंद्रमा पर शहर बस जाएँ या उद्योग स्थापित हो जाएँ, उसका सांस्कृतिक महत्व समाप्त नहीं होगा।

नई चंद्र कथाएँ

जैसे पृथ्वी की सभ्यताओं ने चंद्रमा के बारे में मिथक बनाए,

वैसे ही भविष्य के Lunar Settlers नई कहानियाँ, लोककथाएँ और सांस्कृतिक परंपराएँ विकसित कर सकते हैं।

कला और साहित्य

भविष्य में भी:

- कविता
- संगीत
- चित्रकला
- सिनेमा

चंद्रमा से प्रेरणा लेते रहेंगे।

VII. विज्ञान की दृष्टि से चंद्रमा का अंतिम भाग्य

विज्ञान हमें बताता है कि:

✔ चंद्रमा धीरे-धीरे पृथ्वी से दूर होता रहेगा।

✔ उसकी सतह और अधिक धूलयुक्त तथा क्रेटरों से भरी होती जाएगी।

✔ उसकी आंतरिक गतिविधियाँ कम होती जाएँगी।

✔ मानव सभ्यता उसके स्वरूप पर अपने निशान छोड़ सकती है।

✔ अरबों वर्षों बाद उसका भाग्य सूर्य और पृथ्वी के भाग्य से जुड़ जाएगा।

निष्कर्ष – शाश्वत फिर भी परिवर्तनशील

चंद्रमा स्थिर दिखाई देता है, लेकिन वास्तव में वह निरंतर परिवर्तन की प्रक्रिया में है।

वह पृथ्वी का केवल उपग्रह नहीं, बल्कि उसका ब्रह्मांडीय साथी है।

भविष्य में:

• ग्रहण बदलेंगे,

• ज्वार-भाटा बदलेंगे,

• चंद्र सतह बदलेगी,

• और शायद मानव वहाँ स्थायी रूप से बस भी जाएगा।

फिर भी, चाहे वह वैज्ञानिक प्रयोगशालाओं का केंद्र बने या अंतरिक्ष अर्थव्यवस्था का आधार, चंद्रमा मानव कल्पना में हमेशा एक विशेष स्थान रखेगा।

प्राचीन मिथकों से लेकर भविष्य की अंतरिक्ष सभ्यताओं तक, चंद्रमा हमारी कहानी का हिस्सा बना रहेगा।

"चंद्रमा केवल अतीत का दर्पण नहीं है; वह भविष्य की खिड़की भी है। उसकी ओर देखना वास्तव में मानवता के अपने भविष्य की ओर देखना है।"

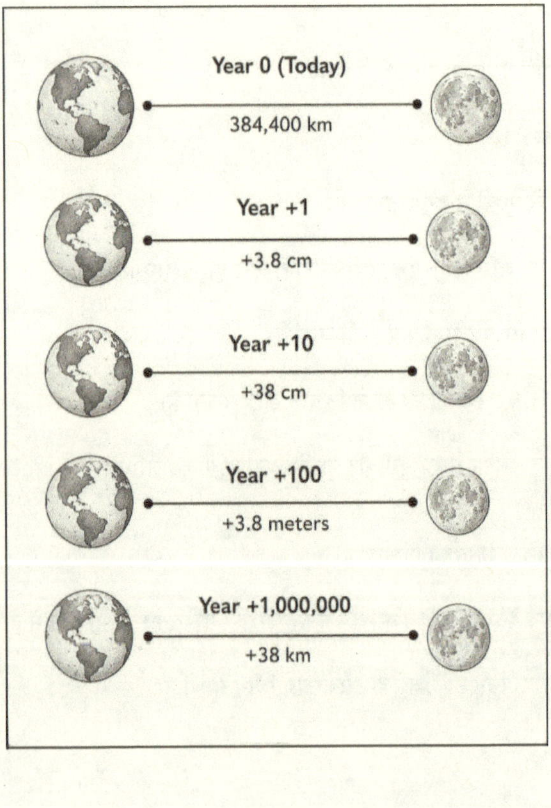

अध्याय 49

विज्ञान-कथा और भविष्यवाद में चंद्रमा

(Moon in Science Fiction and Futurism)

"चंद्रमा केवल आकाश में चमकने वाला पिंड नहीं है; यह मानव कल्पना का सबसे बड़ा कैनवास भी है, जिस पर हमने अपने सपने, आशाएँ, भय और भविष्य की कहानियाँ उकेरी हैं।"

कल्पना का सबसे बड़ा मंच

प्राचीन मिथकों से लेकर आधुनिक अंतरिक्ष युग तक, चंद्रमा ने हमेशा मानव मन को आकर्षित किया है।

यदि विज्ञान ने चंद्रमा को समझने की कोशिश की है, तो Science Fiction ने उसे जीने की कोशिश की है।

कभी उसे देवताओं का निवास माना गया, कभी एलियन सभ्यताओं का घर, कभी भविष्य की कॉलोनियों का केंद्र, तो कभी मानव सभ्यता के अगले अध्याय की शुरुआत।

विज्ञान-कथा (Science Fiction) और Futurism में चंद्रमा केवल एक खगोलीय पिंड नहीं, बल्कि मानव भविष्य का प्रतीक बन गया है।

I. प्रारंभिक साहित्यिक कल्पनाएँ

1. प्राचीन और मध्यकालीन कल्पनाएँ

दूसरी शताब्दी में यूनानी लेखक **Lucian of Samosata** ने अपनी रचना *True History* में चंद्रमा की यात्रा और वहाँ रहने वाली विचित्र सभ्यताओं का वर्णन किया।

यह इतिहास की सबसे शुरुआती "Moon Voyage" कहानियों में से एक मानी जाती है।

मध्यकाल में भी कई विद्वानों और कथाकारों ने आकाशीय यात्राओं की कल्पना की, जिनमें चंद्रमा अक्सर एक रहस्यमय संसार के रूप में प्रस्तुत हुआ।

2. पुनर्जागरण और ज्ञानोदय काल

Johannes Kepler का *Somnium*

1609 में लिखी गई यह रचना आधुनिक Science Fiction की पहली कृतियों में गिनी जाती है।

इसमें लेखक ने कल्पना की कि यदि कोई व्यक्ति चंद्रमा से पृथ्वी को देखे, तो उसे पृथ्वी कैसी दिखाई देगी।

Cyrano de Bergerac

1657 में प्रकाशित *Voyages to the Moon* में उन्होंने विभिन्न यांत्रिक उपकरणों और प्रारंभिक रॉकेट जैसी अवधारणाओं द्वारा चंद्रमा तक पहुँचने की कल्पना की।

3. उन्नीसवीं सदी की विज्ञान-कथाएँ

Jules Verne – *From the Earth to the Moon* (1865)

इस उपन्यास में विशाल तोप के माध्यम से मनुष्यों को चंद्रमा की ओर भेजा जाता है।

आश्चर्य की बात यह है कि पुस्तक में वर्णित कई तकनीकी विवरण बाद में Apollo Missions से मिलते-जुलते पाए गए।

H.G. Wells – *The First Men in the Moon* (1901)

इस कहानी में चंद्रमा के भीतर रहने वाली "Selenites" नामक सभ्यता का वर्णन है।

यह केवल अंतरिक्ष यात्रा की कहानी नहीं थी, बल्कि एक वैकल्पिक समाज की कल्पना भी थी।

II. सिनेमा में चंद्रमा

1. प्रारंभिक फिल्में

A Trip to the Moon (1902)

निर्देशक Georges Méliès की यह मूक फिल्म आज भी विश्व सिनेमा की सबसे प्रसिद्ध फिल्मों में गिनी जाती है।

इसमें यात्री एक विशाल तोप से दागे जाते हैं और चंद्रमा की आँख में जाकर टकराते हैं।

यह दृश्य आज भी फिल्म इतिहास का प्रतीक माना जाता है।

2. Space Race का प्रभाव

1950 और 1960 के दशक में कई फिल्मों ने चंद्रमा को वैज्ञानिक दृष्टि से प्रस्तुत करना शुरू किया।

Destination Moon (1950)

वैज्ञानिक यथार्थवाद पर आधारित शुरुआती फिल्मों में से एक।

सोवियत सिनेमा

Road to the Stars जैसी फिल्मों में चंद्रमा को भविष्य की अंतरग्रहीय सभ्यता की पहली सीढ़ी के रूप में दिखाया गया।

3. Apollo के बाद की कहानियाँ

जब वास्तविक मनुष्य चंद्रमा पर पहुँच गया, तब फिल्मों की कल्पना और आगे बढ़ गई।

2001: A Space Odyssey (1968)

यहाँ चंद्रमा को एक रहस्यमय ब्रह्मांडीय बुद्धिमत्ता से जोड़ा गया।

Moon (2009)

यह फिल्म चंद्रमा पर अकेले काम करने वाले एक कर्मचारी के मानसिक संघर्ष और एकाकीपन को दर्शाती है।

III. विज्ञान-कथा में चंद्रमा के प्रमुख विषय

1. अन्वेषण (Exploration)

प्रारंभिक कहानियों में चंद्रमा अज्ञात दुनिया का प्रतिनिधित्व करता था।

2. एलियन जीवन

कई लेखकों ने कल्पना की कि चंद्रमा के नीचे छिपी हुई सभ्यताएँ रहती हैं।

3. उपनिवेश (Colonization)

भविष्य की अनेक कहानियों में चंद्रमा को "दूसरी पृथ्वी" के रूप में प्रस्तुत किया गया।

4. संसाधनों का दोहन

Helium-3, दुर्लभ धातुएँ और जल जैसे संसाधन भविष्य की कहानियों का प्रमुख विषय बने।

5. मनोवैज्ञानिक संघर्ष

अकेलापन, सीमित वातावरण और पृथ्वी से दूरी कई कथाओं का केंद्र रहे हैं।

6. रहस्य और आध्यात्मिकता

कुछ कहानियों में चंद्रमा को जादुई, दैवीय या अलौकिक शक्ति का स्रोत माना गया।

IV. भविष्यवाद (Futurism) में चंद्रमा

1. Apollo के बाद के सपने

1970 के दशक में वैज्ञानिकों और भविष्यवादियों ने कल्पना की:

- विशाल Lunar Cities
- Geodesic Domes
- Space Elevators
- औद्योगिक केंद्र

2. Helium-3 और ऊर्जा क्रांति

कई वैज्ञानिक मानते हैं कि भविष्य में चंद्रमा से प्राप्त Helium-3 पृथ्वी को स्वच्छ ऊर्जा प्रदान कर सकता है।

इस विचार ने अनगिनत उपन्यासों और फिल्मों को प्रेरित किया है।

3. राजनीतिक भविष्य

कुछ कल्पनाओं में चंद्रमा पर स्वतंत्र राष्ट्रों का निर्माण होता है।

कुछ में पृथ्वी की महाशक्तियाँ वहाँ नए Cold War में उलझ जाती हैं।

V. Cyberpunk और Post-Human भविष्य

आधुनिक Science Fiction में चंद्रमा कई रूपों में दिखाई देता है:

कारागार उपनिवेश (Prison Colony)

जहाँ अपराधियों को भेजा जाता है। लक्ज़री पर्यटन केंद्र ,जहाँ केवल अत्यंत धनी लोग जा सकते हैं।

अंतरिक्ष यातायात केंद्र ,जहाँ से Mars और Asteroid Belt की यात्राएँ संचालित होती हैं।

कृत्रिम बुद्धिमत्ता का घर ,कुछ कहानियों में AI चेतनाएँ चंद्रमा के भूमिगत डेटा केंद्रों में निवास करती हैं।

VI. संभावित भविष्य

निकट भविष्य (21वीं–22वीं सदी)

- स्थायी Research Stations

• Lunar Tourism

• जल और खनिजों का सीमित उपयोग

• चंद्र ध्रुवों पर वैज्ञानिक अड्डे

मध्य भविष्य (23वीं–25वीं सदी)

• विशाल Lunar Cities

• कम गुरुत्वाकर्षण के अनुरूप विकसित मानव

• पृथ्वी से अलग सांस्कृतिक पहचान रखने वाले “Lunarians”

दूरस्थ भविष्य (3000 CE के बाद)

• चंद्रमा एक विशाल वेधशाला (Observatory) बन सकता है।

• अंतरिक्ष सभ्यता का प्रमुख केंद्र बन सकता है।

• या मानव गतिविधियों और प्राकृतिक घटनाओं से उसका स्वरूप पूरी तरह बदल सकता है।

निष्कर्ष – भविष्य का दर्पण

विज्ञान-कथा और भविष्यवाद में चंद्रमा केवल अंतरिक्ष यात्रा का लक्ष्य नहीं है।

वह मानव सभ्यता के भविष्य का प्रतीक है।

क्या हम उसे ऊर्जा के स्रोत के रूप में उपयोग करेंगे?

क्या वहाँ नई सभ्यताएँ बसेंगी?

क्या वह पृथ्वी की समस्याओं का समाधान बनेगा?

या फिर मानव लालच का अगला शिकार?

इन सभी प्रश्नों का उत्तर भविष्य देगा।

लेकिन एक बात निश्चित है—

चंद्रमा हमेशा मानव कल्पना का सबसे चमकीला मंच बना रहेगा।

वह एक साथ वास्तविक भी है और स्वप्न भी।

विज्ञान भी है और कविता भी।

और शायद इसी कारण वह मानवता के भविष्य की सबसे सुंदर संभावनाओं का प्रतीक बना हुआ है।

"चंद्रमा केवल आकाश में नहीं चमकता; वह हमारी कल्पना, हमारी महत्वाकांक्षाओं और हमारे भविष्य में भी चमकता है।"

चित्र : चंद्रमा की आँख में धँसे रॉकेट के साथ मेलिएस का प्रसिद्ध चंद्रमा — प्रारम्भिक विज्ञान-कथा सिनेमा के आश्चर्य और कल्पनाशीलता का प्रतीक।

अध्याय 50

चंद्रमा पर वापसी – आर्टेमिस, इसरो और उससे आगे

(Return to the Moon – Artemis, ISRO & Beyond)

"चंद्रमा हमें फिर बुला रहा है। इस बार केवल वहाँ पहुँचने के लिए नहीं, बल्कि वहाँ टिकने, सीखने और भविष्य बनाने के लिए।"

चंद्रमा का फिर से आह्वान

नील आर्मस्ट्रॉन्ग के ऐतिहासिक कदम को अब पचास वर्ष से भी अधिक समय बीत चुका है। लेकिन मानवता की चंद्र यात्रा अभी समाप्त नहीं हुई है। वास्तव में, एक नया युग अब शुरू हो रहा है।

आज चंद्रमा केवल उपलब्धि का प्रतीक नहीं रहा, बल्कि वह गहरे अंतरिक्ष अभियानों का प्रवेश द्वार, संसाधनों का संभावित भंडार और अंतरराष्ट्रीय सहयोग का केंद्र बन चुका है।

NASA का **Artemis Program**, भारत का **Chandrayaan अभियान**, चीन का **Chang'e Program**, जापान का **SLIM Mission**, तथा SpaceX और Blue Origin जैसी निजी कंपनियाँ मिलकर चंद्र अन्वेषण के नए अध्याय लिख रही हैं।

Apollo युग का लक्ष्य चंद्रमा तक पहुँचना था, जबकि वर्तमान युग का लक्ष्य है—वहाँ टिकना, निर्माण करना और भविष्य की सभ्यता की नींव रखना।

I. NASA का Artemis Program – लौटने के लिए नहीं, रहने के लिए

1. शुरुआत और उद्देश्य

ग्रीक पौराणिक कथाओं में Artemis, Apollo की जुड़वाँ बहन थीं। इसी कारण NASA ने अपने नए चंद्र कार्यक्रम का नाम **Artemis** रखा।

इस कार्यक्रम के मुख्य उद्देश्य हैं:

• चंद्रमा पर पहली महिला और पहली अश्वेत अंतरिक्ष यात्री को उतारना।
• स्थायी मानव उपस्थिति स्थापित करना।
• मंगल ग्रह की भविष्य की यात्राओं के लिए आवश्यक तकनीकों का विकास करना।

2. Artemis Missions

Artemis I (2022)

यह Orion अंतरिक्ष यान की बिना चालक दल वाली उड़ान थी।

इस मिशन ने **Space Launch System (SLS)** रॉकेट और **Orion Capsule** का सफल परीक्षण किया।

Artemis II (2026)

Artemis कार्यक्रम का यह पहला **मानवयुक्त (Crewed) मिशन** था।

1 अप्रैल 2026 को Orion अंतरिक्ष यान चार अंतरिक्ष यात्रियों—**रीड वाइज़मैन, विक्टर ग्लोवर, क्रिस्टीना कोच और जेरेमी हैन्सन**—को लेकर पृथ्वी से रवाना हुआ।

Apollo युग के बाद यह पहली बार था जब मनुष्य चंद्रमा के निकट गहरे अंतरिक्ष की यात्रा पर गए।

इस मिशन में Orion ने पृथ्वी की कई परिक्रमाएँ करने के बाद चंद्रमा की ओर प्रस्थान किया, उसके चारों ओर उड़ान भरी और फिर सुरक्षित रूप से पृथ्वी की ओर लौट आया।

लगभग 10 दिनों की इस ऐतिहासिक यात्रा के बाद चालक दल सुरक्षित रूप से पृथ्वी पर वापस लौटा।

Artemis II की प्रमुख उपलब्धियाँ

• Orion अंतरिक्ष यान की पहली मानवयुक्त उड़ान।
• Apollo 17 (1972) के बाद मनुष्यों की चंद्रमा के आसपास पहली सफल वापसी।
• Deep Space में मानव जीवन-समर्थन प्रणालियों का सफल परीक्षण।
• Artemis III और भविष्य के चंद्र अवतरण मिशनों के लिए मार्ग प्रशस्त करना।
• NASA, ESA और Canadian Space Agency के बीच अंतरराष्ट्रीय सहयोग का उत्कृष्ट उदाहरण बनना।

Artemis II की सफलता ने यह सिद्ध कर दिया कि मानवता अब केवल चंद्रमा तक पहुँचने का सपना नहीं देख रही, बल्कि वहाँ स्थायी उपस्थिति स्थापित करने की दिशा में वास्तविक कदम उठा चुकी है।

Artemis III (प्रस्तावित 2027)

इस मिशन में मानव फिर से चंद्रमा की सतह पर कदम रखेंगे।

लैंडिंग का लक्ष्य चंद्रमा का **दक्षिणी ध्रुव (South Pole)** है, जहाँ जल-बर्फ के विशाल भंडार होने की संभावना है।

इस मिशन के माध्यम से पहली महिला और पहली अश्वेत अंतरिक्ष यात्री को चंद्रमा पर उतारने की योजना है।

Artemis IV और V

इन मिशनों के माध्यम से **Lunar Gateway** का विस्तार किया जाएगा तथा कई वैज्ञानिक और तकनीकी प्रयोग किए जाएँगे। साथ ही चंद्र सतह पर दीर्घकालिक मानव उपस्थिति के लिए आवश्यक अवसंरचना (Infrastructure) विकसित की जाएगी।

3. Lunar Gateway

Gateway एक छोटा अंतरिक्ष स्टेशन होगा जो चंद्रमा की कक्षा में स्थापित किया जाएगा।

इसके प्रमुख कार्य:

- वैज्ञानिक अनुसंधान
- अंतरिक्ष यानों के लिए Docking Hub
- मंगल अभियानों की तैयारी
- मानव और रोबोटिक मिशनों का समन्वय

4. अंतरराष्ट्रीय सहयोग

Artemis केवल अमेरिका का कार्यक्रम नहीं है।

ESA (Europe)

Orion के Service Module का निर्माण कर रहा है।

JAXA (Japan)

Life Support Systems और Lunar Rover विकसित कर रहा है।

Canada

Canadarm3 नामक रोबोटिक भुजा प्रदान कर रहा है।

II. ISRO और भारत की चंद्र महत्वाकांक्षाएँ

1. Chandrayaan की विरासत

Chandrayaan-1 (2008)

भारत का पहला चंद्र मिशन।

इसी मिशन ने चंद्रमा पर जल अणुओं (Water Molecules) के प्रमाण खोजे।

यह खोज आधुनिक चंद्र विज्ञान की सबसे महत्वपूर्ण उपलब्धियों में से एक मानी जाती है।

Chandrayaan-2 (2019)

Orbiter सफल रहा।

Vikram Lander अंतिम क्षणों में दुर्घटनाग्रस्त हो गया।

फिर भी Orbiter आज भी महत्वपूर्ण वैज्ञानिक डेटा भेज रहा है।

Chandrayaan-3 (2023)

भारत की ऐतिहासिक सफलता।

भारत चंद्रमा के दक्षिणी ध्रुव के निकट सफल Soft Landing करने वाला पहला देश बना।

Pragyan Rover ने सल्फर और अन्य खनिजों की पुष्टि की।

2. भविष्य के ISRO मिशन

LUPEX Mission

भारत और जापान का संयुक्त मिशन।

इसका उद्देश्य दक्षिणी ध्रुव पर मौजूद जल-बर्फ (Water Ice) का विस्तृत अध्ययन करना है।

गगनयान से चंद्रयान तक

ISRO का दीर्घकालिक लक्ष्य मानवयुक्त अंतरिक्ष यात्रा है।

2035 तक भारत अपनी स्वतंत्र मानव चंद्र यात्रा की दिशा में आगे बढ़ना चाहता है।

3. वैश्विक मंच पर भारत

भारत Artemis Accords का हस्ताक्षरकर्ता है।

कम लागत और उच्च दक्षता वाली तकनीक के कारण भारत आज विश्व की अग्रणी अंतरिक्ष शक्तियों में शामिल हो चुका है।

III. चीन का Chang'e Program – उभरती हुई महाशक्ति

1. प्रमुख उपलब्धियाँ

Chang'e-3 (2013)

दशकों बाद सफल Soft Landing।

Chang'e-4 (2019)

चंद्रमा के दूरस्थ भाग (Far Side) पर उतरने वाला पहला मिशन।

Chang'e-5 (2020)

चंद्र मिट्टी और चट्टानों के नमूने पृथ्वी पर वापस लाया।

Chang'e-6 (2024)

South Pole–Aitken Basin से नमूने लेकर लौटा।

यह क्षेत्र वैज्ञानिक दृष्टि से अत्यंत महत्वपूर्ण माना जाता है।

2. भविष्य की योजनाएँ

Chang'e-7 और 8

स्थायी चंद्र अनुसंधान केंद्र की तैयारी।

ILRS

International Lunar Research Station

चीन और रूस मिलकर 2030 के दशक में चंद्र आधार स्थापित करना चाहते हैं।

IV. अन्य वैश्विक और निजी प्रयास

1. जापान (JAXA)

SLIM Mission

इसे "Moon Sniper" कहा जाता है।

इसका लक्ष्य अत्यंत सटीक Landing Technology विकसित करना था।

LUPEX

ISRO के साथ संयुक्त मिशन।

2. रूस

Luna-25

2023 में लॉन्च किया गया लेकिन Landing के दौरान असफल रहा।

इसके बावजूद रूस भविष्य के चंद्र अभियानों पर कार्य कर रहा है।

3. यूरोप

ESA रोबोटिक Mining Technologies तथा Artemis Gateway में योगदान दे रहा है।

4. निजी कंपनियाँ

SpaceX

Starship Human Landing System विकसित कर रहा है।

Blue Origin

Blue Moon Lander पर कार्य कर रहा है।

Astrobotic और Intuitive Machines

निजी Lunar Transport सेवाएँ विकसित कर रही हैं।

V. चंद्रमा फिर महत्वपूर्ण क्यों बन गया है?

क्षेत्र	**महत्व**
Science	जल-बर्फ, भूविज्ञान, चंद्र इतिहास
Economy	Helium-3, दुर्लभ खनिज, संसाधन उपयोग
Technology	Habitat, Rover, Life Support Systems
Geopolitics	अंतरिक्ष नेतृत्व और रणनीतिक महत्व
Culture	प्रेरणा, पर्यटन और मानव विस्तार

VI Artemis और ISRO से आगे

1. स्थायी चंद्र बस्तियाँ

2040 तक दक्षिणी ध्रुव पर स्थायी मानव आवास स्थापित होने की संभावना है।

2. चंद्र उद्योग

- जल निष्कर्षण
- ऑक्सीजन उत्पादन
- Helium-3 Mining
- 3D Printed Habitats

3. चंद्र पर्यटन

भविष्य में निजी कंपनियाँ Lunar Hotels और Moon Tours की सुविधा प्रदान कर सकती हैं।

4. मंगल की ओर पहला कदम

वैज्ञानिकों का मानना है कि चंद्रमा मंगल ग्रह तक पहुँचने की सबसे महत्वपूर्ण सीढ़ी होगा।

संभावित क्रम:

Moon → Gateway → Mars

निष्कर्ष – मानवता की दूसरी महान छलांग

21वीं सदी की चंद्र यात्राएँ Apollo मिशनों की पुनरावृत्ति नहीं हैं।

इस बार लक्ष्य केवल झंडा लगाना नहीं, बल्कि वहाँ रहना, निर्माण करना और भविष्य की नींव रखना है।

Artemis अंतरराष्ट्रीय सहयोग का प्रतीक है।

ISRO नवाचार और किफायती तकनीक का उदाहरण है। Chang'e Program रणनीतिक महत्वाकांक्षा को दर्शाता है।

निजी कंपनियाँ नए आर्थिक अवसर खोल रही हैं। आज चंद्रमा किसी एक राष्ट्र की मंज़िल नहीं रहा।

वह पूरी मानवता का अगला पड़ाव बनता जा रहा है।

“एक समय था जब हम चंद्रमा तक पहुँचना चाहते थे। अब समय आ गया है कि हम वहाँ अपना भविष्य बनाना शुरू करें।”

Artemis II Launch

Image Courtesy: NASA (Photo: Bill Ingalls), Public Domain

NASA Artemis II Crew Official Portraits

इसमें ये चार अंतरिक्ष यात्री हैं:

- Reid Wiseman (Commander)
- Victor Glover (Pilot)
- Christina Koch (Mission Specialist)
- Jeremy Hansen (CSA, Mission Specialist)

"गहरे अंतरिक्ष से ओरायन यान की खिड़की के पार झलकती पृथ्वी। यह दृश्य आर्टेमिस II मिशन के दौरान अंतरिक्ष यात्री क्रिस्टीना कोच ने कैद किया, जो मानवता के गृह-ग्रह की सुंदरता और नाज़ुकता का अद्भुत स्मरण कराता है।"

Moon to Mars!
Artemis Base
Gateway
Mars Mission
Artemis → Gateway → Mars Mission by 2040s

www.ingramcontent.com/pod-product-compliance
Lightning Source LLC
LaVergne TN
LVHW100252210926
848480LV00003B/902
* 9 7 9 8 9 0 5 6 0 6 1 3 7 *